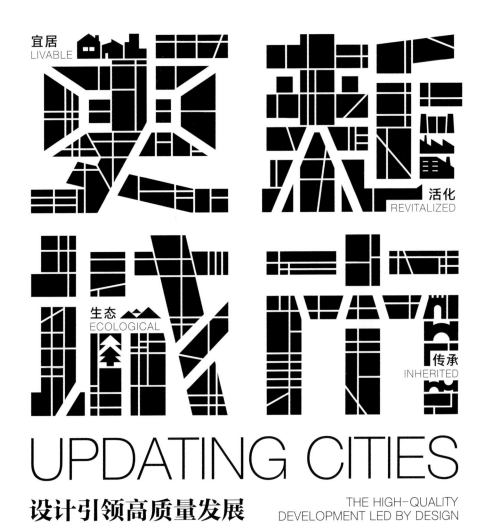

宜居
LIVABLE

活化
REVITALIZED

生态
ECOLOGICAL

传承
INHERITED

UPDATING CITIES

设计引领高质量发展

THE HIGH-QUALITY
DEVELOPMENT LED BY DESIGN

沈禾　王煊　李岚　邓刚　水石设计　著
Shen He　Wang Xuan　Li Lan　Deng Gang　SHUISHI

同济大学 出版社
TONGJI UNIVERSITY PRESS
·上海·

序一 Preface 1

我国城镇化率自 1998 年达到 30.4% 后,进入了高速推进的历史阶段,至 2023 年年底已达到 66.16%,二十五年间增加了 35.76%。当前已处于高速城镇化的后期,将进入缓慢发展的阶段。与此同时,城市发展和建设方式也发生了重大转变,已经从大量的新区新城外延式扩张性发展,转向在城市边界内存量型更新改造提质的内涵式发展,这是大趋势,规律使然。从大概率讲,城市总是处在一种发展不平衡、不充分的状态,因此,调整、改造、完善、更新是城市全生命周期永恒的主题。

城市更新涉及领域非常广泛,包括物质硬件的迭代、人文要素的创新、服务供给的升级、运维方式的转型、治理精度的提升等。从当前更新任务的紧迫性和必要性看,城市更新的重点任务也较为清晰。一是要进行老旧居住区综合改善,提升居住品质和韧性。包括改善水、电、气、防灾系统,提高安全性;提升居住基础设施的能力,完善动态、静态交通和无障碍设施,开辟更多公共空间和避难空间,适应老龄化需求;改善便民服务条件,形成布局合理、业态齐全、功能完善、服务优质、智慧高效、快捷便利、规范有序、商居和谐的便民生活圈。二是要对老旧住宅进行改造升级,提升用户的居住舒适度和幸福感。消除老旧住宅的安全隐患问题,进行节能改造,因地制宜地对住宅户型、功能布局、成套化设备、适老化设施等进行调整改造、完善提高,满足群众的现代化居住要求。三是要对非住宅的老旧建筑做好评估、保护和改造利用,按照"留改拆"的原则,合理保护、适度改造、充分利用。四是要结合城市产业结构的调整和规划的修订,使低效能的用地能够聚能增效。对工业文化资源的保护与利用,可通过空间开放、资源转型、功能更新、植入新的业态、焕发新的活力,起到既传承城市文化,又助力经济、社会高质量发展的作用。五是要做好历史文化街区及建筑遗存的传承和活化利用。重点保护好文化街区的格局、空间序列、街路的尺度。其肌理、形式、色彩,要坚持整体性保护原则,尽量保护原有的社会生态,通过适合的手段活化利用,使其融入现代社会,服务于当代人的生产和生活。

此外,城市更新还要促进城中村的更新改造和利用,积极开拓公共空间,可通过规划调整,打通"锈带",增添公园、绿地、绿道,为群众提供休闲场所,并带动周边地区开发利用。同时,还要挖掘空间资源潜力,推行功能复合、立体开发、公交导向的集约紧凑型发展模式,统筹地上地下空间利用。

从上述更新重点可以看出,城市更新既是一个更高层次的发展工程,也是民生工程、"双碳"工程,还是文化工程。所以,转变城市的发展方式,实施城市更新,是城镇化发展到相对成熟阶段的一个更高层次的发展,是全面提升城市品质的必由之路。我们需要在新的格局背景下,对城市更新的内涵有全面认识,这样才能精准施策、有效推进。

当前，城市更新的形势，促使政府、企业和社会积极关注并实践于该领域，其中不乏一批有着长期思考与实践积累的设计企业，水石设计就是其中之一。本人和水石设计的相遇与交流，正是在城市更新领域。

2023年9月，我参加了中国建筑学会成立七十周年的系列活动之一的长春城市更新论坛，该论坛由水石设计承办，论坛的主会场就在水石设计的新作——长春净月中央公园。会后，我还专程参观了由长春南岭水厂更新而成的长春水文化生态园，这些案例给我留下了深刻的印象。这两个项目作为重要的城市公共空间，均由水石设计总体把控，统筹各方资源，从策划、规划、设计到施工及运营，全面实行建筑师责任制，在体制创新方面有新的突破，在更新的理念方面实行了EPCO模式。此外，多年前，我还曾多次到访过上海城市雕塑艺术中心，这是由位于淮海西路上的原上海第十钢铁厂改造而成，也是水石的作品之一，该项目是当时的上海文化艺术地标。

今年是水石设计成立的二十五周年，水石设计以城市更新为主题撰写了《更新城市：设计引领高质量发展》一书，按照宜居、活化、生态、传承四个细分专题，较为深入地进行了分析、归纳和总结，进一步呈现了城市更新的设计与统筹方法，并展示了诸多丰富生动的案例，非常契合当前形势需求，具有一定参考性和借鉴价值。相信本书可以成为众多同道者的专业交流平台，促进同行的思考与实践互动。

城市更新领域中，设计的需求与价值一定存在，优秀的城市更新实践，必定要有积极主动的设计引领，设计师将大有可为。希望水石设计在未来的更新领域中，进一步通过体制机制创新，不断突破，在日益广阔的城市更新领域，再创成果和佳绩。

是为序。

宋春华
原中华人民共和国住房和城乡建设部副部长
中国建筑学会原理事长

序二 Preface 2

水石设计在其成立二十五周年之际，发布新著《更新城市：设计引领高质量发展》。用动名词结构为本书定名，我理解，作者的意图是要把"城市"作为关注点，而把"更新"作为施动行为。前者是出发点，也是目标，后者是过程，也是手段。水石试图传达的是一个设计机构的"城市观"，或者叫"基于城市的设计观"。

在关注项目实施品质的同时，回顾和思考设计所产生的公共价值，这是作为参与和见证了我国快速城市化进程的商业设计机构的难能可贵之处。本书以一个个具体的城市个案为线索，展现了近年来水石的诸多项目实践。这些跨越了类型和专业领域的项目，呈现了观察城市的多元视角；触及了宜居、活化、生态、传承等大众议题；反映了城市更新语境下，将宽阔的认知视角与知识结构作为设计企业业务发展价值基础的新思维。

本书的英文主书名"Updating Cities"则试图传达作者关于更新行为的理解意向。我理解，水石设计想表达的是：城市的存在永远是一个动态的过程。要维持城市系统的健康，持续保持一种"update"（升级）的状态是自然且非常必要的。城市更新不是一个个独立改造项目的简单集合或拼贴，而是有着局部与局部、局部与整体之间万缕千丝般的交互影响。一个相对的整体需要多方面因素的叠加和渗透来干预和催化其进程。从这个角度说，这种"升级"可以是发生在不同尺度、不同物质形态或非物质形态之中的变化，可以是自发的，或是催化的。但有一点是肯定的，那就是需要足够的时间培育和验证，这个过程也是激发社会多角色、多维度对城市更新策略和路径的多样性探索过程。

中国城镇灿若繁星，循道而行，于大地留下形态和场所的足迹。或大或小的土地，其后面都有悠长厚重的历史。不同历史时期呈现不同的风貌，反映其文化基因的延续和嬗变。中国许多城市比起世界范围的现代城市有着更为丰富且复杂的历史层积和线索。在城市建筑(Urban Architecture)中体现这种历史文化价值的思考，是穿越过往、提升当下，前瞻未来的不竭之源。在这方面，水石展现了一种"研究—设计—评估"的循环模式，比如从一座城市的人文历史或景观系统出发，制订设计策略，反过来可能再从消费场景抑或产业发展评价和反思设计决策。这个思路与第二次世界大战后兴起的"都市主义"（Urbanism）思想有共通性，为人服务是设计的根本价值所在，因此需要深入探讨人及其行为与建成环境的关系。

城市之树根植大地，方得枝繁叶茂，果浆充盈。城市作为一种有机生命体，内外互鉴，动静共存，时空一体。城市只有在不断的传承和更新进程中，才能适应新的使命，保持旺盛的生命力。全局的意识与局部的决策、长远的目光与渐进的行动、开放的机制和多元的参与、多样的策略与克制的技巧：更新往往是困者的群舞，艰难中开花。愿水石设计这部新著带给大家新的启迪和激励！

韩冬青
全国工程勘察设计大师
东南大学建筑学院教授
东南大学建筑设计研究院总建筑师

序三 Preface 3

在水石十周年时,出版了一本刊物。那时我写了一篇短文,提到企业的创业如同一场长跑,需要毅力、持续的坚持和积累,才能走得长久。时间过得真快,一晃时间,十五年过去,水石已经二十五岁了,我们始终在设计的梦想之路上,坚持积累,不断前行。

水石设计创建于 1999 年,今年是第二十五个年头。"水""石"二字源自景观设计中最常使用的两个要素。水石以景观设计为始,并将"专业化,综合化"作为自身发展目标,在随后的数年中陆续取得了工程咨询、建筑设计、规划设计、古建筑修复的设计专业资质,成立了多个领域的专业设计公司,还在全国多地设立了分支机构。项目实践逐步实现设计一体化的覆盖,足迹也遍布全国大江南北的一百多座城市,在一定程度上初步实现了最初的构想,成为"专业化、综合化"的设计机构。水石创建之际,正值中国改革开放春风拂照、勘察设计领域大门敞开之时。改革开放后的迅速发展,对建设的需求大量增多,伴随着对勘察设计领域的开放和探索,国家允许并鼓励民营机构进入勘察设计行业。水石设计也正是在这时,成为了中国最早成立的民营勘察设计机构之一。

在经济快速发展和城市化步伐加快的大背景下,水石的创建和发展恰好亲历这个时代,并通过设计项目在这个中国城市化最为波澜壮阔的时代留下了自己独特的实践足迹。改革开放后,中国城市发展最为迅速的时期,为我们提供了养分,也促进了水石的快速发展。得益于此,水石收获并积累了丰富的实践成果与经验。中国城市建设发展的要求,源于中国城市化进程和经济快速发展的需要,这与西方的城市建设理论和背景有很大不同。此外,随着城市化率的提高和经济增速的减缓,中国的城市也从千篇一律的大规模开发建设,转向寻求有独特城市符号和文化魅力的可持续发展的城市更新模式。中国的城市建设进入新的阶段。目前,中国的城市化发展已从增量发展步入存量发展阶段。国家的经济发展方式也向高质量经济增长方式转变。高质量发展在城市建设领域,主要体现在大量的城市更新和对既有环境的改造提升,包括功能提升、面貌提升、人居生活提升、文化提升等。水石的创办和发展时间正好经历了中国城市建设的最快速时期。许多城市建设管理者和开发建设者,皆置身于当时的大背景下,不断进行试错和摸索,都经历了摸索、学习、实践、总结的过程。在这个过程中,水石参与了不同时期、不同城市、不同项目的建设开发,因此积累收获了大量宝贵的实践经验。

中国地域广阔,水石对于南北各地的城市,以及不同城市在气候特点、文化要求、经济发展阶段、建造技术水平等方面的差异,有着深刻的理解与体会。根据初步统计,水石的建成案例分布在全国一百八十多座城市,遍布大江南北。这些项目在区域气候、建造技术、城市历史文化、经济发展阶段等方面的差异,也使我们对项目和城市有了更加综合的对比与更为全面的理解,并能够更好地找到设计需求的平衡点。

经过多年的积累,水石接触了大量项目,承接了人居、商业综合体、工业遗产更新、文旅、美丽乡村等不同类型的项目。这些不同类型的项目在规划建设中相互补充、相互关联。它们的叠加,形成了中国城市建设的一个完整开发链。在项目不断累积的过程中,我们建立了完善的全过程一体化设计体系和标准。2010 年后,我们陆续承接了大量一体化设计和全过程设计项目。这使水石有别于其他设计机构,在从项目初期可行性研究阶段的参与直至建设完成的过程中,积累了全过程把控的经验。水石具备规划、方案、施工图、景观、室内、古建等全过程一体化的设计资质,设计技术能力可全面覆盖,同时也能将这种能力反馈至从可行性研究到建成的全过程。本书中提到的许多项目都是全过程一体化的项目,涉及协调多团队和多专业的协作,需要完成并平衡好项目的各个方面。

我们将本书命名为《更新城市：设计引领高质量发展》，它既是城市更新，又不等同于城市更新。"更新城市"更是主动推动城市发展和变化的一个概念。它是一个营造城市的过程，是一个一个单独的城市开发建设或是城市更新项目的累积。正因如此，在项目实践中，我们着眼的不是单个的建设项目，而是始终坚持站在更高的位置，对城市整体的提升及发展更新提出独特的视角。每个项目都是在营造整合城市的一个子项，旨在"城市让生活更美好"。在"更新城市"这一思维概念的背景下，更深入地理解城市更新的原因和内在发展规律，从而使我们的设计师明晰每一个子项目的设计建设目标与重点，进而更好地发挥自己的设计才能。

水石一直秉持着设计师是城市营造参与者的角色定位，积极践行更新城市的理念。对于所遇到的每一个项目，无论是新建开发、城市景观，还是旧区更新改造等，都将其视作更新城市的一部分。在中国强大经济引擎的驱动下，我们点滴积累，逐步提升城市的各项能力，提高居住者的城市生活品质。水石设计已走过二十五载，我们对自己进行了一番总结。水石的创办和积累过程，正体现了中国城市发展变化的历程。在此过程中，我们通过大量项目积累了丰富的经验，并逐步建立起一套完备的、更侧重"更新城市"角度的设计系统。我们认为未来高质量的城市发展就是不断地"更新城市"。在这个"更新城市"的过程中，需要高水准、全专业的设计站在城市尺度和位置，牵头团队完成这样的工作。水石正是一家朝着这样的趋势迈进的机构。水石多年建立的完备的设计体系，很好地适应和面对了中国城市即将到来的新的建设需要。

在中国城市建设的时代变革的历程中，水石设计积极扮演着实践者的角色，也见证并记录着中国城市建设的蓬勃发展与变迁。从人居到商业，从城市更新到文旅，水石设计凭借创新的思维和高水准设计完成了一个个项目，为城市注入新的活力与魅力。我们通过规划设计、环境保护、文化传承等方式，为城市的可持续发展和人民群众的幸福生活贡献了自身的价值，展现出责任与担当的企业观。今天，站在水石二十五周年的节点上，我们想以这本书，回首往昔，总结并记录水石项目设计过程中的经验与感悟，进而也能间接窥见中国城市的发展探索历程。

作为阶段小结，我们也希望将近些年参与项目的过程归纳总结为经验和方法论。这是水石一贯的文化传统，也对我们未来的设计实践有益。水石设计见证了中国城市建设的巨变与发展，铭记着岁月的印记。我们分享总结的一部分过程案例，也是二十多年来的积极实践积累的收获与成果。这些项目的梳理总结不仅是水石设计的发展过程，也是中国城市建设发展历程的缩影。对于历史长河而言，二十五年不过短短一瞬，然而，在这一瞬间，水石能大量参与中国建设发展最好时期的项目，实属不易。借此书，为各同行友人相互交流分享些许成果与心得，同时也对每一位支持与信任我们的朋友深表感恩。我们同样期许水石设计在未来的岁月里，继续为中国城市建设事业奉献自身的力量，与诸位携手共创美好未来！

倪量

水石设计创始合伙人、董事、总裁

目录
CONTENTS

01

宜居
LIVABLE

02

活化
REVITALIZED

03
生态
ECOLOGICAL

04
传承
INHERITED

价值平衡
是推进决策
的重要基础

政府及国企投资项目管理中的价值平衡

Value Balancing in Government and Stated-owned Enterprise(SOE) Investment Project Management

政府投资及国企平台公司在城市发展领域已明确投资方向,各有侧重且互为补充。政府投资主要关注非经营性公共项目,而国企平台公司则需兼顾市场需求和政策导向,参与非经营性及部分经营性项目。随着项目资源向政府及国企平台公司集中,年轻化的项目管理团队面临着协同管理挑战。在投资管理中,价值平衡成为核心,要求通过全过程、多维度的价值筹划与管理,提供综合性、精细化的工程咨询服务,以提升投资管理水平与投资效益。

In urban development, government investments focus on non-operating public projects, while SOE platforms balance market needs and policies, investing in both non-operating and some operating projects. As resources converge on these platforms, young project teams encounter collaboration challenges. Value balance, achieved through comprehensive and fine-tuned engineering consulting across the project lifecycle, is key to improving investment management and returns.

建立价值框架

1. 价值主体

价值主体的基本指向为三类,即政府、企业和社会。三者之间的价值平衡结果直接影响政府及国企投资的实施进度与实施效果。

1) 政府

城市的管理方,政府介入项目是宏观层面对区域或城市发展的考虑。作为政策的制定者,政府在城市发展中的价值倾向可通过产业导向、规划控制、建设程序、经营政策等手段表现,这些都关系到项目在生命周期中多方面价值的变化。

2) 企业

项目重要的实施主体或者利益关联方,通过投资、建设或运营的角色参与项目过程。在项目操作过程中,利益驱动是推动企业参与的关键,可预期的回报往往成为其操作项目的方向标与推动力。

3) 社会

项目的使用方,表现为市场需求和人群的参与。通过使用、消费

的方式参与项目,这些行为反馈可对项目的变化产生推动或阻碍作用,同时影响城市发展目标或企业盈利目标的达成。

因为三种主体对价值衡量的方式与角度不同,所以在每一个项目中都存在着三种价值主体之间的博弈。一般来说,项目中政府方主张社会价值的最大化,往往可以在高层维度建立最大范

下　城市再生中的价值主体平衡

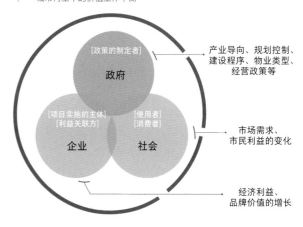

- [政策的制定者] 政府 —— 产业导向、规划控制、建设程序、物业类型、经营政策等
- [项目实施的主体] [利益关联方] 企业 —— 市场需求、市民利益的变化
- [使用者] [消费者] 社会 —— 经济利益、品牌价值的增长

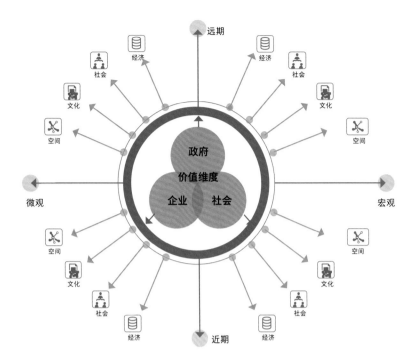

围的边界效应,有利于不同利益相关方与社会参与方之间价值的平衡。而站在企业的角度,如果可以依托市场需求,项目建设可以实现盈利,同时符合政府制定的宏观利益格局,则比较有把握顺利地推进项目的落地。因此,在项目发展中,往往需要进行不同主体综合价值的平衡。

2. 价值维度

相比于社会企业,政府及国企投资在价值维度方面更多元,通常涉及四种类型。

1) 经济维度

主要指财务价值。对政府而言,包括土地收益、税收价值,以及产业结构优化、产业协同发展等;对企业而言,包括项目的财务效益、资产价值、建安成本以及运营维护成本与收益等。

2) 社会维度

主要指公众利益。包括以提升城市功能、激发城市活力为目标的多项价值,如完善公共服务配套、实施历史风貌保护、改善生态环境、完善市民健康运动系统、改善城市基础设施等;还可包括公众参与、最大限度惠及民生等方面,以及社会可持续发展。

3) 文化维度

主要指历史和文化价值。对政府而言,包括城市文化气质的培育与发展,历史文化风貌的保护与延续,改善生态环境。历史和文化往往具有增值效应,对城市生活品质,以及能级提升具有重要作用。

4) 空间维度

主要指环境载体。由建筑、景观等场所元素与功能、活动结合所构成的体验,其形式特征与场所体验都为项目带来价值。

3. 价值象限

1) 时间范围(远期与近期)

在项目生命周期中,价值甚至会呈现出近期、远期的不均衡情况。在项目市场需求、投入强度、项目回报的多元关系中,项目近期价值与远期价值不一定一致,往往呈现矛盾状态。

2) 尺度范围(宏观与微观)

在项目生命周期中,宏观与微观价值一般也存在差异。单体项目与整体项目的财务效益往往不同,个别单体项目中,需要放弃财务效益,以获得社会效益的最大化,促进客流增加。政府也

 +  +

| **5%**公益性业态 | **25%**半经营性业态 | **70%**经营性业态 |

作用：主题引导，人群凝聚

可吸引人流凝聚
且可提升项目影响力的引擎式业态

作用：品牌树立，项目磁石

吸引有助于项目品牌树立的重点客户或
与城市配套密切相关的业态

作用：产业聚集，利润来源

具备自身经济内循环造血能力与
产业发展潜力的业态

上　一般城市再生项目中的业态分配

经常为了获得宏观产业价值、税收等价值，放弃微观的土地价值或者项目财务价值。

在政府及国企投资项目中，在定位阶段**通过建立衡量价值的时间和尺度范围，设定项目在经济、社会、文化、空间四种维度上的目标，可以获得对项目的判断以及操作的指导框架。**

按收益进行分类

按照收益程度进行项目分类，是进行价值测算、综合价值平衡的重要基础，可按照三类进行区分。

1. 公益性项目
无收入机制，投资无法回收。突出社会效益的公共服务、民生工程等，其投资运营主体一般是政府、国有及平台公司。例如，危旧房及老旧小区改造、文教卫体公服项目、生态绿化、市政基础设施等。

2. 半经营性项目
能基本回收投资但无法盈利。有示范性的服务配套、产业引领等项目，其投资运营主体一般为国有公司＋社会机构，通过国

有公司融资＋社会资金，提高市场化运营程度，控制投资规模，争取资金平衡。例如，文创文旅、配套商业、现代服务业等。

3. 经营性项目
有较强收入能力并实现盈利。突出经济效益的房地产、产业类项目，其投资运营主体一般为国有公司＋社会机构，社会资金市场化运作。例如，住宅、商业、办公等房地产、产业类项目。在政府投资管理的前期研究中，按照收益分类是较为常见的做法。但是在设计等技术服务行业，该分类方式往往不被关注。设计师往往按照功能业态进行分类，假如在项目前期研究中的跨行业、跨专业的协同不够时，项目前期的策划、规划、建筑设计等环节，很有可能出现项目的规划、设计形态方案，与项目收益平衡的经济测算方案不协同的状况，使项目前期研究的落地性受到影响。按照市场规律，一般财务效益平衡的项目都有不同收益程度业态的合理配比。

促进多元价值平衡

当前，项目前期专项研究的主体大多分离，可能导致项目建议书、工程项目可行性研究报告（含方案）、规划及建筑设计的协

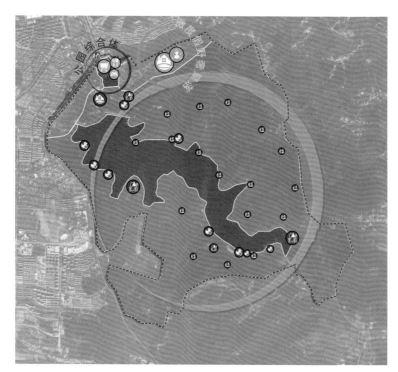

景前区 公园综合体

生态公园景区的拓展，打造多元化公园综合体，适当提高强度，创建新地标，促进二次消费收入增长，打造多元化、社交化的景区商业服务配套

景区外 微度假野奢聚落

以激活存量资源为主，促进环境保护、生态旅游与改造提升再利用的良性互动，建设住宿休闲配套

景区内 城市涵养之地/绿色活力之源

强调低强度、生态性、趣味性，低介入保护为主，多系统构建丰富的景区体验活动

上　长春净月潭国家森林公园三大板块分区及功能定位图

同性降低。同时，上述三个前期研究咨询的一体化流程还需要前后延伸，工程咨询机构、设计机构、造价咨询机构面临着能力的进一步整合与拓展。加强规划引领，落实价值测算，实现综合价值平衡，是项目决策与推进的重要方面。

1. 基于综合价值最大化的策划是项目决策的重要依据

传统的前期研究手段，含项目建议书、可行性研究报告、各类设计。由于长期形成的固定程式，很难在价值平衡维度充分呈现作用。做好政府与国企投资项目的项目前期策划以及价值筹划非常重要。在水石设计（以下简称"水石"）参与的长春净月潭国家森林公园的更新提升项目（以下简称"净月潭景区项目"）的前期研究中可见一斑。

净月潭景区项目地处长春，自然风貌秀美，生态资源丰富，是生态绿核和城市名片，经过多年运营，净月潭景区项目面临着许多挑战和问题，存在更新发展的需求。一方面，净月潭景区项目更新提升工程要满足人们日益增长的生活需要，努力提升美誉度、活跃度及服务能力；另一方面，项目应尽量取得价值平衡，力争减少政府财政压力，在经济、文化、社会、空间的维度，以及在宏观与微观、近期与远期范围内，考虑相应的策略，以实现综合价值的最大化。

首先，净月潭景区项目作为文旅综合类项目，涉及面广、带动性强、开放度高，具有乘数效应。在宏观效益层面，对国内生产总值（GDP）贡献、就业岗位、财政税收、城市形象，都有着重要的助力作用。上述宏观效益层面作用，均可定性、定量地测算与估算。其次，着眼于净月潭景区项目周边一体化的资源整合，可进行价值的综合平衡策划及筹划。例如，可将该区域分为景区内、景前区和景区外三大板块。其中，景区内侧重生态保护，主要为生态型的自然景观及服务，项目投资以公益性为主，经营性为辅。景前区拟适当提高规模和强度，提供高品质的商业配套服务，拉动二消，加强经营性，增加收入，一方面可以支持景区内的投入；另一方面可以利用经营性资产实现国有资产的保值增值。景区外以相对独立的丁家沟为主，突出文旅特质，强调经营

景区内

编号	项目名称	项目类型	项目性质
1	南部雪世界	提升改造	经营性
2	法官宾馆	提升改造	经营性
3	鹰苑	提升改造	经营性
4	露营系统	提升改造	半经营性
5	新能源自驾系统	提升改造/新建	半经营性
6	服务配套系统	提升改造/新建	半经营性
7	研学系统	提升改造/新建	半经营性
8	湿地公园	提升改造	半经营性
9	荷花垂柳园	提升改造	公益性
10	市民公共活动乐园	提升改造	公益性
11	水库大坝及大师塔	提升改造	公益性
12	月亮湾片区	提升改造	公益性
13	瓦萨	提升改造	公益性
14	西门	提升改造	公益性
15	石羊石虎山及广场	提升改造	公益性
16	老牛圈	提升改造	公益性
17	游园系统	提升改造	公益性
18	滑雪系统	提升改造	公益性
19	皮划艇运动中心	提升改造	公益性
20	智能化系统	提升改造	公益性
21	照明系统	提升改造	公益性
22	导视系统	提升改造	公益性
23	围墙/驳岸/护坡等基础设施	提升改造	公益性

景前区

编号	项目名称	项目类型	项目性质
1	地下配套商业（含下沉广场和地下交通）	新建	经营性
2	商业综合体（天潭养老院地块）	新建	经营性
3	滨水休闲商业	新建	经营性
4	游客服务中心	提升改造	半经营性
5	轻轨站前广场	提升改造	公益性
6	泛公园	新建	公益性
7	净月云	提升改造	公益性
8	人形廊架系统	新建	公益性
9	立体停车楼	提升改造	公益性
10	机械停车楼	提升改造	公益性
11	其他景前区公共空间	提升改造	公益性

景区外

编号	项目名称	项目类型	项目性质
1	丁家沟宿集	新建	经营性
2	凯撒酒店改造	提升改造	经营性
3	地税局改造	提升改造	经营性

经营性
半经营性
公益性

上　长春净月潭国家森林公园三大板块项目经营性情况分类

性,基于净月潭国家森林公园的生态基底,以精品度假酒店和宿集为主要产品,打造城市生态文旅新地标。同时,其经营性具有带动社会投资的可能。基于上述三大板块互动,价值资源互补,搭配组合,存量增量联动,将促进旅游规模增长,创造和拉动社会消费需求,增加就业机会和行业产值及政府税收,提升城市空间品质;有助于实现国有投资项目的综合效益最大化,推进项目前期决策。

2. 定量化的效益测算是综合价值平衡的必要手段

综合价值平衡中需要尽量进行定量测算。尤其是在规模化项目中,由于价值平衡空间大,存在多主体、长时间、大范围等情况,定量测算更有机会形成抓手,帮助决策,引导规划及后续实施性项目设计。

首先,定量测算可先将项目按照收益性程度分类进行策划。例如,在净月潭景区项目中,公益性项目完全体现社会效益,无经济收益或者收益完全无法覆盖运营成本,为树立景区形象,为公共提供自然资源体验及服务的项目,如景区内交通环道等游园系统、生态景观体验区,以及景前区的净月云、停车设施、景前区泛公园等;半经营性项目侧重社会效益,收益仅能够覆盖运营成本,难以实现盈利,为社会服务和展示功能类项目,如游客服务中心、景区内的休闲运动系统等;经营性项目的收益可覆盖运营成本后有盈利,一般为商业及服务性项目,如景前区商业综合体和景区外丁家沟等文旅地产类项目。策划中,公益性、半经营性、经营性三类项目占比为50%：20%：30%。

其次,要建立项目收益与支出的测算模型。例如净月潭景区项目整体运营收入主要包括景区门票收入、非门票收入,以及景前区商业建筑租金和景区外项目投资收入。游客量是影响项目收入的关键因素。游客人次的增加不仅可提高门票收入,也可为景前区引流,为非门票收入提升创造条件。依据项目可研报告,定义服务费、导游费、存包费、房租和剧场门票为非门票收入,定义游船、观光车和雪地游览项目为半经营性,项目内收支平衡,不纳入非门票收入的测算范围。在此背景下,预计改造前

政府及国企投资项目管理中的价值平衡

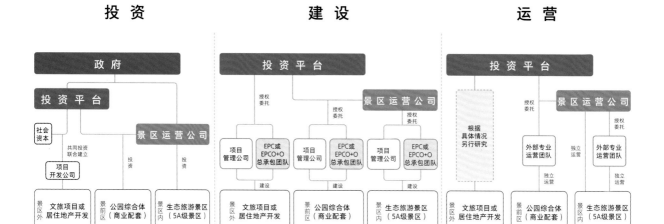

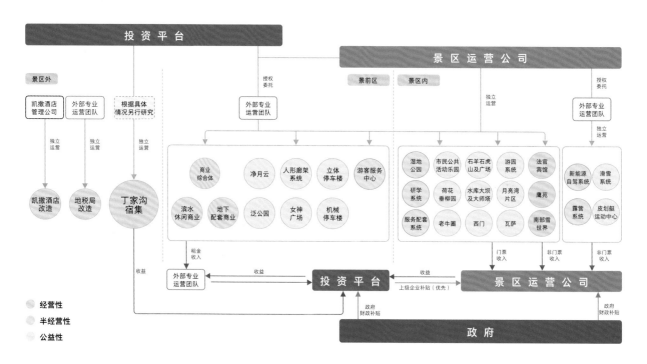

上　长春净月潭国家森林公园项目总体运营思路分析图

下　长春净月潭国家森林公园项目总体运营机制分析图

景区非门票收入与门票收入比约为 0.8 : 1。因项目实施，商业配套的补充完善促进了游客量的增长，间接带来了非门票收入的提升，预计项目完成后景区非门票收入可与门票收入基本持平。因此，景前区和景区的商业项目要资源共享、协同联动运营，共同促进游客量的增长，同时进行一体化财务综合测算，建立良性循环的商业运营模型。

最后，既要算小账，也要算大账，要实现经济和社会效益的双赢。根据净月潭项目可行性研究报告并结合长春实际情况，预计景区提升工程完成后，游客量将稳步提升，到 2035 年基本保持稳定，预计达到年均 270 万人次。同时，结合净月区现状商业设施规模、分布及社区人口情况，研究建议近中期景前区可补充 4 万 ~5 万平方米商业配套。

基于上述对游客量及商业规模的初步分析，我们预测了项目总投资规模，并对项目运营期的现金流进行财务测算，初步判断景区内及景前区可实现净现金流超亿元，实现财务平衡以及资产保值增值。同时，景前区商业配套的健康运营也将带来一定的社会效益，直接就业岗位、间接就业机会都有增加，促进综合旅游收入和财政税收的增长。从上述过程看，**只有定量的效益测算，才能较为真切地模拟项目价值情况，为前期决策以及后续的技术发展，提供具有关联性的基础条件。**

3. 规划是落实综合价值平衡的重要工具

规划不但要落实空间形态，更要具备清晰的价值逻辑，规划就是一本账。做好空间形态及综合价值的互动与平衡十分重要；坚持复合型的城市设计方法，进行空间形态与价值维度的叠合，设计中要平衡形态效果与财务效果。

在项目收益强度及容量策划后，首先要进行项目建设指标体系研究。在这个过程中，在效益测算的辅助下，要结合功能需求、建设体量分析、形体视觉效果等多维因素，对建设指标进行比较研究。在指标体系基本确定后，再进入传统的城市设计程序，对交通组织、城市空间、环境品质、建筑空间、效果氛围等开展设计。同样在净月潭景区项目景前区规划设计中，在效益测算的基础上，以优化交通组织、树立净月潭新地标、提升综合服务配套为目标，结合综合交通梳理、原有停车楼与游客服务中心改造，以及原天源养老院建筑的拆建，对存量进行功能优化与

置换，在可建设区域补充完善商业服务配套，并转化为城市共享的新消费空间，打造了多元化的"公园综合体"，城市设计中较为完美地实现了财务效益与空间形态的落地与平衡。

4. 体制机制是综合价值平衡的重要保障

良好的体制机制设置，将有助于投资收益的平衡，也将促进投资、建设、运营等环节专业度的提高。让专业的人干专业的事。在净月潭景区项目中，建议将投资、建设、运营主体适度分开，按照政府及国企投资平台负责投资、市场化主体进行工程总承包 (EPC) 建设、专业团队负责运营的思路，将项目多元组合，形成相互约束、相互促进的协同格局，发挥不同主体优势职能，并促进高效的多元主体合作。

其中，建议景区运营公司作为景区内的投资建设及运营主体，部分专业项目由该机构委托专业运营团队运营。在运营初期资金不足的情况下，由区属政府投资平台公司或财政补贴；远期则通过景区内门票收入补贴景前区的公共景观及设施的运营支出。景前区可由区属政府投资平台公司和景区运营公司共同委托专业运营公司进行运营，商业建筑租金收入为主要收入来源。在运营自平衡基础上，力求实现财务收入最大化，商业资产增值与社会效益的提升。景区外丁家沟等项目，则可根据具体情况另行确定其他投资主体以及专业团队进行开发和运营，力争规模合理，产品优异，财务效益优良，以形成优质资产。

经济效益平衡

在综合价值体系中，经济效益是最重要的价值维度；对项目的决策与实施推进也最为关键。以"价值驱动"为核心，系统性、精细化地构建完整的价值体系，挖掘城市在土地、空间、政策等方面的潜力，并进行增量挖潜、存量赋能、运维平衡，促进政府、企业机构，以及社会中的居民及机构的互动参与，是推进重点项目乃至城市发展的重要策略。不同类型项目的经济效益平衡方式既有共性，也有不同。以当今城市更新中的葛洲坝片区为例，阐述基于测算的经济效益平衡在项目前期研究中的重要性与基本方法程序。

葛洲坝片区位于湖北省宜昌市核心区的西陵区，万里长江第一坝葛洲坝水利枢纽工程就坐落于此。该片区始建于 20 世纪 70 年代，涉及三个街道、7 平方公里、总人口约 15 万人。该区域

葛洲坝片区城市更新价值体系

| 运营价值 | 主体价值 | 开发价值 | 规土政策价值 | 财税政策价值 |

运营收入 | 共同缔造 | 土地出让（一级） | 地产开发（二级） | 规土政策 | 产权激励 | 税收政策 | 贷款融资

- 物业增收便于持续运营
- 专业运营能力前置，增加持有型可经营性
- REITs
- 零星存量物业打包专业运营，便于引入
- 政府引进央企，获得低成本资金
- 企业提供存量物业，且具备高标准施工组织能力，实施EPCO模式
- 增量建筑面积阶梯补差
- 危旧房改造引导居民出资分摊建安成本，扩容奖补
- 政府进行危旧房奖补及扩容奖补
- 货币补助＋购房补助
- 一二级联动
- 肥瘦组合供应土地
- 零星地块打包
- 调整土地用途
- 望洲片区的西陵城发与招商蛇口合作（如）
- 政府授权＋股权合作，指定开发主体
- 确定项目定位、规模及产品
- 经营项目收益补贴公益项目支出
- 移平衡，合理适度的容量转
- 公共利益的容积率奖励，多地块的容量转
- 照，限高退界、车位配建等规划技术要求
- 不影响风貌和周边前提下，适度调整日
- 指标配比
- 合理控制经营性、公益性以及持有、销售
- 允许改变存量建筑用途
- 完善土地产权
- 允许产权适当转移
- 产权分栋、分层分置方式
- 危旧房、保障房、棚改政策
- 土地增值税、契税、印花税收优惠
- 等政策导向产品银团贷款融资
- 以老旧小区改造、公服人员保障租赁住房
- 款政策
- 优化直系亲属公积金取用等公积金及贷

政府 | 企业 | 产权人

上　葛洲坝片区城市更新多元价值体系框架

在人居安全方面，由于历史积累原因，人居环境差，安全隐患多；在配套服务方面，基础配套及公共服务设施严重短缺；在产业功能方面，片区内功能业态单一，缺乏多元化产业支撑，转型发展压力大；城市活力方面，人口老龄化严重，与主城融合度低，缺乏城市活力。

城市更新推进中面临的核心问题是市场化机制难以建立，政府背负过重压力，存量资产可运营资源有限，社会资本参与积极性不高。为此，水石探索以经济效益平衡为目标，以"跨区域、跨类别、跨周期"为策略，以价值体系建立为依托，以测算为工具，通过策划、规划，提高项目实施推进的可行性。

1. 建立价值体系作为经济效益定量测算基础
这是精细化发挥规划导向的重要依据。针对政府、企业、产权人等主体的不同目标与需求，结合葛洲坝片区城市更新特点，建立了多元化价值框架。除常见土地和地产开发价值、政策价值，

可经营性物业的长期产业价值和运营价值外，规划研究将针对危旧改和老旧改等民生工程导向的财税政策价值，以及基于共同缔造实施路径的主体价值一并纳入整体的价值体系框架，以充分发挥多元价值。

2. 跨地域进行价值分类，形成土地级差效应促进平衡
主要指利用不同地域的土地价值差价，通过分类进行价值评估，进行不同区域价值界定，进而通过相互搭配促进效益平衡。在自然环境禀赋高，产业发展定位高，地区价值升值潜力大的地区，被界定为高价值板块。例如，西坝岛板块，近期以危旧房和老旧小区改造为主，通过弹性保留实现远期整体征迁，从而腾出非居空间，为片区产业发展、人口结构调整铺垫。在自然资源和历史人文条件较优的文旅板块，评估为中等价值区域。例如，肖家岗、鸦宜铁路沿线，规划主要针对小体量的危旧房征收、筒子楼移交、老旧小区改造等进行存量资源的风貌保护和活化利用。以危旧房、老旧小区为主，民生需求强烈的人居区，

	社 会 效 益	----→	经 济 效 益
		可 经 营 性 程 度	

收益能力	公 益 性 项 目 无收入机制，投资无法回收： 突出社会效益的公共服务、民生工程等；	半 经 营 性 项 目 能基本回收投资但无法盈利： 有示范性的服务配套、产业引领等项目；	经 营 性 项 目 有较强收入能力并实现盈利： 突出经济效益的房地产、产业类项目；
投资运营主体	政府投资 市区财政性资金等 **国有及平台公司** **（西陵城发、葛洲坝集团）** 政府投资，市场化操作	**国有公司+社会机构** **（市城投、西陵城发、葛洲坝集团、社会机构）** 国有公司融资+社会资金 提高市场化运营程度 控制投资规模，争取资金平衡	**国有公司+社会机构** **（葛洲坝集团、招商蛇口等）** 社会资金市场化运作
	公 共 属 性	----→	市 场 属 性
典型项目	危旧房及老旧小区改造 文教卫体公服 绿道及公园 织补路网	葛洲坝观光平台 配套商业 青年驿站 鸦宜铁路复合型开发	望洲片区 葛洲坝宾馆等低效地块再利用 西坝岛科创类产业项目 ……

上　葛洲坝片区城市更新项目经营性分类

例如，葛洲坝街道和望洲岗板块，界定为一般价值区域。在该区域，规划通过挖掘片状危旧房拆除重建地块的合理容积率上限，以增容增户，最大化实现就近回迁平衡，满足民生需求。此外，在三类不同价值区域之间，进行回迁安置、产业发展以及文旅文化类项目一体化策划和规划，有助于整体价值的平衡。

3. 跨项目类型进行不同收益水平的项目平衡

主要指居住与非居项目类型上的平衡。发挥土地级差效应，力争在城市更新区域腾出更多非居空间，为该区域的产业结构调整、降低人口居住密度进行努力。在葛洲坝片区，要提升区域定位水平，改善区域功能业态，就要合理规划布局公共服务配套、产业类和生态环境类项目以及改善交通系统。例如，水石按照项目收益程度进行了分类并进行合理配比组合。中部腹地区域，如沙河、营盘山等板块，规划针对板块内 4 块低效用地，在确保风貌保护的前提下，对增量项目容积率上限进行研究，力争增容后提高开发利益空间。项目的增量，通过视线分析、风

貌研究、策划定位、空间创新、产品创新等精细化设计，提供了安置性商品房，以双轨制满足片区内整体危旧改回迁平衡的同时，也布局了居住、商业、公寓、办公、酒店等复合化产品，实现增量价值最大化，片区强度平衡，消化片区更新成本，进而促进了片区整体更新的价值平衡。

4. 跨时间周期进行不同主体在长周期内的收益平衡

主要指项目在近期收益与中远期收益上的平衡。在更长期范围内，利用发展时间差带来的地产开发、产业发展、税收价值以及运营价值等综合效益增量，平衡近期项目投入。例如，西坝岛板块，近期以小规模的危旧房改造为主，同时结合低效工业设施和闲置土地的再利用，未来进行产业升级，以实现中远期产业价值，实现其市级的整体定位目标。再如，在肖家岗、鸦宜铁路沿线，在完整保留老城传统格局和街巷肌理基础上，挖掘存量资源，增加非居类业态，融入现代生活，促进片区居住与非居业态平衡，增加城市可持续中长期运营价值。

5. 进行项目效益评估、成本与收入的定量测算,验证更新策略

在城市体检和大数据分析基础上,基于各板块的更新对象(危旧房、筒子楼、老旧小区、低效地块及闲置低效公建等)的规模、价值特征和功能定位,积极挖掘该区域存量和增量项目价值,并结合成本及收益进行效益评估。从成本角度看,将包括土地成本、征拆成本、建安成本等;从收益角度看,将包括开发收益、运营收益、居民成本共担的共同缔造收益、政府专项补贴、银行专项贷款融资等。上述工作基础上,对整体回迁总量、开发强度、功能业态进行了多轮精细化研究与测算,力争找到项目综合效益的平衡点。经初步测算,项目总成本与总收益基本均等,片区更新实现资金动态平衡,满足多方诉求,保证规划可实施性,从而构建了包括西陵区政府、葛洲坝集团、危旧房产权人、专业运营公司等多方共同参与的实施路径,推动了更新项目的实施。

合理控制房屋建筑成本和房屋设施设备安装成本

在政府及国企平台公司的投资项目管理中,合理控制建设项目投资成本是重要的方面。在过去程序性管理的前期研究环节,项目建议书、可行性研究报告、初步设计三个环节的编制与评审,是重要的标准动作;在项目实施过程中,工程量的审价、计量是常规的控制环节;投资咨询、投资监理、造价审核是主要的责任机构。由于项目建议书、可行性研究报告编制的主体通常是投资咨询公司,施工过程中的投资控制,往往也较为被动;上述过程中,设计师的投资控制能力大多未被充分挖掘,在传统手段之外,设计机构可以主动进行有效的投资成本控制。

1. 前期阶段的策划是有效确定合理建设内容、规模与标准的重要一步

投资规模及建设成本,首先受项目规模及标准的约束,项目的功能、规模及标准具有较大的弹性空间。目标不同、服务客群差异,以及运营要求不同,都将极大程度地影响成本。例如,在长春净月中央公园项目中,甲方为政府及国有平台型控股公司,提出了项目自身运营平衡的要求。为此,项目策划中,将项目定位为大型城市绿地公共空间,服务客群锁定为周边拥有百万建筑量的万科城,以及商务区的工作群体,为形成覆盖运营成

本的收益,水石建议建设具有收益能力的文化及配套商业建筑,含乐活中心、文创中心,以及其他配套性建筑。通过测算,45000 平方米的配套建筑,收益能力可以覆盖 50 万平方米的公园运营成本。再通过可行性研究报告相关环节的论证,确定后续实施规模,包括具体功能、规模及标准。

2. 项目设计方案将决定建安成本的 70%

一个成熟高水平的设计机构,将在项目方案设计环节,有效地创造效果,并确定建设安装成本。在方案设计中,若关注成本控制,能避免增加建安成本。**没有成本约束的方案,会极大地造成投资浪费。**同样,在长春净月中央公园项目中,通过将在场地中的大量城市建设堆土巧妙再利用作为设计中的前置条件之一,以丰富的地形变化,消化近百万立方米的外运土方,实现投资的有效节约。在方案设计中,通过规划的合理布局,将服务配套建筑相对集中布局,也大幅减少因建筑单体零散导致的建安成本上升。此外,谨慎运用建筑材料,努力控制建材种类,也是有效控制成本及标准的有效手段。在公共项目中,避免过于追求建筑的纪念性,避免奇怪的建筑形态,也是有效投资控制原则。

3. 在项目中关注创新度与标准化的平衡

在公共项目中,创新度及标志性固然重要,但是适度的标准化同样必要。尤其在规模化的项目中,好钢用在刀刃上,注意将创新性的视觉焦点布局在合理位置,并控制规模;将设计中的标准化空间、产品、材料发挥到应有程度,将有效保持项目效果,同时合理控制建设成本。长春净月中央公园的 1 号楼市民中心设计中,设计师精心设计了具有丰富视觉效果的建筑单体,其实源于较为成熟及标准化的建筑原型母题,其丰富的建筑立面效果,也是基于标准化的立面材料多元组合,设计师仅运用四种标准化的清水混凝土挂板,就形成千变万化的丰富建筑立面,并且具有步移景异的效果。

4. 施工技术向设计端反向输出是控制成本的有效方法

由于受到知识结构的约束,设计师很难做到通晓施工技术与效果。因此,打破设计与施工之间的壁垒,通过成熟的施工技术,反馈在前端设计阶段,也将极大程度提高项目成本控制能力。同样,在长春净月中央公园项目中,由于是设计、采购、施工及运营一体化(EPCO)项目模式,在项目设计初期,设计施工方的技术协同,设计师掌握部分主材的施工工艺、材料特性等内

上　长春净月中央公园 1 号楼市民中心

下左 长春净月中央公园秘境乐园

下右 长春净月中央公园西区瞭望塔

容,使项目中的技术运用、材料使用的精准度及效果大幅提高。包括清水混凝土挂板、装配式的智能建造构件、属地化的植物选型等,都有效控制了建设成本。

5. 施工阶段的成本控制也有很多方法

在施工与设计一体化的工程总承包(EPC)项目中,设计与施工的协同是最有效的办法。例如,材料选型完全有机会在效果与可行性之间,找到好的平衡点;合理设计有助于施工人力水平安排;模数化设计及标准化的空间与工艺,也是成本控制的有效方面。避免设计与施工之间的消耗,无论在时间还是在建安等方面的成本控制上,都大有空间可为。

建立完整丰满的价值框架,将项目按照收益程度进行分类,在项目发展的全生命周期中,以价值为核心,对传统规划、设计服务内容进行前后延伸,以综合的知识结构服务于项目需求,在未来政府及国企平台公司投资项目管理中的重要性将日益显现。设计机构牵头,从前期研究、城市设计、一体化技术整合以及 EPCO 模式的全过程控制等方面,有望突破目前政府及国企平台投资管理中心的部分瓶颈与难点,促进政府及国企投资项目发展,形成设计及工程咨询服务新方式。

城市设计
是引领城市更新
的重要手段

引领城市更新的城市设计观
Urban Design Concept Leading Urban Renewal

"城市更新"已经成为承接当下城市发展新目标的具体手段,设计师、学者和建设管理者群体,需要讨论和研究其发展规律和判断价值标准。城市设计作为衔接城市更新目标与项目设计实施的有效途径,可以提供充分的知识结构来树立城市更新的目标和价值原则,并为设计各阶段提供可操作的引导。

"Urban renewal" has become a specific means to achieve the new urban development goals. Designers, scholars and construction managers need to discuss and study its development laws and judgment value standards. Urban design, as an effective way to connect urban renewal goals with project design implementation, can provide sufficient knowledge structure to establish the goals and value principles of urban renewal, and provide operational guidance for each stage of design.

城市空间转型发展阶段的机遇

1. 从"单一价值"走向"复合价值"

在中国近 20 年以增量发展为主的快速城市化时期,尤其在 20 世纪 90 年代以后,城市设计进入规划与建设领域的视野。由此,建筑学的空间语境和城市分区规划的理论原则日渐结合,学者、城市管理者、开发建设者对于日新月异的新城市建设拥有了平衡共同价值愿景的商议机制。同时,以土地财政为目标的价值逻辑双向影响着城市决策的各方面,规划导则控制阶段本应解决的一系列关于社会的公平与效率问题被系统性滞后。基于单一价值逻辑的粗放型增长,规划与城市设计导则优先关注的自然是作为货币交易单元的功能地块的划分,以及与之相关的交通功能和集中的配套;而我们理解的**以人为本的城市规划基础单元是社区,社区的混合性、多样性与人文性价值在这一过程中的重视度不足。而这正是城市发展转型阶段需要关注的内容。**

2. 从"公顷"到"平方米"

随着增量时代转为存量时代,城市化进程中,在如白纸般的城市新区上描绘蓝图的机会逐渐减少,各方迎来了精细化建设和治理的需求;以往针对新区开发的传统城市规划技术手段难以发挥资源协调以及价值平衡效用。究其原因,城市开发或营造的对象尺度正在缩小,增量时代动辄以"公顷"为单位的大规划,在存量时代正转向以"平方米"为单位的精细化设计与管控。对于街区尺度的城市更新,以整体开发经济账平衡的成本-价值的计算方式容易失去效力,需要更精准地挖掘土地与空间的价值潜力,从算大账变为算小账。因此,**与这种中微观功能效率转化相适应的设计思路和方法亟待形成。**

3. 从"边界"到"底盘"

在典型的物权开发模式中,城市用地红线代表的是物业权益边界,红线内外归属不同的部门或产权人。划立边界当然是为了更加高效地管理土地,而进入存量时代以后,红线在一定程度上阻碍了城市更新的效率。由于城市是三维空间的叠加,是建筑和各种景观要素的集成,可以想象一个看不见碰不得的边界,制约了城市公共空间的整合,也给城市设计的统筹思考增加了难度。存量时代的城市设计亟须突破各类平面红线体系和物权边界的束缚,以充分释放地块功能潜力,实现可持续发展。**这对未来的城市管理模式提出了新的挑战,对于设计而言,提供一种整合边界内外的社区底盘成为各方的利益需求。**

上　上海黄浦区露香园区域城市更新

水石的城市更新价值观

城市更新终究是要参与到城市文明的再发展中,更新作为手段,城市则为结果。一栋建筑或一个地块,看似独立,实则与所身处的城市产生宏观和微观的联系。城市更新不单是简单地去改造建筑或环境,而是从总体效率平衡的角度统筹,既要有宏观投资决策推导,也需要微观空间场景营造,也就是说城市更新首先需要得出改哪里、怎么改的决定。水石设计主持的大量城市更新是由系统性的城市设计来引导的,和传统的城市设计理念类似,讨论的范畴是城市更新的具体目标,融合社会、经济、文化等要素,对存量空间做出合理的安排,从而制订出指导更新(改造)设计的策略与手法。

普利兹克奖获得者多西(Balkrishna Doshi)是这样描绘建筑师的工作的:"设计可以把居所转化为家,把住宅转化为社区,把城镇转化为充满机遇的磁场。"**城市更新是多维价值导向下的共生共利,每一次城市更新都是一次提升城市竞争力的机会。**站在一个区域、一个社区层面时,如何更好地分配资源触发

产业和地方文化的发展,这是给予设计师的挑战和机遇。作为实践的总结,笔者整理了以下一些城市设计阶段关注的重要观点,一定程度上代表了水石在不同维度的城市更新项目中追寻的价值观。

1. 存量和增量结合的空间价值体系

我们把眼光放到每一个城市更新项目,存量和增量必然同时存在并且互为补充。无论是单体功能的"旧瓶装新酒",还是区域城市更新,首要基础是判断"留改拆"。怎样定义和规划存量与增量?这个判断在与更新相关的城市设计过程中特别重要。

增量是激活存量的必要空间结构要素。一个存量片区的更新,增量是必不可少的。增量带来了新的产业、新的社群、新的年龄层,也为既有社区注入新鲜血液。它可以有效激活存量,同时带来一定的土地及区域边际的财政收入。存量是发展增量的社会性内在条件。**存量形态构成了片区的基本底色,是不可删除的集体记忆和历史文化。**在盐城老西门片区城市更新项目中,城市设计阶段研判的对象是一个低层高密度的盐业工人聚居的

左　盐城亭湖区朝阳片区城市更新

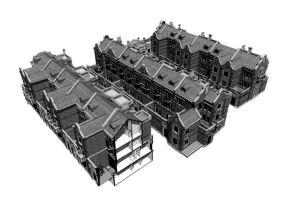

右　上海典型现代里弄住宅户型拼接示意（绿地公元 1860）

城中村,面貌老旧,配套落后。起初基于 2020 年后全面提倡的以利旧为原则的老旧城区更新条例,政府背景投资平台提出以保留为主的改造,但是保留改造带来的一次性高成本与缺乏竞争力的居住空间,让公共投资的财务回报前景黯淡。那么到底留什么? 留多少? 是设计要解决的最核心问题。

一方面,这些建于 20 世纪中叶粗糙的建筑构成了片区的基本城市面貌并且承载了这座年轻城市的共同记忆(制盐业)。针对这些作为片区更新基础与内核的建筑,水石团队在设计中克制地保留了部分既有建筑,将其改造为社区缺失的一系列配套功能:养老设施、社区中心及商业服务。同时,根据多方面规划要素的考量,划定棚户拆除区域,新建高层住宅,在既有的土地范围内做腾挪,新增绿化用地与地下停车库,提升既有居民居住的品质的同时,向社会和产权主体开放土地价值的红利。通过系统的城市设计实现存量片区的品质提升的同时,保证了整体政府投资项目的收益。存量与增量结合本质上是调整土地的使用效能差值。在城市核心区存量转换的过程中,改变功能空间形态,以面向新的使用者,达到有效激活老城区的目的。例如,

水石主持的上海露香园老城厢整体更新项目中,按照上海城市风貌保护条例,石库门新式里弄必须进行原址修建,在改造的过程中对 20 世纪初的城市住宅原型进行了大胆的内部适应性再设计,调整了居住平面整体格局,增加了地下室、设备空间,改善日照和采光条件,在城市核心区提供多元的居住形态和高附加值产权居住产品。用历史保护修缮的方法模糊了增量与存量的界限,将旧弄堂转换为高端别墅,在保护历史风貌的同时实现了土地效能的提升。

2. 将自然引入城市的大景观理念

从广义上讲,城市中的一切物质形态均属于景观范畴,即"万物皆景观"。**景观像是一种设计联结,将建筑、自然、空间、地貌等城市要素串联起来,在规划与建筑之间构建起一座桥梁;景观作为体系还可以将自然要素与城市基础设施体系进行整合,提升城市的运营能力。**随着中国城市更新进入更深层次的阶段,存量城市景观空间的整合利用,特别是以景观都市主义作为城市研究与设计的方法,在目前城市更新进程中具有实践意义。

引领城市更新的城市设计观

左　上海苏州河西藏路桥旁美欣大厦改造

右　长春净月中央公园 高架下的儿童活动空间

城市设计的大景观体系包括从宏观到微观的多个方面。

1) 建立具有城市生态的景观架构

存量空间更新的城市设计可以顺应城市地貌及自然特征，并利用历史人文等多元景观要素的强化来突出城市特色，从根本上解决"千城一面"的增量发展弊病。例如，上海的"一江一河"概念几乎成了近些年来耳目一新的城市形象载体，是因为沿江河岸的存量用途开发和环境整治在这样的体系中更贴近地域文化集体认同，旧时光里城市中流淌的产业命脉稍加雕琢便能成为充满活力的大都市水岸空间。把视角放到我国许多中小城市，它们或许不具备大都市璀璨的人文商业景观，反倒是其**自然特征构成了城市基本的空间特色，在这些区域我们去提出城市更新的目标，反映到城市设计很重要的思路便是从景观生态角度协调自然资源与城市发展空间。**

2) 打造可持续发展的城市基础设施体系

城市设计应该关注城市运营要素，在空间层面促进城市基础设施与景观体系融合。我们经常喜欢引用的纽约高线公园、大阪难波公园都是城市设计的空间运营思维在景观设计中体现的典型案例，前者用废弃的铁路线改造成的城市空中花园和艺术地景，为区域带来了巨大的关注度，沿线的开发与文化产业蓬勃生长；后者将交通枢纽与城市绿地结合，化身为教科书级别的成功城市商业综合体。水石近年在长春完成了一系列城市水资源环境保护利用的项目，探索了一条结合城市文脉的城市基础设施更新和可持续发展的道路。在长春净月中央公园（原名

水处理净化）项目中，设计结合了高架桥下的空间以及泄洪河流的水处理功能，用公园的方式将内容升级，为消极的桥下空间增色，也缓解了高架桥造成的与城市不同区域的割裂感。在长春水文化生态园（南岭水厂改造）项目中，用水环境修补的方式复原了生态的同时，复原了城市历史文化的场景，也引来不少影视年代剧以此作为记忆中春城的布景。老旧的基础设施与城市快速扩张时期交叉形成的城市斑块，用景观介入的方式将其重拾起来，锈带化身绣带。

3) 立体城市的多维景观系统

景观建筑师詹姆斯·科纳（James Corner）认为地球是一个"超级综合体"环境，所有的建筑和开放空间都是这个空间里的隆起和凹陷，所有可见物都是"广义景观"的一部分。

在三维空间的城市环境中，城市景观和建筑形态互为补充。景观的介入缝合着"多层多义"的复合功能环境，一方面强调多方利益团体的参与和促进空间开放策略；另一方面通过景观手段重组空间，引导人们形成新的生活方式，复兴场地和恢复活力，最终推动整个地区的发展进而逐步解决城市发展矛盾。香港中环—金钟地区形成的多层立体城市连廊，把城市地形、交通空间、服务设施与不同地块的功能发展结合，在实现公共功能的同时也构成了香港特有的都市景观，一处处看似分散的空间设计叠加成城市壮丽的奇观。水石在云南腾冲做的车站站前广场改造，作为城市 TOD 项目的组成部分，交通成为项目的基础，用三维景观体系解决了站前广场的流线问题，同时也塑造了城

上左 "一带一路"玉磨铁路西双版纳站配套设施更新　　　　上右 武汉四美塘铁路遗址文化公园龙门吊水景景观

中　长春水文化生态园沉淀池"水乐园"　　　　　　　　下　华谊万创·新所（上海大中华橡胶厂）沿河景观

左　上海徐家汇田林路口袋公园

右　上海长宁区新华路"新境"口袋公园

市的立体景观。在另一些社区空间更新案例中，景观体系的重构成为主要的城市空间再造策略，尤其是对街道空间的重新定义和塑造在提升区域活力和竞争力方面展现出很大的潜力。街道巷弄绿化空间不应是机械的城市规划附属产品，而应承担更多催化培育社区价值的可能性。

3. 高品质的城市公共空间规划

城市公共空间意义在于它所能容纳的人与人之间的社交以及多元的城市生活。一个成功的城市更新项目，不仅要能满足自身的产业升级的需求，更应该产生辐射到周边街区的社会效应，为城市贡献价值，从而实现社区共融。据统计，中国新增城市用地中，除去可建设用地范围，广义的公共空间，包括绿地、道路、建设退界、通廊的用地占规划土地面积接近50%，考虑到基数，这个巨大的规模决定了公共空间更新在存量发展中的重要角色。借助城市更新，实现了发展滞后的空间资源的再释放，使老旧空间转型为适应公共活动交往的新空间。我们从以下三个角度来看待这一城市公共空间"转化—规划"的重要性。

1) 土地经济到空间经济是城市更新的发展目标

在一些政府部门的传统观念中，公共空间是公益性财政投入，以土地出让作为地方财政重要来源的过程中，城市公共项目更是得到了很大程度的财政支持。**在当下高质量发展的城市更新语境下，将这一项巨大的财政投入引入运营思维，参与城市的资产运作和产业发展，通过服务和管理来实现公共空间的自主运营，进而产生公共空间的价值外溢；核心是利用公共空间的**

社会属性，持续升级的服务环境，创造足够的流量，吸引高质量人才，最终激活区域发展。

2) 高品质的城市空间是联系人才与产业的要素

城市的本质是产业和人的聚集，现代城市的高品质的公共空间可以增强人群吸引力。都市工业遗产的更新利用在这个空间品质提升过程中有着天然的机会与潜力，水石最近完成的上海大中华橡胶厂改造项目是产业空间提升的典型案例。改造前，这座拥有近百年历史的、以中国第一条子午线轮胎生产线闻名的橡胶厂面临产业迁移，而规划中的沪闵路—交大科创区缺乏生活配套服务设施，无论是科研工作者、师生，还是周围的居民，都缺乏足够的社交与生活场所。

工业遗产转型重点是从一个封闭的产业空间转变为开放的城市空间，在这一"空间升维"过程中，完成将低效的旧产业维度提升到高附加值新城市服务产业的转变。大型工业遗产因其复杂的生产工序和大生产模式具备的复合多样的空间本身也为形成城市社区提供了模式语言，在满足自身的园区功能需求的同时，通过为城市提供一个社区空间系统来催生产城融合，从而激活区域的城市活力。如《释放后工业城市的潜力》(Unlocking the Potential of Post Industrial Cities)书中描绘的那样："一座城市最划算的投资就是投资于品质生活，创建高品质居住、生活、工作空间，创建以人为尺度的空间。"

左　上海徐家汇乐山社区乐山幼儿园围墙　　　　　　　　　　　右　上海黄浦区外滩街道山北街区绿色多功能垃圾站

3）公共空间提供了平衡城市建设与社会治理的机会

近年来，政府工作报告高频提出的以"保障改善民生"为责任的城市更新行动，反映出更新的另一个重要目标即改善社会资源分配的公平；而我国城市更新路径也正全面走向社会治理，经历了由政府主导到政企合作，再到多方参与的多元模式转变，政府、企业、居民、社会团体（包括上海发起的由策划师、规划师、建筑师组成的"三师"设计团队）等协同共治。**治理体系不断完善，一是保障各方利益平衡，实现多元更新目标；二是推动市场参与，提高城市更新可持续性。**

由于近年来中心城区的社区更新工作日益增多，我们的设计工作也事无巨细地面临着多元诉求的挑战。在这期间，以城市设计角度对社区公共空间提出整体策划和规划直到落地实施，逐渐形成了有效的工作方法。在徐汇区田林、乐山的社区改造中，我们遇到诸如围墙外老年人缺少休息空间、幼儿园门口缺少等候空间，导致城市管理失衡的难题。通过更新，从空间上解决了这些问题，自然而然地就把治理的矛盾化解了，幼儿园门口的使用变得有条不紊。把一些片段的、低效的土地进行系统化整合，从而提升居民幸福感，自然政府街道的管理效率也会提升。在山北社区更新中，我们在保留的街道垃圾房上，恰如其分设计了街道展示空间，提供了公众对于基础服务设施管理的监督窗口。

4. 注重社区营造与消费场景

城市最基本的功能是服务于市民的生活，好城市的标准是提供好的城市服务。城市设计不仅体现形态美学价值，更重要的是创造符合经济运行规律的空间体系。水石在过去的 20 年参与了相当规模的城市化进程建设，在致力于提供与城市环境、社区品质匹配的设计服务的同时，积累了不少有价值的前期策划（空间与功能）能力，其中最能代表城市设计思维的是社区营造与消费场景建立。

首先，**公共服务是城市的核心要素，而高品质的服务输出代表的是城市高质量发展。**从这个角度来看，目前我国最需要的城市设计服务是在社区。社区不是人口或建筑的简单聚集，而是有系统、有组织的输出服务的公共平台；社区发展的核心在于同时能满足硬件和软件的供求关系，这也对城市设计提出了目标要求。

未来的社区正在由单一的居住属性走向多元的混合属性，在日常生活圈内打造多元场景。2019 年，浙江省人民政府工作报告首次提出"未来社区"概念，并率先提出建设未来社区试点，未来邻里、教育、健康、创业、建筑、交通、低碳、服务和治理九大场景创新的集成系统。上海也在构建 15 分钟社区生活圈，在市民慢行的 15 分钟可达空间范围内，完善教育、文化、医疗、养老、休闲、就业创业等基本服务功能，实现宜居、宜业、宜游、宜学、宜养的社区生活圈。水石在乐山、田林与山北的社区建设中，充分研究了 15 分钟生活圈所包含的三个层次，为每个社区量身定制了符合社区特征的特色场景。最终的改造成果得到了居民的一致好评，也验证了在社区营造中场景引领设计的适用性。

引领城市更新的城市设计观

上　上海徐家汇区田林路沿线社区城市更新

下　上海徐家汇区乐山社区城市更新

左　水石设计基于街道慢行系统研究的"15分钟生活圈"模型　　　　　右　上海黄浦区外滩街道山北街区 VI 设计

其次,**成功的城市源于建立无形的价值认同,社区场景在创造归属感的同时塑造着在地大众文化**。空间最终服务于大众,设计伊始对于场景的策划与定位尤为重要,场景的构建是基于以未来可运营为导向的、前置性的判断和策划,目的仍然是引导实现合适的空间形态。城市设计引领下的城市更新,更需要将空间运维放到一个重要地位;EPCO 模式是水石设计近期的主动发展领域,同时也是实现城市设计底层逻辑的途径。在长春水文化园的 EPCO 模式设计体系中,从设计伊始就对水文化园在建成后的消费场景进行了构想。在水文化园中,引入了艺术家的展陈区域、历史场景复原、教育互动等内容,园区的设计远不止于形态上的提升,更是一次可持续运营的策划。

稳定的公共服务内容需要好的策划。我们对于前期的价值判断,以及运营商、社区大众的选择,成为空间能够成功转型的必要条件;这也是从事城市设计的建筑师和规划、景观设计者未来广阔的业务基础和专业方向。

5. 把区域文化特色作为城市更新的土壤

如前所述,我们认为城市更新更需要因"城"制宜来承载地方文化特色;除了解决功能、形态、运营等主体问题,更新的最终成果往往需要可视化的表达。这当然是对于当前城市辨识度的充分再思考,对快速城市化进程下相似的城市面貌的改良。此外,**善将文化传承目标植入城市设计,有利于建立城市建设者和管**

理者最大范围的共情基础,帮助人们理解、认识和参与城市更新,**从而反哺于功能形态等核心实践。

这样的"文化参与式"思路对设计提出了创新性多元性的诉求,水石设计在以往设计经验的积累下,提升了一些多样性专业服务能力,使设计能够有效助力于塑造特色城市文化。下面的三个方向能比较好的说明设计是如何在前期规划阶段参与到更多城市文化塑造之中的。

1) 历史建筑保护与修复,用城市空间承载记忆

利旧是城市更新天然的诉求,近年来历史建筑和街区从工程投资型的复原式保护日益转变为再利用。水石的专业历史建筑设计和营造团队,从材料、工艺上深入研究,挖掘和体现特色历史建筑的记忆。这一思路在更大尺度的城市更新中更有延续的意义,在城市设计阶段,将公共空间营造结合历史记忆叙事,将功能业态引入与之关联历史空间呈现;这种"介入"式的遗产保护思路,让地方记忆重新成为社会各方参与发展的焦点,而活起来的历史终将成为城市发展的动力。

2) 建立城市更新视觉系统,实现社区文化可阅读

与单独讨论建筑设计不同,**城市设计与艺术的关系在城市的舞台上往往更有机会进行整体的传达**——导视系统、商业符号、城市色彩、公共艺术共同形成了一个富有弹性的连续视觉

左　长春净月潭公园场前区构筑物"净月云"　　　　　　　　　右　长春净月中央公园设计总承包引导的运营场景

界面。水石的城市视觉导视团队，为片区策划完整的视觉系统套餐，包含文化符号、导视导引、环境图形、视觉色彩规划，让社区文化在城市中变得可阅读，让城市自己说话。存量街区既有的记忆以文化创作的方式获得了新生。例如，在乐山街区的改造中，为乐山街区定制的专属视觉符号和乐山地区城市更新地图，让踏入这个社区的人们感受到温暖与归属感，为更新后的城市形象画龙点睛。

3) 创新的建造技术赋能城市空间，体现多元化城市社区

正如应用包容与发展态度对待每一阶段的城市历史，**我们认为每一种城市意象的表达都需要得到适当的机会。"标志物"是建立城市感知的有效元素，也为城市更新争取更多的话题性和关注度。**水石近年积极研究新材料与数字化技术，期望有更多的机会以新的建造方式来创造地标性的城市景观建筑；当前历史阶段的城市更新应尽可能地去反映时代的质感与形式。

在长春净月潭公园景区前的区域城市更新中，在规划阶段我们通过预算协调把新的入口形象"标志物"列为重点建设项，又积极与数字建造领域的头部企业合作，用数字化与智能化的设计与建造，创作了"净月云"木结构连廊系统，满足城市配套的同时，以其独特的城市形象引领整个区域的活化。

6. 作为统筹主体全周期参与城市设计实施

城市更新始于前期策划，历经各类建筑与景观节点的落地定位，终于室内、标识、灯光整体呈现，**全程参与的多元知识结构团队是城市设计内容能够落地的有效保障。**一方面，水石在城市更新领域具备多个成熟的专项团队，贯穿从规划、建筑、室内、景观到 VI（视觉识别系统）设计、品牌宣传等过程，使多点位、多专业穿插的更新节点有效整合技术得以实施；另一方面，设计作为主体统筹策划与招商团队，提供重要的城市更新运营投资数据和业态顾问服务，也为城市设计涉及的具体项目展现了可实施性的远景。

1) 建筑师负责的全过程实践

推进以执行建筑师团队作为片区城市更新项目的跨专业协调主体。一方面，直接对接项目业主，减少信息出口，整合过滤出有价值的内容向其他专业传达；另一方面，推动同平台上的各专业团队更快速作出反应，解决问题，对上下游团队高效输出信息。相信当前国家行业力推的"建筑师责任制"可以为这种协作带来更多法律与经济层面的创新。建筑师参与咨询团队的采购、合同管理、进度管理、技术协调、质量管理；结合对项目建设的理解，参与协调施工单位与各设计咨询子项，局部或全部执行设计管理。

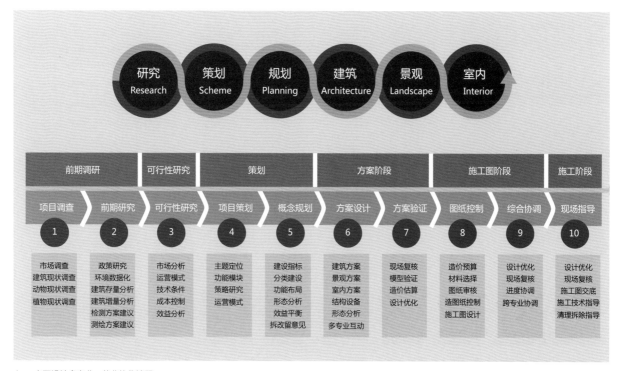

| 研究
Research | 策划
Scheme | 规划
Planning | 建筑
Architecture | 景观
Landscape | 室内
Interior |

| 前期调研 | 可行性研究 | 策划 | 方案阶段 | 施工图阶段 | 施工阶段 |

项目调查	前期研究	可行性研究	项目策划	概念规划	方案设计	方案验证	图纸控制	综合协调	现场指导
1	2	3	4	5	6	7	8	9	10
市场调查 建筑现状调查 动物现状调查 植物现状调查	政策研究 环境数据化 建筑存量分析 建筑增量分析 检测方案建议 测绘方案建议	市场分析 运营模式 技术条件 成本控制 效益分析	主题定位 功能模块 策略研究 运营模式	建设指标 分类建设 功能布局 形态分析 效益平衡 拆改留意见	建筑方案 景观方案 室内方案 结构设备 形态分析 多专业互动	现场复核 模型验证 造价估算 设计优化	造价预算 材料选择 图纸审核 造图纸控制 施工图设计	设计优化 现场复核 进度协调 跨专业协调	设计优化 现场复核 施工图交底 施工技术指导 清理拆除指导

上　水石设计多专业一体化协作流程

2) 建立更新项目前策划后评估体系

当下全面加速发展的城市更新项目总体来说欠缺科学的决策体系,我们的工作方法和设计手段需要时间来适应存量城市尺度的复杂需求,从改造任务书的确立到投资预算管理,更是呼唤一种设计接轨项目的操作模式。例如,**设计工作的前期调研的目标即建立可行性的工作清单,设计需要协调思考内容的广度通常要远大于具体设计任务范畴;**这种前置性思考包括成本控制、施工落地运维等全方位的判断。又如,到了项目运营层面,设计往往能从较早的阶段来介入,能够保证城市更新的财务平衡。

结语

城市更新项目兼具多维与复合的特征,设计过程需要多元知识结构的统筹与谋略,这一过程依赖于提供系统性价值逻辑的城市设计。无论是城市滨水空间的整治、城市工业遗产的改造利用,还是历史风貌街区保护更新,多年的城市更新经验告诉我们,好的前期策划与负责任的落地过程是一个整体,尤其是前者在日益宏大的城市存量发展中将负担更加重要的作用,是引领城市更新的创新模式,也是项目走向成功的第一步。城市更新的设计者更要不断完善知识结构,以面对存量时代城市高质量发展的需求。

全过程咨询管理
是设计机构
的核心竞争力

工程设计咨询及管理的一体化服务研究

Research on Integrated Services of Engineering Design Consulting and Management

随着我国城市从建设时代向运营时代的转变,城市更新更注重综合品质的提升,要求设计、施工与运营等环节的紧密结合。这推动了工程设计咨询及管理方法的变革,使一体化服务成为设计咨询机构的核心竞争力。一体化服务涉及项目前期研究、工程设计和项目管理等多个方面,强调在项目的全生命周期中,通过跨阶段、跨专业的协同整合和多维度平衡,提升设计咨询成果的合理性和必然性,避免单一技术环节的局限性。水石在一体化的工程设计咨询服务中,重点在前期研究、工程设计、项目管理三个方面进行了研究与探索。

As China's cities shift from construction to operation, urban renewal emphasizes comprehensive quality, requiring tighter integration of design, construction, and operation. This drives the evolution of engineering design consulting, making integrated services a key competency. Integrated services span preliminary research, design, and project management, emphasizing cross-stage and cross-disciplinary collaboration to enhance design outcomes and avoid limitations. SHUISHI focuses on these aspects in its integrated engineering design consulting services.

前期研究中的一体化

水石的一体化设计是建立在完善的知识结构和综合服务能力之上的,在项目的前期投入足够的人力、物力进行前瞻性、策略性的研究,可以建立项目的全局观,平衡各类需求,从而在源头上加强项目的落地能力。

1. 数据化工具辅助现场调研及空间分析

存量时代的更新设计项目往往设计条件比较复杂模糊,比如产权边界不清晰,可建设面积不明确,结构和设备再利用情况待调查,原有空间所承载的特色价值也在岁月中流失殆尽。**利用先进的技术手段进行场地测绘与调研,重建场地的空间数据,并结合历史资料和合理推断,补齐缺失的场地空间信息对于设计工作的准确开启非常重要。**例如,乌龙古渔村项目,设计介入是在场地整体拆迁之后,由于拆迁之前的前期研究有所欠缺,村落传统街巷肌理大量缺失,原生村落空间结构遭到破坏,更无原貌图纸和数据留存,给后续的工作带来困难。工作的第一步是通过场地测绘重建空间数据档案。我们进行了场地无人机全域测绘和现场电子扫描建筑测绘,并应用建筑信息模型(BIM)技术针对 28 栋保留建筑构建三维模型,重建的空间数据档案包含建筑定位、照片、尺寸、量化指标等。在详细客观的空间数据基础上,对建筑进行历史保护的分类分级,形成了空间历史价值评判的标尺。然后,我们研究相关政策法规,梳理利弊信息,描摹客群,搭建历史、人群和空间的价值联系,构建了新的价值体系,为后续的设计工作打下了坚实的基础。

2. 经济效益分析与空间形态规划的技术协同

城市更新项目往往需要提升空间的盈利能力,在规划阶段,经济效益分析工作不可或缺。**水石建立以"价值驱动"为核心的城市更新体系,在项目的初期建立价值评估框架,量化评估经营性、半经营性、公益性三类空间价值效益,拉通项目收益指数和建设指标体系的关系,并以此为依据进行空间形态规划。**例如,宜昌葛洲坝片区城市更新项目以整体财务平衡为基础,以改善人居环境,推动高质量发展为目标,规划内容涉及老旧小区改造、配套设施完善、产业结构调整等内容。项目在规划前期将建设成本、项目自身经营性收益、上级奖补资金等放在一张表上综合考量,通过"跨地域、跨类别、跨周期"价值平衡方法,论证片区更新可以实现资金动态平衡,保证规划可实施性。①跨地域的价值平衡:在高价值板块实行整体征迁,腾出产业发展空间;在中等价值区域进行存量资源的风貌保护、活化利用;在一

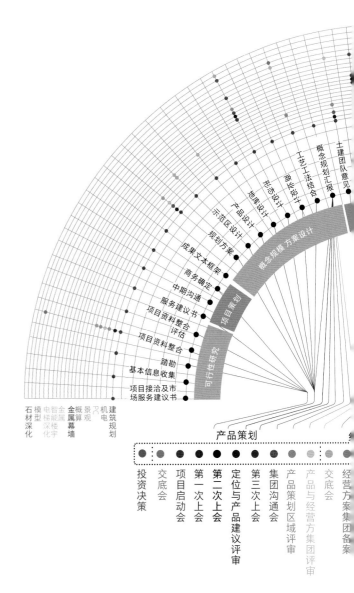

般价值区域回迁安置,满足民生需求。②跨类别的价值平衡:在需要进行区域定位水平提升区域,合理规划公共服务配套和产业发展项目;在风貌保护区域,进行容积率上限研究,以提升开发空间利益。③跨周期的价值平衡:近期进行小规模改造,以提升土地价值,未来进行产业升级,实现中远期产业价值。

3. 专项策划辅助前期研究与决策

城市再生类的项目设计条件复杂,往往没有详细准确的设计任务书,不能仅依靠规划、建筑、景观、室内等专业的研究与设计,还需要建构综合统筹能力,完善知识结构,将设计服务阶段往前后端延伸。在多年的实践中,**形成基于水石平台能力的"技术生态圈"保障,促成特色团队合作、汇聚社会资源,已经实现了政策研究、价值分析、产品研发、成本控制服务,以及再生项目测绘、检测、加固的资源整合。**在长春水文化生态园项目中,开展充分调研是设计工作开启的重要前提。我们以专题形式就前期研究、价值分析、成本控制等多项能力进行了任务分解,拟定了周密的工作清单,开展了前期调研、可行性研究以及专项策划。其中的专项策划涵盖了动植物研究、海绵城市、木装配研究、立体停车库研究、原有厂房除毒除害、老旧材料设备利用、公共艺术和标识体系八个板块,从调研阶段开启,贯穿了项目

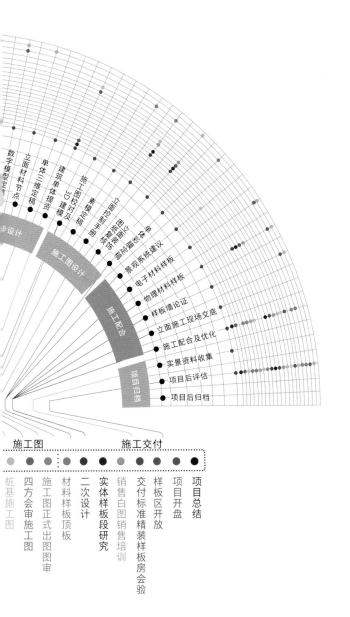

上　跨专业的工程设计一体化系统图

全程。专项能力的补足和跨专业的无缝对接促进了后续资源嫁接和设计协同，为再生项目的顺利推进奠定了坚实的基础。

4. 运营维度前置的前期研究

我们在长期的城市更新实践中发现，**结合后期运营，统筹项目的全生命周期，在一体化思维的引导下，通过研究、设计、建设、管理和运营的综合考量，城市空间才能焕发生机和活力。**建设强度、功能业态配比等内容与项目的投入及收益密切相关，运营前置可以统一价值目标，极大提高规划的可实施度，是项目可研判断中最为重要的一环。例如，在长春净月中央公园项目中，我们从未来实际经营的角度来考虑，真正实现项目的内容研究、运营方向的可行性调研，并将这种思路转化为项目投资的真实依据。项目在接洽的初期，我们发现上位规划中，占地49万平方米的公园中只配建了300平方米的建筑，建设容量决定了公园只能配建最为基础的公共服务设施，既无法持续为市民提供高质量的公共服务，也无法开源为公园的运营维护提供财政收益。通过对政策和规范的研究发现，可建设建筑面积可以增加到4.5万平方米。我们通过调整建设容量，将增加的建筑纳入政府投资，做足建筑规模。增加的建筑容量可以形成更加完整的功能配套，与公园形成良性互动；可以满足日常运营

第一阶段产品研发　　　　　　　　　　第二阶段产品研发

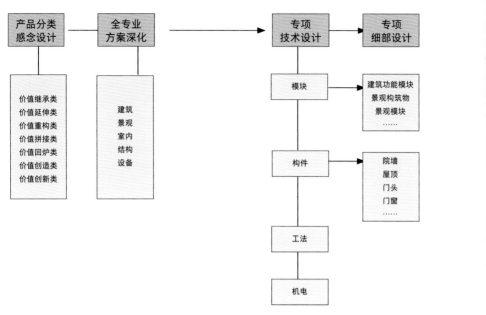

上　统一设计语汇，先定标准再做设计

的成本支出，实现经济性效益平衡；可经营性资产的增加，还带来了潜在的投融资的机会，为项目的未来发展带来更多可能。

跨专业的工程设计一体化

水石在跨专业的工程设计一体化服务中，实现跨专业的设计整合，进行全流程的技术管控，并提供标准化的设计咨询服务。在每一个设计阶段，我们的建筑师、工程师和设计师都在共同的目标、统一的语境下进行工作，实现综合成果输出。对项目全流程的参与和控制，前后设计阶段联动，实现建筑的高完整性与高完成度。在项目推进过程中，方案决策与技术论证并行推进，以帮助业主作出更为准确的判断。

1. 建立协同的设计目标

建筑业是一个极其综合的行业，每个专项都有各自的技术标准和行业规范，每个项目都有许多技术壁垒需要突破，只有达成统一的价值目标，以规划、建筑、景观、室内等专业朝着共同的方向努力，前期和后期的设计理念不偏离，才能实现建设目标的高品质呈现。**在水石的工作模式中，前期以空间价值量化为目标进行调研和分析，建立价值评判模型，树立统一的价值目标，为各专业的协作指明方向**。以深圳世茂深港国际中心项目为例，在经过前期研究之后，提出了全时综合体的概念，设定了综合的价值目标：开放社区、垂直城市、艺术生活。而后以水石平台为基础，组建综合设计团队，联合建筑、室内、幕墙、景观、机电、泛光、标识等专业，制订项目推进计划，从而贯彻统一的设计理念，保证作品的高完成度。

2. 形成清晰完整的决策路径

在复杂的城市建设方案推进过程中，需要面对不同的决策对象（除了发展商业主以外，还包括政府、规建主管部门、各级专家、未来使用人群等），以相应维度的成果来高效沟通获得认可。决策者的意见往往是综合且跨专业的，而且不同角色的决策者关注的重点各不相同。在一体化设计这样的工作方式下，**建立全专业的统筹机制，以最终呈现使用场景为目标出具完整的解决方案，品质、成本与进度综合考量，给决策者提供清晰、完整、连续的决策依据，为项目铺设清晰的决策路径**。

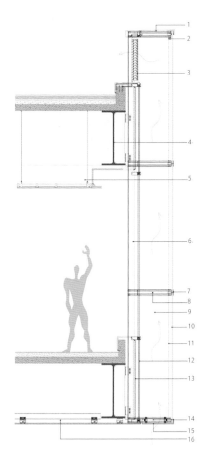

方案阶段的一体化构造节点

1 银白色3毫米铝单板 Silver-white 3mm aluminum veneer

2 泛光照明灯槽 Floodlight trough

3 双层通风防雨百叶 Double-deck ventilation and rain-proof louvers

4 工字钢梁主体结构 Main Structure of I-beam

5 室内吊顶 Indoor ceiling

6 幕墙立柱 Curtain wall column

7 不锈钢夹具 Stainless steel fixture

8 铝型材支臂 Aluminum Profile Arm

9 通风检修空腔 Ventilation overhaul cavity

10 白色点釉夹胶玻璃 White Spotted Glazed Glass

11 LED透明屏(P25) LED transparent screen(P25)

12 中空LOW-E玻璃 Hollow LOW-E Glass

13 中灰色背衬铝板 Medium gray backing aluminium sheet

14 铝型材支臂 Aluminium Profile Arm

15 银白色穿孔铝板 Silver-white perforated aluminium sheet

16 室外吊顶 Outdoor ceiling

上　重要技术工作前置

3. 统一设计语汇,先定标准再做设计

在各阶段设计中,**只有用全面的视野把控项目的整体性,才能做到建筑空间、室内空间、室外空间等视觉空间要素的均好、综合效益最大化。**

在乌龙古渔村项目的调研勘测阶段,完成建筑物的空间数据收集后,以建筑设计要求和材料工艺要求为纲领,对建筑进行统一编码,编码要素包含地址、保护级别、建筑属性、建筑制式、结构类型、材料属性等。编码系统给后续的工作团队提供了统一的工作语境,在此基础上,分类进行产品的模块化研究,拟定建造交付标准。再梳理各专业的设计边界,针对装饰标准、机电设备、材料体系进行归纳整理,让设计的各个团队在相互的边界上能够做到既相互碰撞,又相互融合,实现多专业的深度协作。

4. 前后联动,重要技术工作前置

设计协同既包括一个设计阶段内团队的协同,也包括从项目策划到建造实现全过程的大协同。上位规划的总体指标控制,定义了地块的用地性质、建设容量、建筑高度、绿色建筑、装配式及人防设计等要求;在方案设计报批阶段,设计成果在满足上位规划的前提下,在建筑布局、空间形态、功能组织、交通组织、技术图纸的合规性等方面都进行深入设计;施工图设计需要综合以上众多的前置信息,通过多专业交叉深化设计,把各种建筑技术要素融入其中,形成可以用来指导施工的满足各种规范的法定性设计文件。

重要技术工作的前置,可以确保方案设计的落地性、稳定性及合规性,有效减少方案报批后的调改工作量。对于施工问题的

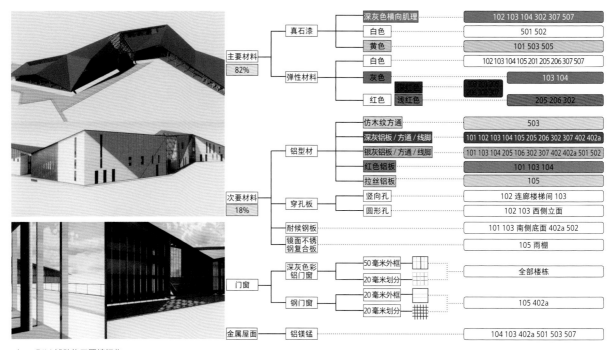

上　BIM 辅助施工图精细化

前置排查，可以实现设计与施工的准确衔接，保证工程质量，降低采购成本。例如，在长兴岛郊野公园游客中心项目中，我们首次使用了光伏发电瓦屋面的形式，为了实现建筑美学与新技术的结合，我们在方案提出后就进行了屋面材料的比选和技术性能的研究，深色单玻三曲光伏瓦外观最为接近传统的曲面陶瓦，且坚固、轻薄美观，适应承重范围广，其物理参数和性能等级也可以满足大面积敷设的要求。重要材料的确定，在项目前期就锁定了造价及构造措施，避免方案反复。

5. 一体化的技术成果输出

1）全专业综合设计成果实时输出

城市建设越来越多地面对着复杂、复合空间的营造要求，项目作为由各个要素组成的有机统一体，如果以传统方式进行专业分工，以规划、建筑、景观、室内按先后顺序进行设计，则已经无法满足高效推进的要求。另外，**随着城市建设品质要求越来越高，建设监管部门在合法合规等方面要求越来越严格，反映在设计服务上则是需要实现从规划、方案、初步设计到施工图设计的全过程完整、准确、连贯的成果输出**。在长春水文化园的设计中，基于水石的精细化设计经验，我们在各个生态阶段都实现了综合设计成果输出。比如，建筑设计就综合了文物建筑保护、改扩建以及新建等多种技术能力；景观设计成果则包括了生态修复、雨洪管理、水环境治理、动植物多样性研究等多方面。在重要的决策点位中，我们甚至实现了建筑、景观、室内各专业一个场景、一张图纸的成果输出。

2）多专业协同实施校准方案

一体化设计的核心在于加强团队协作，提高沟通效率，减少信息传递的误差，BIM 技术的应用给多专业协作提供了有力支持。BIM 技术在设计阶段为多学科专业提供了一个统一的数字平台，使建筑师、工程师、各专业设计师等可以同时在一个共享的数字模型上协同工作。**通过模型的实时更新和可视化，设计师可以迅速测试不同设计方案的可行性，更加方便地进行设计变更和优化，提高设计的创新性和质量**。BIM 技术可以在设计阶段进行冲突检测，帮助识别和解决不同专业之间的设计冲突。这减少了施工阶段的现场变更和重复工作，提高了工作效率，并最终得到高质量的设计成果。

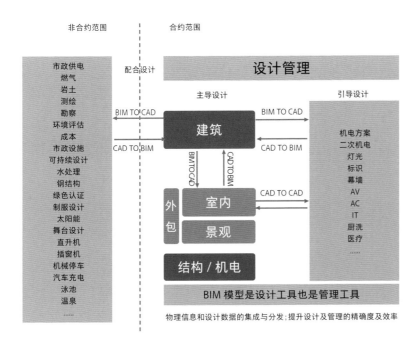

上　设计施工运维一体化

3）设计过程可视化促进决策

在项目推进的过程中，不论业主、政府、主管部门还是专家都会以综合的视角加以评判。传统的单专业设计成果输出已经无法满足科学决策的要求。水石在设计过程中，以整体空间效果为目标，以多专业一体化的场景效果图为决策利器，隐藏专业、专项设计的边界，实现综合的效果表达，使项目相关方能够更清晰地理解和评估设计方案，从而作出更为科学的决策。**我们在输出场景效果的同时，也输出成本信息，让相关方可以更好地了解项目所需的资源，提前识别潜在障碍，降低项目风险。我们还利用 BIM 技术提供了实时的成本和时间信息，使决策者能够更好地掌握项目的整体效率及可行性。**

设计、采购、施工及运营一体化

设计、采购、施工及运营一体化即 EPCO 模式，可最大限度地提高品质、降低成本、满足建设进度要求，**在城市更新项目中创新地采用 EPCO 模式，提升设计效果和品质，对全面推进城市更新、实现城市建设经济效益与社会效益双提升有重要意义。**

1. EPCO 模式的目标

EPCO 模式下，设计、采购、施工及运营不再是割裂的几个阶段，而是紧密结合的一体化过程。 这种一体化的工作方式有助于项目管理更加全面、协调，更高效地整合各方资源，减少时间和成本浪费，并有机会最大程度地呈现完美的空间效果。同时，EPCO 模式通过统一的项目管理和团队协作，大大减少了设计、施工及运营之间的沟通成本和磨合期，提高了项目的进展和质量。

EPCO 模式鼓励团队成员分享资源和知识，利用各自的专长，从而实现更高效的工作流程和更优的项目结果。这种模式不仅提高了项目的整体品质，同时也有助于实现更高的利润和更大的市场影响力。经由每个环节资源的高效利用和流程优化，项目的综合效益得以显著提升。

2. EPCO 模式的实施重点

1）策划统筹、多维度统筹为项目提供稳固推进基础

在项目前期研究阶段，EPCO 模式通过综合考虑技术和经济，

上　长春净月中央公园

以及在定位中就考虑平衡美观度、进度和成本,确保了设计方案的实用性和可行性,以及项目的市场吸引力和经济效益。EPCO 模式可以通过资源整合和团队能力互补,提升项目的整体品质、效益、市场竞争力,同时该模式强调利益相关方之间的协同合作,力求通过有效的前期筹划创造综合价值增量。此外,EPCO 模式在前期策划统筹时,就将运营、施工知识结构与关联信息前置。**首先,在设计阶段就考虑运营问题,以结果为导向,运营思维贯穿项目全过程带来了更良性的项目生命周期;其次,实现施工和采购阶段资源共享,测算并控制项目各阶段成本,从而提高资源利用效率、优化施工工艺和组织结构。**在长春净月中央公园项目中,水石及上海园林集团便应用了 EPCO 模式,从前期研究、设计、建设、管理和运营的综合考量和统筹,将项目全生命周期的需求融入设计方案中,以多角度统筹实现项目的可持续发展和综合价值的最大化,政府、社会以及参与的企业,都有多维度的正向价值收获。

2) 效果控制,实现重要空间的新颖与独特

首先,在城市更新中由于项目现状的复杂性,一般的前期调研

很难全面了解项目的真实状况,设计施工的一体化可以最大程度满足动态设计与施工的互动协同发展。其次,**EPCO 模式通过特殊的设计建造技术前置,可以在项目前期就确保实现重要节点的最终实施效果,大幅提高建造还原度和重点空间的视觉创新度。**此外,优秀的设计与施工机构,还有机会采取先进技术,如数字化设计和智能建造等方法,提高设计及施工的精度,从而实现设计和施工的高效优质衔接。**EPCO 模式的设计建造过程不仅是构建建筑物本身,还涉及如何使建筑物适应未来的功能需要、保护和修复自然环境等因素。**例如,在中央公园改造项目中,设计团队通过正向参数化 BIM、参数化设计手段、全预制装配结构体系、装配式施工,设计了公园中的东西眺望台和主题儿童游乐构架,以及常规设计无法实现的轻盈动感的异形钢结构跨河桥,通过自动化正向参数化 BIM、应用动力学原理、拓扑优化找形,减少支撑杆件,形成轻盈美观的结构,其钢结构重量只有传统钢结构形式的 1/3。

3) 可实施度,确保设计实施的精准还原

EPCO 模式更能确保项目设计实施落地的还原度,包括设计

精确性、施工效率。一方面,造价管理和图纸优化是实现设计还原度的关键环节,确保了项目在财务和技术层面的可行性。通过设计与施工总包及分包单位的紧密合作,可以在施工前对设计效果进行详细讲解,保证所有参与方对项目的目标有统一的理解和认识,这样不仅减少了施工中的错误和返工,还通过预见潜在问题来减少不必要的成本开支。另一方面,在项目实施时,局部通过制作大比例的施工样板,施工团队可以直观地了解设计意图,对现场施工效果进行日常监控和即时整改。在长春中央公园的 EPCO 模式中,水石在重点建筑与景观的节点中,提供了比传统施工图更精细化的三维建模图;对于部分智能建造、幕墙项目等专业性很强的项目内容,专业技术分包商则有更多机会与设计机构互动,这都大幅提高了设计还原度。

4) 成本控制,最大程度减少财政性资金压力

政府或者国企平台公司的投资项目中,**EPCO 模式通过整合工程设计、采购、施工和运营的各个环节,能够在项目实施中最大限度地减少财政性资金压力,实现项目可持续经营。**这种模式特别强调在项目早期阶段就进行综合性的成本控制规划,以确保长期的经济效益。在前期项目策划中,EPCO 模式着重关注未来功能业态和运营方式,降低项目运营阶段的经济风险,确保项目后期运营良好。运营策略重点关注社会美誉度、项目活跃度,以及项目经济效益的平衡,确保项目既能减轻政府的财政负担,又能助于促进项目自负盈亏。同时,注重合理规划业态的公益性、半经营性、经营性比例,兼顾满足市民生活需求与控制运维成本,从而有效提升项目活跃度。例如,在中央公园的1 号、2 号楼立面效果控制中,水石在设计阶段采用模块化、模数化设计方法降低加工和施工的难度,优化设计节点和交接效果;利用桥下不占用场地和建筑指标的空间,增加可移动经营性模块,以成本控制、创造价值空间等方法实现项目可持续。

5) 进度控制与多维度协同推进

EPCO 模式通过整合项目的各个阶段和参与主体、多维度协同推进项目,能够有效控制项目进度、保证项目质量。在设计协同方面,力求项目设计阶段各个专业之间高效配合。统一设计标准管理,建筑、景观、室内设计、泛光照明、标识、智能化等各个专业通过统一的设计标准管理进行协同。在施工协同方面,避免进度延误,力求项目按计划顺利落地。根据报建报审程序和施工组织计划,制订周密的出图计划。比如,在扩初设计阶

段,建筑总图、景观总图及市政总图应进行协同,以保证场地标高、种植覆土厚度、场地荷载、出地面构筑物、场地功能没有矛盾。水石在中央公园项目中运用 EPCO 模式,不仅优化了建筑和景观设计,而且在施工过程中有效地控制了进度和成本。这种整合设计与施工的协同工作模式,保证了项目从概念到完成的每一步都能够顺利进行,为中央公园的成功建设和运营提供了可靠保障。

水石还利用 BIM 技术监测施工质量,控制施工进度。通过模型的可视化,施工团队可以更好地理解设计意图,提前规划工程流程,减少施工现场的问题和延误产生。而且,BIM 技术支持4D 建模,将时间维度集成到三维模型中,使施工团队能够更精准地进行进度规划和监控。

在当前的行业大势下,传统单专业的设计竞争力正逐渐减弱,进行产业链整合,提供更完整的综合成果,是设计服务企业的必然发展方向。通过整合产业链提升空间价值创造能力,降低业主的管理成本;通过整合还可以减少项目实施的总体成本,为业主和各供应方带来良好的经济效益,也有助于行业的高质量发展。

工程设计咨询及管理的一体化服务研究

精细化设计
是高质量发展
的必然需求

精细化设计之思考与探究
Thoughts and Exploration on Fine Design

设计旨在解决问题和实现创新。精细化设计建立在深入的问题分析与分解之上,以系统化的目标为导向,运用专业化和专项化的措施,以全面、综合的方式解决问题并推动创新。随着城市对高质量发展的追求,工程设计在经济、社会、文化和空间等多个层面都面临着更高的要求。因此,提升设计的精细化水平势在必行。多年来,我们在设计实践中积累了丰富的精细化设计经验和方法,形成了独具水石特色的精细化设计维度和逻辑框架,主要涉及设计管控、研发和科学建造等方面。这些实践有效提升了设计的专业化、效率和服务品质,最终促进了项目的高质量完成和运营效果的提升。

Design solves problems and creates new ideas. The refined design is based on analysis and objectives. It uses special measures to solve problems and promote innovation. Engineering design faces higher requirements in many areas, including economic, social, cultural and spatial. It is important to make designs more detailed. We have gained a lot of experience in this area and have developed a unique approach to design. This involves control, research, and development. These practices have improved the quality of our designs and the way we work.

精细化的设计管控体系

精细化的设计管控体系就是以设计流程为核心,利用体系化的管理措施,统筹不同阶段内的专项设计内容,实施全过程、多设计环节的协同推进。过程中,在厘清复杂合作关系的基础上,建立起高效的信息交换系统,搭建出符合逻辑的工作流程,实现了专项设计能力与整个设计链条的紧密结合。**设计管控体系包含对内的设计流程管控和对外过程决策管理。**

1. 建筑设计管控流程

建筑是大部分项目的主控专业,设计流程管控以建筑设计推进为主线,贯穿设计全过程,包含详细的项目流程表、完备的目标成果参照和有效的项目操作模板,是面向建筑设计团队及其关联专业的设计管控工具。

1) 项目流程分解

以建筑设计为主线推进项目的流程化可以分为四个阶段:项目策划、方案设计、初步设计、施工图设计。我们基于大量设计经验,并对每个阶段的过程进一步分解,从项目接洽开始至项目后评估结束,共拆分为40个必备动作。每个动作都有其工作重心和必须完成的任务,通过对每个设计动作的成果管控,实现对整个设计流程的管理把关。

2) 目标成果参照

对应每个动作,我们按照高质量标准制订成果参照,每个动作必须依据成果参照进行高标准执行,为后续的设计工作提供稳定的前置条件。以"资料评审"这一动作为例,工作成果必须包含土地条件解读、市场条件解读、业主诉求分析、政策风险排查和经济指标测算等要素,这一动作的完备成果是下一个动作"服务建议书"的重要条件。

3) 项目操作模板

项目流程分解和目标成果参照是流程管理的工具,而项目操作模板是更细一个维度管控设计质量的工具。建筑立面精控模板衔接前后设计环节,构建了信息传递通道,是其中一个有效工具。精细化的设计分工往往会导致设计服务的衔接出现脱节,比如,方案设计与施工图设计脱节、施工图设计与二次深化脱节。为了传导设计意图,实现设计构想,我们设定了两大控制目标贯穿方案设计阶段至施工图设计阶段,一是构造控制,二是效果控制。其中构造控制以详尽的构造手册为载体,主要针对

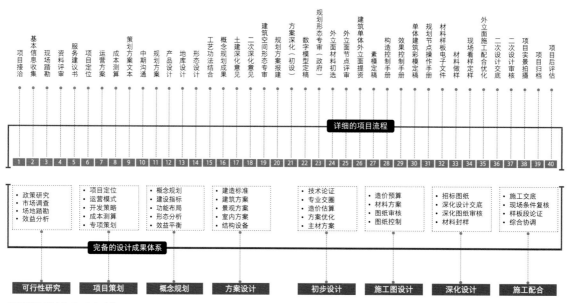

上　建筑设计管控体系 40 个动作

下　立面精控模板

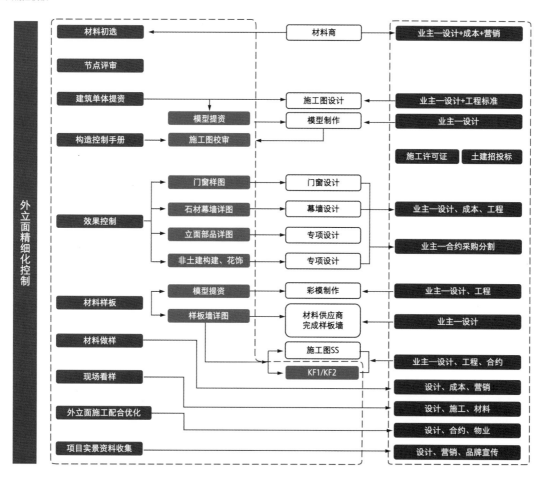

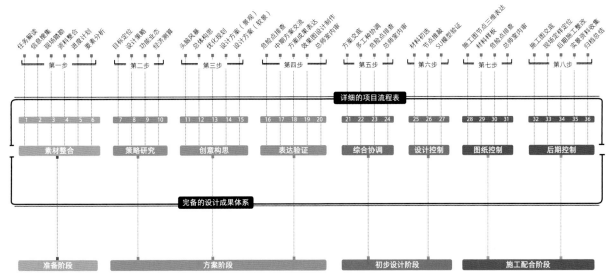

上　景观设计管控体系

土建部分进行控制,而效果控制主要依靠平立面分色,块材划分,相关节点施工说明等手段实现,二者相互校验,协同推进。

2. 景观设计管控流程

随着设计复杂度的增加,景观设计介入项目的时间表不断提前,设计的工作面不断扩大,针对景观设计及其关联专业,还搭建了设计管控流程及工具。

1) 项目流程分解

景观设计的流程大概可以分为八个阶段:素材整合、策略研究、创意构思、表达验证、综合协调、设计控制、图纸控制和后期控制。我们对这八个阶段进一步分解,以任务解读为起点,以项目后评估为终点,拆分为36个必备动作。每个动作都有其工作重心、必须完成的任务和成果参照模板,通过对每个设计动作的成果管控,实现对设计流程的品质管理。

2) 目标成果参照

对应每个设计动作,我们按照高质量标准制订成果参照,每个动作必须依据成果参照严格执行,为后续的设计工作提供稳定的前置条件。例如"经济测算"需包含短期经济效益测算、长期运营效益测算、建造成本投入和后期运维成本,以形成对后续动作的有效支撑。

3) 项目操作模板

相较于建筑设计,景观设计的工作相对靠后,景观团队承担着对项目进行精细打磨的任务,因此需要主动衔接建筑、景观、室内等专业的协同工作。

景观节点精控模板可实现材质、色彩、构造在各专业层面逻辑一致,将材质、构造做法等在微观层面进行融合,是有效协同管控工具。我们对模板中铺装节点的预控从方案设计阶段开始,历经扩初设计、施工图设计、样板定样、二次设计和施工现场控制层层把关,以实现铺装分缝的整齐有序并与地面井盖等元素精密配合;并且依据过往经验,我们要求打样图纸必须包含在招标施工图中,有效避免管控盲区。

3. 面向业主的过程决策管理

高质量的项目成果依赖优秀的设计,更依赖高水平的项目综合管理。**过程决策管理是在项目操作过程中,设计机构与业主协作,以重要点位决策为载体的过程管理。**

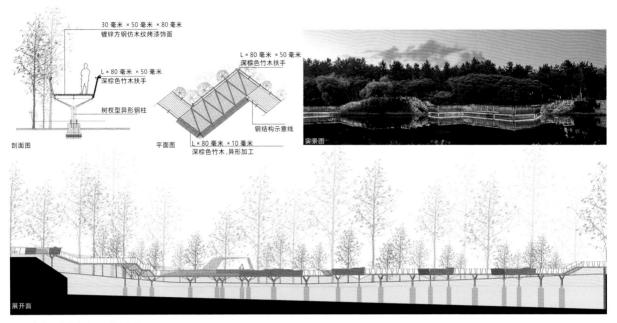

30 毫米 × 50 毫米 × 80 毫米
镀锌方钢仿木纹烤漆饰面

L × 80 毫米 × 50 毫米
深棕色竹木扶手

树杈型异形钢柱

剖面图

L × 80 毫米 × 50 毫米
深棕色竹木扶手

钢结构示意线

平面图

L × 80 毫米 × 10 毫米
深棕色竹木，异形加工

实景图

展开面

上　长春水文化生态园·亲水栈道

下　城市综合体精细化研发体系

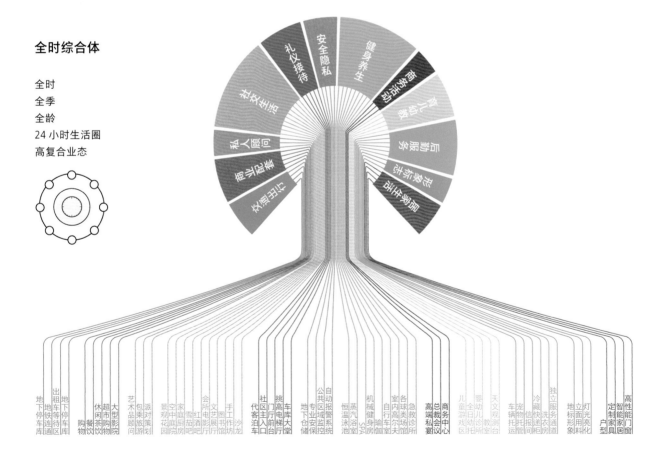

全时综合体

全时
全季
全龄
24 小时生活圈
高复合业态

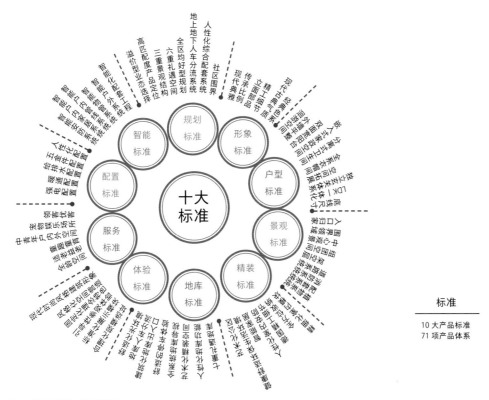

中心圆：**十大标准**

内圈八个标准：规划标准、形象标准、户型标准、景观标准、精装标准、地库标准、体验标准、服务标准、配置标准、智能标准

标准
10 大产品标准
71 项产品体系

上　精品人居精细化研发体系

1) 决策点位梳理和目标设定

过程决策管理首先要推演项目进程，梳理出重要的决策点位，例如，在策划阶段，应确定目标使用人群，项目投资额度；在方案设计阶段，应确定设计指标，落实建造标准；在技术设计阶段，应排查项目风险，落实技术设计解决方案。基于重要决策点位的梳理，我们可以预设阶段性目标，判断需要参与决策的团队，以阶段性目标为锚点，**在流程上制订相互咬合的统筹管理节点，合理规划与业主互动交流的频率，节约沟通时间，提高推进效率**。同时，我们还针对业主项目管理特点，积极调整服务界面，提供匹配不同业主的多维度、多角度成果。

2) 对内对外管控路径整合

过程决策管理的实施有赖于完整综合的设计服务。我们基于建筑、规划、景观设计各自的专业化服务，提供同一项目从前期策划、用地测算以及规划、建筑、景观全专业的整体设计，每一阶段都呈现包含空间效果、技术预判、成本测算和合约考量的完整工作成果，供业主进行整体评判并决策；并且，我们将这一服务嵌入水石项目流程的 8 个阶段中，设计流程与过程决策管理并行，以最终得到高品质的设计成果。

精细化的研发体系

研发体系是精细化设计的重要基础，水石的研发体系主要包括两方面。一是项目类型研究，如精品人居、主题产业园、城市综合体、城市公园等，主要涉及相关的设计方法及专项内容；二是主题性研发，主要围绕价值、效率、功能性等需求，涉及建筑产品、标准化、专项技术等多个层级的研发。近年来，**我们重点在空间场景塑造、空间性能研究、成本管控手段、科学建造研究等方面进行了较为深入的积累与实践**。

1. 空间场景研发

空间场景研发以人居环境为例，我们从居住者的日常生活出发，梳理痛点、发掘需求，让有限的空间承载更多元的生活场景，从而提升空间的居住体验。

　精细化设计之思考与探究

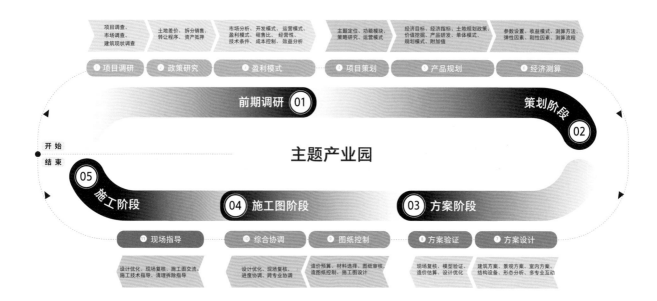

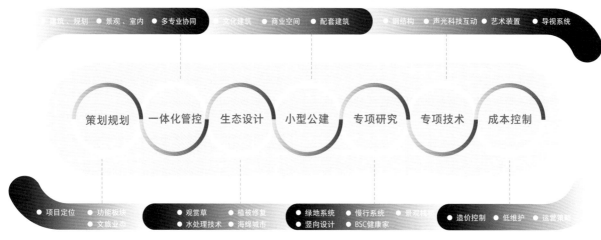

上　主题产业园综合能力

下　公园绿地综合能力

左　杭州汀洲印月空间场景研发　　　　　　　　　　右　杭州汀洲印月儿童友好空间

1）一体化空间和情景化收纳，让小家变大

最初的商品房往往功能空间独立，使用方式单一。随着生活方式的变化，各功能空间呈现多样化需求，例如，客餐厅空间会承担聚会、娱乐、工作等更为丰富的生活场景，从功能属性转向社交属性。将客餐厅空间复合一体化，打破客厅、餐厅、厨房的阻隔，视觉上加大空间尺度感，使之成为家庭成员交流的重要舞台；缩短交通动线长度，实现无界洄游，增加家庭成员互动和陪伴效率。充足的收纳空间往往是决定户内舒适度的关键，我们从日常的取用场景开始规划，将收纳空间的设置与生活场景结合。我们通过研究发现，收纳空间至少应占房屋面积的 12%，宜分散布局，专柜专用，物品就近存取；收纳应该有藏有露，展示物品和隐藏物品的比例宜为 2∶8。

2）社区生活综合体，带来家门口的便利与温暖

"15 分钟生活圈"概念在生活中推广，人们越来越喜欢这样的生活：出门是商场，楼下是街区，一切生活所需都可以随时满足。因此，社区的配套服务空间成为我们塑造社区归属感的切入点。例如，天津滨海江来项目地处城市重要节点，整体规划结构由林荫大道串起休闲健康轴、生活服务轴、活力商业轴。项目围绕"微笑生活街区"的理念展开，将社区配套、社区公园、精品商业与城市街道有机结合，打造出独特的社区综合体。商业建筑与口袋公园结合，为居民提供丰富的消费、娱乐休憩活动场

景。北京宋庄项目，社区主入口与口袋公园结合，在社区主入口中置入多个"生活魔盒"，有入口接待盒子、便利服务盒子、快递存取盒子等，功能灵活多变，空间时尚优美，同时也柔化了城市与社区的边界。

3）自然环境为基底，打造全龄游戏场地

国家发展改革委等 23 个部门印发的《关于推进儿童友好城市建设的指导意见》明确"十四五"期间，我国将试点建设儿童友好城市，从社会政策、公共服务等维度出发，促进广大儿童身心健康成长，推动儿童教育事业高质量发展。因此，我们贴心设计打造"一米高度看城市"的儿童友好社区，助力儿童友好城市建设。以儿童作为设计的核心点，但又不仅仅是为了儿童。设计初衷本着保留孩时的天真与畅想，将玩心无界的核心思想融入其中，打造出以孩童为中心的全龄游戏场地。在方案的空间搭建中，以自然环境作为基底，承载各种人工景观空间和设施。活动区域可为儿童、青年和老年提供活动空间，三种空间融合交错，同时弱化与自然的边界，实现多年龄段和自然的融合共生。

4）多媒体技术延展立面边界

多媒体技术在建筑立面上的应用，可以赋予建筑更为丰富的表达能力，延展建筑的想象力。例如，在世贸国际深港中心项目中，我们将 LED 屏幕与建筑立面结合，以"传统国韵的当代演

　　　　　　　　　　　　　　　　　　　　　　精细化设计之思考与探究

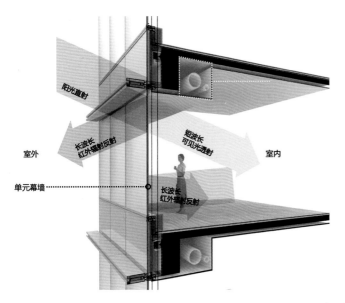

左　空间性能研究

右　深圳世茂深港国际中心一期立面细部

绎"为主旨,体现"螺旋卷轴"与"立体园林"的概念。"螺旋卷轴"采用双层幕墙体系,内层性能幕墙紧随功能布局,外层形态幕墙结合悬挑形体盘旋上升,中间空腔内置 LED 透明屏多媒体系统,构成朦胧的宣纸画布,演绎山水长卷。为了实现建筑技术与建筑艺术的完美结合,规避施工和使用中的各种问题,需要在方案设计阶段就做好整合工作。我们在设计中,双层幕墙之间采用点支式连接构件,幕墙底端为穿孔铝板,顶部加双层防雨百叶,做到了既不影响采光和通风,又不影响幕墙的水密和气密性能。

2. 空间性能研究

1) 健康舒适的空间

随着"健康中国"战略的提出,将健康理念融入建筑已经成为了行业共识。我们通过风光声分析模拟软件,评估建筑形成的小气候并优化改进,从而打造一个健康舒适的居住环境。基于风环境分析模拟软件,我们在规划层面通过调整社区开口方向、梳理社区与周边场地关系、优化建筑排布角度等方式,控制社区内部风的走向与流速。在建筑户型设计中,通过优化建筑的开窗位置和开窗形式,提高户内的通风效率;通过组织室内空气流通,降低室内能耗。基于光环境分析模拟,最小化窗槛墙的

高度,将更多的阳光引入室内。基于声环境分析模拟,发现阻碍噪声传播的方式,使整体建筑的布局、沿街建筑的排布,以及小区道路的流线,都有了明确的隔声降噪设计依据。

2) 宜人的社区微气候

在现代社区设计中,利用非机械电力手段调节小环境的微气候,可以在改善居住环境的同时降低能耗。通过在项目场地周边设置地形差,使其产生气压梯度,可以形成地形风;将水景设置于场地的上风向,利用比热容之差及对流通风,制造大量湿润的空气,以起到降低环境温度的作用;将透水铺装的孔隙率设置在 20%~30%,孔隙率高,热导系数较低,白天受热后不储存大量热能,日落后能较快散热。在地下空间设计中,水石景观提出了一个"气候峡谷"的设想。设计一条与建筑契合的"峡谷",使建筑的每一层都会有采光和通风,同时兼顾每一层室内与室外的关系。引一条和建筑契合的水系,通过模拟山地、峡谷、阳光、空气、水等自然要素,促进室外温度调节系统的形成。这条"峡谷"是景观、建筑、气候复合的天然空调。

3) 跨学科协作让社区更美好

在健康社区的营造中,我们倡导科技引导生活,通过跨学科协

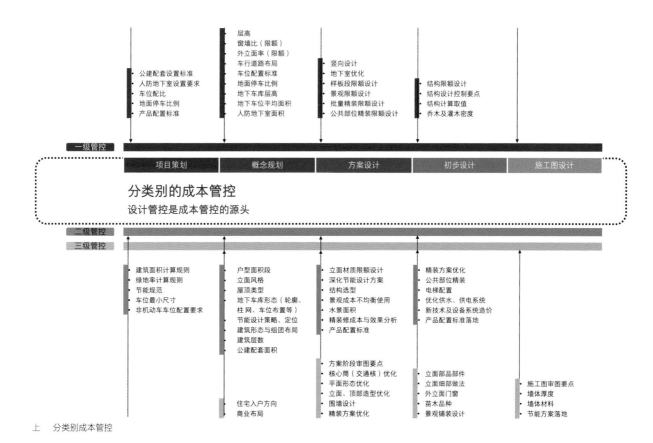

一级管控

公建配套设置标准 人防地下室设置要求 车位配比 地面停车比例 产品配置标准	层高 窗墙比（限额） 外立面率（限额） 车行道路布局 车位配置标准 地面停车比例 地下车库层高 地下车位平均面积 人防地下室面积	竖向设计 地下室优化 样板段限额设计 景观限额设计 批量精装限额设计 公共部位精装限额设计	结构限额设计 结构设计控制要点 结构计算取值 乔木及灌木密度

项目策划	概念规划	方案设计	初步设计	施工图设计

分类别的成本管控
设计管控是成本管控的源头

二级管控

三级管控

建筑面积计算规则 绿地率计算规则 节能规范 车位最小尺寸 非机动车车位配置要求	户型面积段 立面风格 屋顶类型 地下车库形态（轮廓、 柱网、车位布置等） 节能设计策略、定位 建筑形态与组团布局 建筑层数 公建配套面积	立面材质限额设计 深化节能设计方案 结构选型 景观成本不均衡使用 水景面积 精装修成本与效果分析 产品配置标准	精装方案优化 公共部位精装 电梯配置 优化供水、供电系统 新技术及设备系统造价 产品配置标准落地

		方案阶段审图要点 核心筒（交通核）优化 平面形态优化 立面、顶部造型优化 围墙设计 精装方案优化	立面部品部件 立面细部做法 外立面门窗 苗木品种 景观铺装设计	施工图审图要点 墙体厚度 墙体材料 节能方案落地

	住宅入户方向 商业布局			

上　分类别成本管控

调，让社区更加美好。我们通过建立健康综合体功能服务体系，以社区为核心、以家庭为单位，最大程度地提供健康的空间环境、健康的公共服务设施，充分体验健康、科技、生态的生活。例如，通过社区24小时热力指数与风力指数测算，对全区进行大数据舒适度指数监测，居民可用社区App找到最适宜的户外活动场地。疫情之下可智慧找寻人员不密集、通风性良好的场地。我们还通过利用智能化设备与场景的联动，提升了生活体验的安全性和便捷性。在社区公区通道场景植入智能安防系统，通过软硬件结合技术，把社区内安防硬件连接起来，实现主动防范及"无人值守"。在社区归家流线上，以人脸识别、智能车辆识别系统、AI视觉识别系统组成无人化智能系统管控入口，搭配更高效的道路规划，打造安心高效的归家之路。

3. 成本管控体系

1）成本前置管控

设计环节决定了70%左右的项目成本，因此成本不是优化出

来的，而是设计出来的。 设计工作与成本管理协同推进，设计师归纳分析项目定位标准，明确各级成本的配置等级、预期效果，为后续设计方案的落实，提供框架性的指引，才能在成本可控的情况下达到最优的设计效果。例如，建筑的外立面效果是使用者关注的重点，也是成本投入的重点，而石材、面砖、涂料、门窗等材质价格差异明显，也是设计工作的重点。例如，门窗玻璃，选用标准尺寸，价格最优，如果单块面积超过6平方米，则其安全参数要作较大提升，价格也会更贵。因此，我们在方案比选阶段，在输出立面效果的同时也进行方案测算，以帮助业主进行理性的判断。另外，建筑外墙装饰也不能忽视材料的耐久性和易清洁性，这对后续的维护成本影响巨大。

2）分类别管控

成本与项目条件密切相关，可分为刚性成本、可调成本和可选成本，针对这三种类别应进行不同的管控。刚性成本，例如，结构加固、结构改造等，是项目基本品质和安全的保证，可以在保

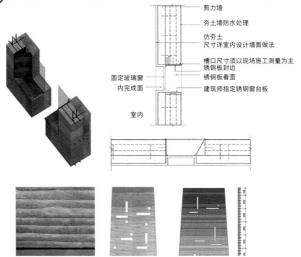

夯土：选用当地的原色红土、原色黄土为原材料，通过明暗度和色彩调整，增加中间色阶作为过渡，以150毫米作为一个夯土层，逐层施工

剪力墙
夯土墙防水处理
仿夯土
尺寸详室内设计墙面做法
固定玻璃窗
内完成面
槽口尺寸须以现场施工测量为主
锈钢板封边
锈钢板看面
建筑师指定锈钢窗台板
室内

上 科学建造研究

证安全的前提下，选取合理值。而**可调成本和可选成本与效果息息相关，变化幅度大，是成本控制的重点**。以上海崇明生态农业科创中心为例，我们将项目成本设计的重点放在了可调成本上，实现了品质与造价的巧妙平衡。在材料选择上，肌理涂料兼具低成本和易施工的优势，我们用其模拟水刷石的效果，同样取得了不错的效果。建筑屋顶综合考虑结构荷载和造价因素，没有选择传统瓦屋面，而选用了质轻而价廉的树脂瓦屋面。成本管控并非一味地压缩成本，而是需要合理规划成本，例如，近人尺度等使用者容易感知的部位，就需要重点投放，我们认为同时实现良好的用户体验与合理的成本管控才是好的设计。

3) 适度的标准化和模块化

材料与产品的适度标准化和模块化，可以稳定建设水平，提高建设效率，也是降低建设成本的有效手段。例如，我们在建筑方案确定之后，要进行幕墙系统的分类和整合，将相似的构造类型进行合并，建立产品模块，并针对重点模块和主要材料进行成本测算，提前精确锁定成本。例如，徐州美的天誉项目建筑设计以花朵为创作灵感，主要材料在经过反复推敲后，选用闪银铝复合板加蓝灰色玻璃，以展现出建筑灵动轻盈的姿态。为了实现效果并且有效控制成本，将"花瓣"装饰片墙归纳为仅三种

标准弧面单元的拼接组合，并且统一标准节点，便于细腻地处理弧面的交接，以呈现完美的落地效果。

4. 科学建造体系

1) 全专业一体化的产品研发

全专业一体化的产品研发，**实现结构系统、机电系统和空间系统适配，可以实现建筑功能、建筑形态与结构逻辑的统一，同时为建筑高品质的落地、合理的建筑造价打好基础**。例如，建业足球小镇游客中心项目，整个建筑实现无柱大空间，用箱体式剪力墙作为主要承重结构。剪力墙体系围合的实体部分，作为整个建筑的承重结构，布置了建筑的辅助功能区域；而相对的玻璃幕墙围合的部分，由钢结构屋面覆盖，实现无柱大空间。这样就实现了建筑大虚大实的强烈对比，直接表现了结构本身的形式美。体量巨大的夯土外墙表达了对地域性和自然环境的尊重，在设计深化阶段便展开专项研究，通过大体量的样板墙试验，以每150毫米作为一个夯土层，逐层施工，选用当地的原色红土和原色黄土为原材料和基础色阶，同时控制质感和色彩，最终形成由赭石色过渡到土黄色的效果，实现了建筑与周边环境的完美融合。

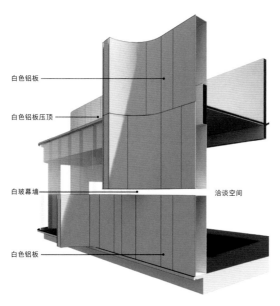

白色铝板

白色铝板压顶

白玻幕墙

洽谈空间

白色铝板

2）材料研究与节点精控

建立节点精控体系，设计一体化的构造方案，幕墙与灯光综合考虑，提前暴露并解决工程建设中可能出现的问题，为营造中的多专业资源整合打好基础。例如，世茂深港国际中心项目，为了化解其巨型体量带来的沉闷感，我们在方案阶段便利用数字模型和实体模型模拟标准节点，并研究可能使用的材料进行性能研究和技术指标研究，以实现材料与设计效果的匹配。最终外立面使用了极具未来感的超白玻璃与铝板幕墙，立面铝板材质选用高金属粉样品，结合高反玻璃，反射周边，随光影时间变化，不断与城市、自然环境产生对话，实现建筑体量与环境协调。**立面效果的呈现需要发挥施工、安装、材料、部品等供方的设计价值，实现设计在营造端的真实延伸。**

3）根据施工水平优化设计方案

目前全国各地建筑业水平参差不齐，**要想保证项目的完成度，不仅设计要做得精细，而且在设计过程中就要思考如何用设计手法来解决不同施工水平影响下可能会遇到的问题。**例如，不同材料之间的交接处必然会有色差，非型材之间的拼接必然会有凹凸不平的拼缝，相同材料的胶缝如何拼接得精致，对施工精度提前预判，避免后期施工中的误差，才是项目完美落地的保障。例如，阳光城望乡项目，样板墙先行，通过现场审查，不断地调整优化，可以确保后期外立面施工质量，实现立面设计方案效果。我们在样板墙的施工过程中发现超过 1.5 米的超常规石材白麻，材料自身表面不平整，导致石材拼缝不整齐。设计师现场跟工人研究改进做法，多次试验后，发现用石材粉研磨的腻子涂在胶缝处可以较好地盖住缝隙而且不会有色差，从而使这一问题得到解决。同样在施工过程中，发现全玻幕墙的胶缝太宽，影响整体精致感，于是调整做法，在胶缝内侧扣黑色不锈钢金属型材，盖住胶缝，与玻璃平齐，保证项目细节精致度。

精细化的技术辅助手段

科技的进步和发展，为推动设计行业革新提供了强而有力的技术条件。**数字技术全方位地整合和优化了传统的设计元素，为生活带来更高品质的体验，也优化了设计过程，提高了设计效率。建筑工业化、绿色建筑、低碳建筑成为行业发展必然趋势。我们积极探索并应用新技术，在多个领域进行了有益的尝试。**

1. BIM 技术辅助设计过程精细化

BIM 技术在设计阶段的协同管理、设计优化和冲突检测方面都

名称	送风风机	
录入单位	设计单位	
更新单位	施工单位、产品供应商、深化设计单位	
校核单位	物业单位、运维单位	
序号	字段名称	参数值
身份参数		
1	设备名称	送风风机1
2	设备类型	柜式离心风机（电机内置）
3	设计编码	SAF/B1-01
4	分类编码	E03100312
5	构件编码	04B1001
6	资产编码	E03100312-04B1001
7	设备品牌	浙江特风
8	型号规格	HTFC-I-15B
9	设备序列号	AS559794
维保参数		
1	启用日期	2020.3
2	保修期限	2年
3	使用寿命	8年
4	放置场所	地库排风机房22
5	维保部门	上海中心物业工程部
6	维保负责人	谢×
7	维保电话	1390000××××
关联参数		
1	服务区域	地下室
2	上游设备	/
3	下游设备	风量调节阀
4	供电控制设备	配电箱13
5	供水控制设备	/
6	供气控制设备	/
7	信号控制设备	DDCB1-5

上　科学建造研究

名称	送风风机	
录入单位	设计单位	
更新单位	施工单位、产品供应商、深化设计单位	
校核单位	物业单位、运维单位	
序号	字段名称	参数值
商务参数		
1	采购时间	2018.12
2	供应商	浙江特风
3	联系人	冯××
4	联系电话	1381860××××
5	采购价格	/
6	维护费用	/
产品参数		
1	外形尺寸	1250×1000×810
2	重量（kg）	90
3	额定电压（V/kV）	380
4	额定电流（A）	/
5	功率（kW）	3
6	电源（V-φ-Hz）	380/3/50
7	转速（rpm）	850
8	风压（Pa）	500/570
9	风量（m³/h）	20000
10	噪声[dB(A)]	≤80
其他参数		
1	产地	浙江嘉兴
2	出厂日期	2019.6
3	安装日期	2019.10
4	安装厂家	上安

能提供有力支持。多专业统一的数字平台，可以使设计师在同一个共享模型上协同工作。这有助于加强团队协作，提高沟通效率，减少信息传递的误差。通过模型的实时更新和可视化，设计师可以迅速测试不同设计方案的可行性，更直观深入地进行设计变更和优化。设计阶段的冲突检测，可以帮助识别解决不同专业之间的设计矛盾，大幅提高了施工的效率。

例如，北外滩贯通和综合改造项目，该项目建筑面积约8000平方米，项目中使用了BIM技术助力项目精益管理，排查合计约250个遗漏问题，其中对设计有影响的约120个，对施工有影响的约50个，对运维有影响的约30个。BIM技术的应用有效地提升了工程设计、安装、施工水平，对于项目成果成本管控以及项目的实施起到了重要作用。

2. 可视化的设计过程辅助方案决策

BIM技术提供了高度可视化的设计环境，使项目相关方能够更清晰地理解和评估设计方案。通过三维模型，决策者可以更容易地理解建筑设计，从而作出更为合理的规划决策。BIM技术还支持各种模拟和分析，如能源分析、流程模拟等，有助于在规划阶段优化设计，提高项目的可持续性和效益。BIM技术还可以用于更准确的成本估算和时间规划，通过建立建筑模型，团队可以更好地了解项目所需的资源，提前识别潜在的成本和时间障碍，降低项目风险。

3. 数字技术支持空间运维和改进

BIM技术在运维阶段有助于建筑信息的可持续利用。所有设计和施工阶段的信息都被集成到BIM中，运维团队可以利用BIM中的信息进行设备维护、空间管理、设备更换等，延长建筑的使用寿命，提高运营效率。例如，上海城投湾谷科技园项目，实现了建设运维一体化实施，围绕租赁住宅——租户活动差异大、开放街区安防安保难度大、运营管理模式亟待突破等管理痛点，研究租赁住宅BIM运维平台的功能场景、数据类型、项目架构、关键技术，为租住产品的规模化运营输出一系列数据标准、数据验收方案等。BIM技术实现了设备和系统性能的监测，支持空间管理和改进。

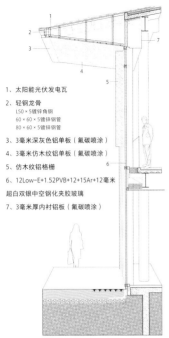

1、太阳能光伏发电瓦
2、轻钢龙骨
　　L50×5镀锌角钢
　　60×60×5镀锌钢管
　　80×60×5镀锌钢管
3、3毫米深灰色铝单板（氟碳喷涂）
4、3毫米仿木纹铝单板（氟碳喷涂）
5、仿木纹铝格栅
6、12Low-E+1.52PVB+12+15Ar+12毫米超白双银中空钢化夹胶玻璃
7、3毫米厚内衬铝板（氟碳喷涂）

上　　上海长兴岛郊野公园游客中心光伏发电瓦屋面

4. 设计创新支持新技术应用

随着科技的飞速发展，建筑行业正面临着前所未有的机遇与挑战，建筑工业化、绿色低碳升级已成为行业发展的必然趋势。我们学习并应用新的技术，在装配式建筑和绿色建筑等领域作了很多有益的实践。例如，上海青浦宝业活力天地项目，以创新集成、智能制造工艺荣获"上海首个 AAA 级装配式示范项目"称号。项目从工业化逻辑出发，采用了预制装配整体式剪力墙结构，实现了无灌浆套筒、连续现浇混凝土防水、低预制方量、快速施工。在装配式建筑领域我们还积极参与到行业规范、规程、标准的编制中，目前累计参与编制规程、标准共计 5 项。作为上海市科委"健康街区"课题的示范工程，宝业活力天地获得了绿色建筑二星认证、健康建筑认证，并实施了"海绵城市"技术，在项目南侧建立了 120 立方米的雨水收集池，为小区的绿化灌溉与清洁用水提供了可循环的水资源。在上海长兴岛郊野公园游客中心项目中，我们秉持着可持续发展的策略，在 3500 平方米的屋面上安装了光伏发电瓦。瓦片沿用了传统陶瓦的形式，采用深灰色的单玻三曲光伏瓦汉瓦作为光伏发电的主要材料，汉瓦将柔性的薄膜太阳能芯片与高透光玻璃相结合，是兼具美观与高效发电性能的一体化新型发电瓦。项目总装机容量约为 317.6 千瓦，除了自用外，还可以供给电网，带来一定经济价值。本项目作为 2021 年中国花卉博览会分会场，也成为新能源应用展示窗口。

结语

精细化设计是当前设计服务的趋势，未来更高的品质需求将促进传统设计机构，以更开阔的视野、更专业的精神和态度，变革对项目属性及设计服务的认知。精细化的概念不但要在项目前期研究中延伸，也要在设计实施阶段的服务中深入与其他机构的合作，还要在与设计各专业平行的知识结构中加强研究和积累，兼顾专业性、综合性。在宏观、微观维度均进行持续精细化设计研究，更将促进项目全生命周期的高品质实施与呈现。

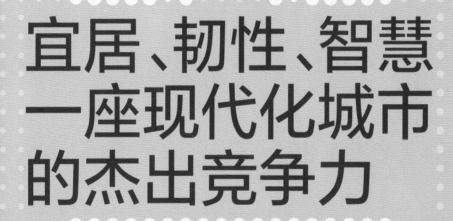

宜居、韧性、智慧
一座现代化城市
的杰出竞争力

上海联华生鲜食品加工配送中心
停工搬迁 **2016**

2024 城投宽庭保租房 REITs
完成基金设立

1842 明代上海三大名园之一
露香园毁于战火

棚户区原地拆建为
乐山新村 **1986** **1940** 广慈医院 "姊妹楼" 先后落成，
开启 "广为慈善" 之路

2023 李窑村入选第一批
上海市乡村旅游重点村

城市
让生活更美好，
设计
让家园更美好

践行人民城市理念，共建共享和美生活

Practicing the Concept of a People's City, Building and Sharing a Harmonious Life Together

"城市，让生活更美好"是 2010 年上海世博会的主题，也是所有城市建设者的共同追求。当前的城市发展重心已经从规模扩张转向了质量进步，对设计工作也提出了更高的要求。尊重人的尺度，保护城市的烟火气和人情味；尊重个体的需求，构建安全、便捷、舒适的生活环境；尊重城市的过去，保护历史文脉，树立城市精神；面向城市的未来，新技术结合新理念，实现可持续发展。

"Better City, Better Life" is the theme of the 2010 Shanghai World Expo and the common pursuit of all city builders. The current focus of urban development has shifted from scale expansion to quality improvement, which has also put forward higher requirements for design work. Respect the scale of people and protect the fireworks and human touch of the city; respect individual needs and build a safe, convenient and comfortable living environment; respect the past of the city, protect the historical context and establish the city spirit; face the future of the city, new technologies are combined with new concepts to achieve sustainable development.

留改拆并举，城市建设留存地方特色

爱默生曾说，城市是靠记忆而存在的。几乎每一个上海人的心中，都珍藏着一段关于里弄的温情片段。石库门中的家长里短，弄堂里的吆喝叫卖，构成了上海世俗又和谐的市民文化。**在城市更新的过程中，如何留存延续城市文脉和历史风貌，又不负新时代人们对于生活的美好向往，是城市管理者的共同追求。2017 年，中共上海市委、上海市人民政府提出旧区改造方式由"拆改留并举，以拆除为主"，调整为"留改拆并举，以保留保护为主"**，上海开展了中心城区历史建筑普查，明确提出 730 万平方米的里弄建筑应当予以保护保留。露香园位于上海市老城厢历史文化风貌保护区内，是街巷里弄的记忆留存，是上海城市的精神符号。

1. 重要点位建筑复建，重要区域肌理修补

露香园是以传统建筑聚落为基础发展出来的近代里弄，现有的道路路网与历史上的主要街巷基本吻合。设计参照历史肌理、尺度及要素，保留原有街巷的空间感，保持原有道路的走向和宽度，保留道路两旁建筑的尺度和立面特点，包括空间布局、外观样式、典型装饰风格与建造材料以及其他体现风貌区历史文化特征的建筑元素。露香园路和万竹街两侧根据道路和街巷的空间尺度要求，进行分段控制和设计，参照历史肌理，恢复主要的街巷体系。运用具有经典建筑轮廓代表的坡屋顶和山墙及屋顶朝向，重现往昔岁月的城市风貌。

2. 现代技术复刻传统元素，重塑上海特色石库门建筑

"以西为体，以中为实"是石库门建筑的最大特点，建筑设计中西合璧，中式和欧式的建筑细节相互融合。露香园建筑以英式联排为基础，遵循历史文化风貌区的历史文脉，赋以中西细节，结合石库门形式的院墙形成内部空间；院墙外部根据位置和宽度，行列式布局，形成主、支弄空间；同时强调出入口的细节处理，既恢复历史文脉的纹理，又彰显仪式感和尊贵感。我们通过大量石库门元素与空间造型、材质、图案的结合，尊重建筑形式上的历史信息，将现代材料和传统材料相结合，分层次、分部位地重塑和保留了传统工法意向和风格，传达了"海纳百川"的海派精神。

3. 现代文明赋能传统空间，石库门里弄可持续发展

2005 年，老城厢区域的风貌保护规划获得市政府审批，正式变成法令文件。如何在风貌保护的诉求下，将旧的居住区改建成

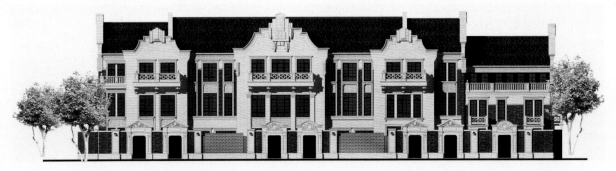

上　　上海城投露香园低层住宅立面设计

满足现代高品质居住需求的新社区，是露香园片区开发需要探讨解决的难题。设计师认真处理了复杂而交叉的多组矛盾，如现代生活方式与原始空间形态、私密性与建筑间距、采光通风问题、停车问题、地下空间利用等。在保留石库门风貌精髓的基础上，围绕主要建筑布置主题景观空间。景观通过层次丰富的空间穿插及简单精准的细节来丰富场地的体验。传统石库门空间加入现代生活所需的完善的高品质配套、丰富的绿化景观和富有文化气息的社区氛围，让生活其间的人，在享有现代城市生活便利性的同时，享受更多来自城市历史人文区域的独特参与感，更多的故事性和人文情怀。

从安居到宜居，居住标准高速发展

"城市，让生活更美好"是 2010 年上海世博会的主题。为了迎接世博会，上海建设了世博园区和世博村，带动了周边地区的开发与改造；配套服务设施的建设也为城市的功能转型提供了条件；对城市公共交通网络进行了大规模的改造建设，提高了城市交通的便利程度。世博会对上海的城市结构产生了深远的影响，推动了上海人居环境的改善和升级。2017 年，习近平总书记在党的十九大报告中指出："我国社会主要矛盾已经转化为人民日益增长的美好生活需要和不平衡不充分的发展之间的矛盾。"城市的发展从规模扩张转向质量进步，居住空间回归生活的本源。

1. 街巷回归人的尺度，重新构建熟人社区

居住空间高密度，公共空间低密度，人性化尺度的开放空间稀缺……这是城市高速大开发过程中形成的问题。2016 年中共中央、国务院印发的《关于进一步加强城市规划建设管理工作的若干意见》，提出了"开放街区"这一概念，并提出了发展"开放便捷、尺度适宜、配套完善、邻里和谐的生活街区"，树立"窄马路、密路网"理念的指导意见。城投江湾社区在基地中间，引入一条南北向的开放街巷空间，街边布置商业配套和社区服务等公共功能。街道将社区分成若干个组团，在保证安全的基础上尽可能地把住区打开，街巷成为城市公共空间到住区的缓冲带，也是人们安全的交往空间。人们在这样的空间相互交流，享受着烟火气的生机和活力，人与环境产生了关系，重塑了蕴含生活气息的场所和邻里。

2. 全时全龄的社区配套，让便利生活触手可及

配套已成为现代优秀社区的标配。社区的配套形态多样，但居民的需求是所有配套的出发点。"生活盒子"，是以装配式建筑建造的多功能空间，里面可能是为年轻人准备的健身器材，也可能是为孩子们准备的书籍与玩具。一个盒子，可增大缩小，可灵活布局，可功能百变，成为业主不同生活理想的载体。针对取快递这一高频行为，设计师更是从实际生活出发，将快递站点与景观节点有机融合，科学规划寄送存取路径，预留快递员泊车位、设置配套设施等。

3. 可参与的园林景观，为生活而设计

对于大多数小区，景观最多的参与人，可能是老人和儿童。游乐场所、教育场地、休憩空间等，这些场景不仅需要给予孩子童年应有的美好回忆，同时也需兼具引导小朋友自我创新、自我学习、自我成长的功能。云栖天悦的儿童活动场地，设计师从"珠落玉盘"中汲取设计灵感，珠落玉盘的景观概念与"玩呗"的体

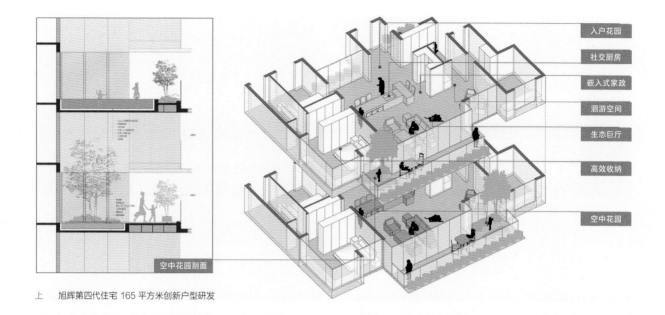

入户花园
社交厨房
嵌入式家政
洄游空间
生态巨厅
高效收纳
空中花园

空中花园剖面

上　旭辉第四代住宅 165 平方米创新户型研发

系紧密结合,以丰富的空间结构和设计亮点,容纳每一个人的玩心,帮助孩子学会在实践中发现与学习。

4. 藏在细节里的温度,为老幼而设计

对于长期生活在内的业主来说,景观的人性化和细节化是提升居住满意度的重点。人性化细节不在于成本的过多投入,而在于对客户活动轨迹和行为偏好的细致研究和回应。针对老年人的行为习惯,优化社区的步道,实现整个社区的无障碍行走。结合舒适宜人的步行空间和林下停留的交流空间,打造老年友好的空间模块。充分考虑轮椅停放区、驱蚊灯、辅助扶手、适老灯光环节等人性化设施,给老人舒适和尊严。以安全性、可达性和包容性为原则,打造"1 米高度"友好的社区。在设施选择上尽量避免尖锐的棱角,在植物选择上也要尽量避开有毒的、容易引起过敏的植物。活动场所专用的、安全的通道可达。儿童设施与适老设施成组布置,场地功能交织,让社区老幼相伴,情感相连。

5. 第四代住宅设计,在规范中探寻理想

第四代住宅的概念是在"双碳"背景下诞生的,将郊区别墅和胡同街巷以及四合院结合起来,建在城市中心,形成一个空中庭院房,又称空中城市森林花园。第四代住宅是竖向的田园城市,是未来的居住想象在现实中的实践。空中花园是第四代住宅的

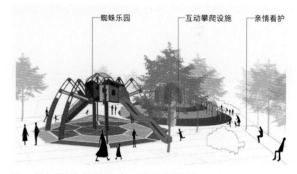

蜘蛛乐园　互动攀爬设施　亲情看护

下　西安理想城"蜘蛛乐园"儿童活动设施研发

一大特点,如何做到奇偶层空间平权是设计师的重点考量。水石在产品设计上,以结构错位方式采用错层挑高设计,所有户型都采用了大面宽立体空中阳台。住宅的演变不仅仅是建筑风格和材料的变化,更反映了社会、经济和文化方面的巨大转变。

老旧小区改造,社区改变社会

新村式小区是改革开放前上海城市住宅建设中的重要篇章,但在特定的历史背景下,大部分新村式小区的住宅楼遵循经济、实用的标准建造,因而其建筑及景观大多雷同且缺少精细化设计。2023 年,长达 30 年的成片旧改正式收官,以"两旧一村"为主体的"人居环境品质提升"被列入上海城市更新六大行动。

左　安康高新幸福城乐龄康养中心设计　　　　　　　　　　　右　无锡梁溪区后西溪与健康路改造提升设计

1. 让旧的空间跟上新的需求

从居民的日常生活需求出发，将"旧空间"改造为"新空间"，让老旧社区跟上时代发展的步伐，是水石在这一领域的重要课题。徐家汇乐山社区是 20 世纪 80 年代由棚户区改建而成的高密度老旧小区，由于社区的人口结构发生变化，乐山路成为服务于徐家汇的综合型服务性街道。以公共空间为载体，整合资源，对接城市公共生活需求，成为乐山街区更新的策略。开展与徐家汇地区文化相匹配的街道空间场地策划，与开放型城市生活相关的场景设计，补充与周边城市发展相匹配的服务配套，打造更有品质的城市公共生活形态与公共空间。

2. 以人为本的设计，有"面子"更有"里子"

在田林路街区的改造中，我们发现田林路的业态配置很丰富，但是缺少对街道上的行人和工作者的关怀。我们以提升居民幸福感为目标，以切实有效的设计逻辑为田林新村定制具有其属地特征的街道空间。我们通过合理化的场地调整给使用田林路的人带去尊严和关怀，营造"以人为本"的街道环境。比如，通过人车分行、学生安全通道、家长安全座椅的设置，给孩子们创造安全回家路。在公交车站后设置休息区，给街道工作者留出休憩座椅。给晚归的居民点亮回家的路。

3. 以"15 分钟"为尺，可以度量的便利生活

15 分钟不仅是时间的尺度，也是度量生活便利程度的尺度。在 15 分钟步行可达的范围内，配备生活所需的基本服务功能和公共活动空间，形成安全、友好、舒适的社会基本生活平台。

2023 年，上海市全面推进"15 分钟社区生活圈"行动联席会议办公室联合上海市城市规划学会和上海市城市规划行业协会，组织开展上海"15 分钟社区生活圈"优秀案例评选工作。水石多项作品入选优秀案例。田林路的街区是上海第一批 15 分钟生活圈试点项目。田林路始建于 20 世纪 60 年代，承载了整个田林新村公共活动与配套服务功能。更新方案从"15 分钟社区生活圈"的打造出发，利用街道两侧拆违的空地打造了一系列社区公共空间节点，以沿街商铺立面的梳理改变了街道的形象，并从社区文化挖掘的角度建立了田林社区特有的视觉系统，植入了街区文化。

4. 打造完整社区，提高城市韧性

一个成功的社区是"完整的"，城市在面临灾害冲击和压力下，仍然能够保持基本的功能、结构、系统和特征不变，城市系统更有韧性。打造完整社区，在社区尺度上高效连接城市资源和城市公共空间，以更好地服务城市的每一个单元，是配套也是生活社区。上海广慈纪念医院，位于上海市黄浦区核心历史保护风貌区思南路，具有百年多的历史。不同于传统医院冰冷的外观形象，我们试图营造一个围绕健康服务的生活社区，以患者为中心，同时也注重医者使用空间的营造，优化主要人流动线以及医疗功能，打造一个环境优美、尺度适宜与体现人性关怀的医疗空间。改造后的广慈医院入选 2023 首批国际医疗旅游试点示范基地，从"废旧工厂"变成"新生活方式中心"。莘荟从区域空白点突破，扮演人们生活方式提案者的角色，通过场景化的精心设计、业态品类品牌的科学筛选，补足区域欠缺资源，

上　太仓浏河七十二家理想村

打造出一个精致、温馨、小而美的区域邻里商业中心。它的出现不仅改变了现有社区商业的建筑形态和品牌矩阵，同时结合运营，创建了社区商业新生态。

城中村改造，城市带动乡村

在中国城市化的进程中，许多村庄被高速扩张的城市裹挟其中成为城中村。城中村兼具农村和城市的双重特征，被称为"都市里的乡村"。2023 年 7 月 21 日，国务院常务会议审议通过《关于在超大特大城市积极稳步推进城中村改造的指导意见》，重点推进"城中村"改造。

1. 挖掘特色产业，搭建城乡互动的桥梁

城中村的改造，往往以城中村空间形态改造为突破口，同步完成居住组织方式、社区管理方式、经济活动方式等优化。李窑村的乡村振兴，主要通过房屋改建、道路桥梁、河道疏浚、景观绿化及公共服务配套设施的建设，对李窑村的"农林水田路桥房"进行重构。建立"租金＋股金＋就业收入"收益模式，将村民空余的房子流转出来，进行风貌改造，此后引入新兴产业，将农、商、文、旅结合在一起，多业态组合、支撑，最终实现村民增

收。庄行古镇则围绕核心历史建筑进行古镇拓展，整体呈现传统与现代相融合的古镇形象。以文旅为魂，重点打造丰富多彩的空间活动轨道，创造多元文化活动的旅游体验。以产业为基，在原非遗、织作、民间美食、中医等产业基础上，发展美妆产业和数字经济。

2. 以"轻介入"与"在地化"为原则，建设乡村基础设施

奉贤李窑村在整体的景观方案上，在对现有的资源进行规划整合后，我们从河道、农田、建筑场地出发，重塑一个原生的、自然的"河＋田＋民宿"的乡村景观格局，将失去活力的空间通过"桥体"连接，依托产业类型而增加的配套服务点也为村民带来了参与建设与运营的机会。从文化展示角度上，挖掘、传承、发扬李窑优秀文化、民间艺术及非物质文化遗产，滋养"李窑乡土"。整个片区最集中的出入口配套业态集群，向各个客群提供吃、歇、逛、购等综合体验业态，把李窑村打造成欢乐乡村集聚群、休闲旅游业态发展腹地。

3. 模块化、组装式改造，攻克乡村建设的"低成本"难题

乡村项目往往投资金额较低，建设方案的"低成本"是设计师绕不开的课题。以李窑村建筑改造为例，设计团队面对的是一百

多套没有图纸、没有标准化的农民自建房,设计团队必须梳理出一套设计方法,既保证设计效果,又能控制造价,同时考虑易于施工落地。设计团队将现状建筑进行典型分类,并针对性地研究几种模型样式,包括屋顶做法、披檐样式、结构加固、门窗形式、材料组合等。同时,造价计算也在进行,确保了每一种做法、样式都是在单方造价内可实施落地的,最后形成了一套基本的建筑模块作为改造的基本元素。因每套民房的尺寸和空间不同,所以即使是采用基本模块组合之后,依然没有完全一样的两套房子,建筑的丰富性和设计施工的可操作性在这个方法下同时得到了满足。同时,基于李窑村自身的文化底蕴和特点,材料上更多地使用青砖元素,既满足了效果,又不为造价带来更多负担。彰显李窑村的窑文化特征,不落于常规做江南村落就是整村粉墙黛瓦的套路,真正做到一村一特色。

4. 村民参与、现场整合,乡村建筑师的"陪伴式"设计

建筑师在乡村的角色和身份是多重的。在城市项目中,建筑师的工作只是成熟工业大分工中的一个环节,但在乡村,建筑师的工作边界被模糊了,设计变得时大时小,跨领域融合更是家常便饭。以李窑村为例,概念方案有了初步成果,但村民流转的意愿并不强,开展落地深化设计的工作节奏慢了下来。我们先选择了有意愿的住户进行样板房建设,让居民有直观的感受。随着几套样板院的相继完工,村民也渐渐有了信心,越来越多的居民愿意让自己的房屋流转改造,村子的各个角落也开始了改造工程,村民们也结合自己的生活习惯提出了很多想法和要求。整个设计工程进行到执行操作层面之时,40%靠图纸、30%靠现场调整、30%靠施工队和村民自己的发挥。

产业化助力城市与乡村的可持续发展

住宅产业化是用工业化生产的方式去建造住宅,对建筑工业化生产的各个阶段的各个生产要素,通过技术手段集成和系统的整合,达到建筑的标准化、构件生产工厂化、住宅部品系列化、现场施工装配化、土建装修一体化、生产经营社会化,形成有序的工厂流水作业,从而提高质量、提高效率、提高寿命、降低成本、降低能耗。**住宅产业化已经成为建筑业发展的趋势以及必然,也为保障性住房的建设提供了契机。**

1. SI住宅研究,延长居住单元使用寿命

当前的住宅往往受制于房屋主体结构的不可变动,室内布局难以变化,"全生命周期住宅"难以实现。水石的"SI厨卫空间可移动技术"研发是基于SI住宅体系的设计原理,支撑体与填充体相分离,公共管线外置,地面管线架空,使空间功能转变得以实现。实现户内厨卫可移动的研发关键在于"高度集成的轻质隔墙",复合了支撑骨架、设备管线、设备、洁具、储藏柜等,使原本由于管道限制而被禁锢的厨房、卫浴空间得以灵活可变,可操作性强。这一技术的应用,不仅在人力和时效上大幅降低成本,更重要的是,在空间格局变动的同时,几乎不产生建筑废弃物,对建立"无废城市"具有长远意义,同时,对建筑本身的结构不造成破坏,可谓真正意义上的绿色可持续住宅建筑。这一研发荣获了上海市建筑学会第四届科技进步建筑设计三等奖。

2. 装配式租赁住宅,降低城区居住成本

《上海市装配式建筑"十四五"规划》明确,通过政府引导和市场调节,到2025年,完善适应上海特点的装配式建筑制度体系、技术体系、生产体系、建造体系和监管体系,使装配式建筑成为上海地区的主要建设方式。

上海城投宽庭江湾社区于2018—2019年设计完成,2022年竣工交付。项目全部采用预制装配式结构体系,装配式建筑比例100%,单体预制装配率40%。各单体采用装配整体式剪力墙结构,标准层采用部分预制剪力墙结构。标准层楼板采用钢筋混凝土叠合梁板形式,首层及屋面采用现浇梁板形式。阳台、空调板、楼梯等采用模块化的预制装配构件。功能空间尽可能采用工业化材料和集约化的设计理念。宝业活力天地是上海市首个AAA级装配式建筑示范项目。项目汲取新加坡筑造综合体社区的先进理念,小区采用围合布局、中间是超15 000平方米中央园林,楼间距可达约100米,是集住宅、商业、创客空间等多元业态融合的超级社区。**项目采用的"双面叠合夹心保温体系",在该体系基础上,集成了绿色环保的高品质保温砂浆,集成了节能性、气密性表现优异的自研系统门窗,部分区域大面积应用了新一代装配式内装体系,全系统策划、全过程管理,为长三角生态绿色建设提供了促进建筑产业双循环格局、促进建筑实现碳中和的示范样本。**

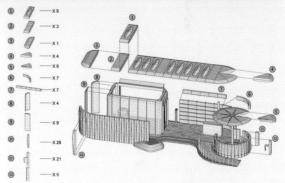

上　装配式租赁住宅案例上海青浦宝业活力中心

下左 上海青浦宝业活力中心装配式外立面细部

下右 上海青浦宝业活力中心住宅装配式外立面系统研发

3. 轻钢结构建筑，乡村建设的低碳实践

目前我国农村住宅多数采用砖混结构，抗震性能差；工业化程度低，存在质量隐患；传统建材占主导，不节能环保；建筑功能不完善，居住品质不高。要改变农村住宅存在的上述问题，应将新型干法施工快速建造技术与农村住宅建设结合起来，实现农村住宅的产业化生产、商品化供应和市场化建设，改善村容村貌，助推新农村建设，实现美丽乡村愿景。**水石研发的混凝土 + 轻**

钢结构乡村建筑，以建设符合国情定位的"美丽乡村产品"为主，以休闲度假产品为辅，兼顾特殊时期需要快速建设的"流动性产品"。从而形成底层工业化集成住宅，包括模块化的屋面体系、高效自洁墙面系统、节能隔音内墙体系、轻型钢结构框架体系、高效外墙保温系统、自防水高断热铝合金框、中空隔热玻璃。通过高度集成的建筑工业化能力来建设绿色、高效、节能环保、经济的美丽乡村。

拓展多维价值观，建立人居环境新标准

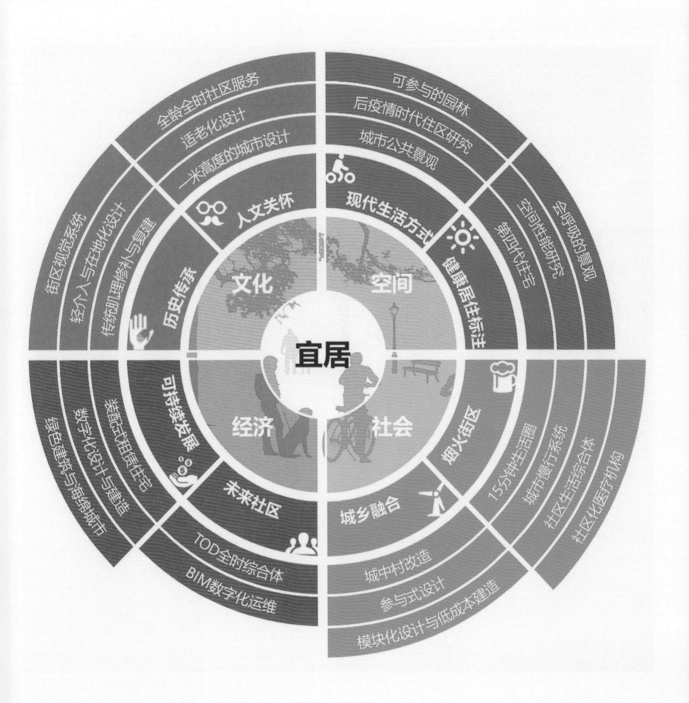

别具地方特色
的人居环境
是延续城市文化
的最好载体

上海老城厢露香园片区更新
Shanghai Old Town AROMA Graden Area Renewal

用地面积	17300 平方米（一期） 57600 平方米（二期）
建筑面积	26600 平方米（一期） 57600 平方米（二期）
建筑功能	住宅、商业、公共服务设施、配套
建筑时间	2019 一期建成，二期在建
工作内容	城市设计、建筑设计、古建园林设计、 景观设计、施工图设计、标识设计
业主单位	上海城投置地（集团）有限公司

上　露香园区域城市更新总平面图

核心位置与文脉，重大区域影响力

项目位于上海市黄浦区中心地段，老城厢历史文化风貌保护区内。步行 924 米即可前往城隍庙、豫园游花灯，在故城公园、人民广场休闲散步。周围校区环绕，医院步行可达，音乐厅、图书馆、古董店聚集，主题餐厅、休闲场馆一应俱全。露香园距今有 400 多年的历史，最早得名于明朝嘉庆年间的露香园，与豫园、日涉园合称为"明代上海三大名园"。后由于鸦片战争时在此囤积的火药爆炸，露香园被夷为平地。1912 年，上海的老城墙拆除后，租界和城乡区域连通，本土的开发商开始介入该区域的建设。1948 年，老城厢的完整城市形态基本形成，露香园项目范围为上海市中心城内整体性最好、规模最大的一处上海历史文化风貌区。对露香园片区的更新作为上海市中心旧城保护及开发项目之一，具有较大的区域影响力。

城市设计梳理，增量与存量结合

更新面对的是既有存量片区的多元化、复合化问题，而非一张白纸上的设计。历史风貌保护和土地价值释放是项目的第一个课题，因此需要通过整体性的城市设计，对项目区域于周边环境的关系进行梳理。露香园地块周边环境形态多元，既有当代建成的高层区，也有老城厢低密度肌理。因此，采用存量与增量的结合方式，在整体规划上统筹平衡。南区以低密度形态呼应周边城市，同时实现风貌保护，确保区域的完整性；北侧以高层体量与周围建成区融合，同时解决容量的平衡。

连接城市路径，延续历史街巷空间

项目所在的位置，兼具南北向和东西向的连接需求。改造后的露香园片区，需要打通城市的连接路径，与周围建成环境有机融合。项目最终梳理了南北、东西两条轴线，南北向连接人民路绿带与蓝绿丝带，东西向联系低密度的新天地和豫园。街巷空间是老城厢宝贵的空间遗产，是人们感受老城厢最直接、最质朴的方式。从老城厢填浜筑路以来，很多老城厢居民的记忆都落在街巷上。因此设计中保留了老城厢街巷的结构和空间尺度，首先保证主要的街道，包括巷弄、主弄和支弄，都与原来老城厢的街道空间尺度尽可能贴合，确保历史风貌街巷的完整度。然后进行局部空间点睛，将街角空间稍作放大，部分巷弄开放作为公共空间，承载了现代城市的一些文化、商业、服务等新功能。

上 露香园风貌地块鸟瞰图

立面风貌有机复原

老城厢建筑风貌在 150 年至 200 年内不断地生长、成形,特征较为复杂,建筑元素杂糅,材料色彩丰富。设计中对风貌区核心保护范围内所有建筑的立面、内院、天井、屋面、室内特色构件进行深入研究,力求最大程度复原老城厢建筑传统风貌。对特别的构件元素如石库门的门头、门窗装饰、砖雕和木雕进行测绘,尽可能利用留存构件。当原构件破损严重或资料缺失时,则参考当地同年代保存完整的构件进行设计复原,最大程度展现老城厢建筑历史进程中的最佳状态。

再造园,一个当代的社交空间

之所以被称为露香园地区,正是因为"晚明上海三大私家园林"之一的"露香园"正坐落于此。所以设计伊始,就希望能够重现露香园昔日景致。在项目最中心位置利用 1800 平方米的空间,再造"露香池",作为大境路通向阜春弄商业街区的重要入口。老露香园的标志建筑也在此区域按照晚明制式进行重建,如碧漪堂、积翠岗、分鸥亭、阜春山馆等。"露香池"往南连接了"阜春弄""慈修庵"和"慈修广场",最终和旧时露香园一样,集"庙、园、居、市"为一体,在大境路以南形成"露香新园",成为本项目的精神载体。

导视设计,点睛格调

水石为露香园打造了一套导视 VI 系统,利用手写体与旧形字的搭配赋予视觉以温度,对于惯常的导视系统是创新突破,对于露香园却更像久违的熟悉。材料采用做旧黄铜与深褐色铝板,对比鲜明,精雕细刻。脱俗气、破常规的同时,多样风格也造就着多重差异,在变化的节点上完成不断的延伸与拓展。实现了整体协调,视觉界面富于变化而不杂乱,美观的同时兼顾现代科技功能性的融合提升。

城市更新的新探索

项目从多方面实现了在老城厢区域内最大限度保留和重塑上海传统城市风貌的目标,尝试了在高密度建筑容量下,探索一个适应当代品质需求的开放居住社区案例,为上海的城市更新及历史建筑的保护修缮和活化利用提供更多经验和有益借鉴。

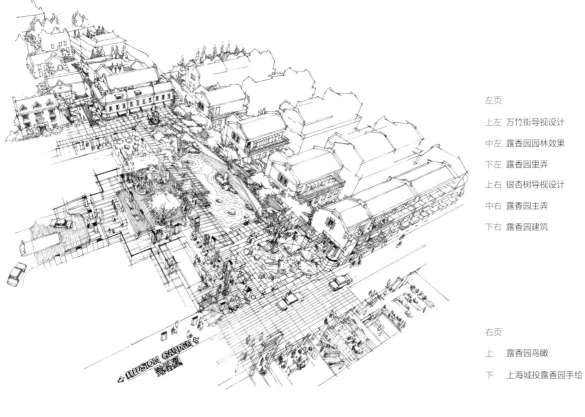

宜居

俞斯佳

上海现代城市更新研究院院长

"老城厢更新是一个很复杂的问题。露香园项目采用的是旧改征收的模式,综合来看,它目前还是适合老城厢的一种方式。这种方式是很有挑战的,因为很容易丧失原来的城市记忆。如何在创造新的空间时依然保留城市记忆和烟火气是设计的难点。"

姚中

水石合伙人
水石商业公建设计部副总经理、设计总监

"露香园作为大规模城市更新项目,既有历史风貌建筑保护和改造,又有新建建筑需要承载当代城市所需的新功能。从建筑师的角度来看,这个项目的最大难点是'旧'和'新'之间的平衡关系,即老城厢传统居住空间和新时代城市需求之间的矛盾。"

访 谈
Interview

城市更新行动的首要目标为提升城市人居水准或已成为广泛的社会共识。上海作为曾引领中国近现代住区发展之城,如今在老旧住区更新中仍扮演着特殊而重要的角色。如何将社会资源更精确、更合理的再分配? 政策管理人士、学者与设计师都有着自己所关注的价值点。

Most people agree that the main goal of urban renewal is to improve urban living conditions. Shanghai, once a leader in developing modern Chinese settlements, still plays a special role in the renewal of old settlements. How we redistribute social resources more fairly and effectively? Policymakers, scholars, and designers all have different ideas.

对于上海老旧住区的更新,从政策背景上来看,未来的更新导向是什么?

俞斯佳　上海的城市更新是政府目前阶段的工作重点。城市快速发展 30 年,增量的时代已经结束了,未来面对的只有城市更新。增量时代,我们整个城市的建设体系、管理体系都形成了一个适应于增量开发的成熟模式。但在开始转型后,这些方式不再适用,需要各方面进行系统性的转变。不光是设计机构、开发机构,甚至是管理机构,观念都需要转变。规划思路的调整和相关规范的制订都是适应于增量时代的产物。但突然要从空地上做设计,变成在既有建成区做设计,还缺乏完整的策略和体系。我们在城市更新方面,还有很长的路要探索。举例来说,目前已经有相应的条文指出,更新后的空间仍按照原标准执行,不恶化原有的消防、卫生等情况即可。类似这样的法规条文还需要逐步完善;另外,产权也是一个很复杂的问题。**在未来,有必要探索多种更新模式进行结合,不仅是政府主导的自上而下的方式,也要研究自下而上的自主更新。**引入多元主体参与,才能为城市更新松绑。除了政策之外,设计师职责也需要转变,从单纯地在图纸上做设计,变成一个协调员,起到承上启下的作用。**一方面,要能够理解宏观的政策和目标;另一方面,也要能够对接底层的诉求。**同时,还要嫁接投资方、运营方,将所有行业串联起来,统筹做好利益平衡。这些是存量时代对设计师提出的新要求。

上海开埠以来,城市发展形成了一个多种居住形态切片的集合,如里弄、工人新村等。针对老城厢这种复杂形态,能否谈谈您对"露香园模式"的看法?

俞斯佳　老城厢是一个很复杂的问题。露香园项目采用的是旧改征收的模式,综合来看,它目前还是适合老城厢的一种方式。这种方式,其实是很有挑战的,因为容易丧失原来的城市记忆。如何在创造新的空间时依然保留城市记忆和烟火气,是设计的难点。**露香园最大的价值和特点是对街巷、肌理、尺度的一种回应。这种空间操作方式,将它凝练成一种广泛性导则,对老城厢其他区域的更新也有参考意义。**此外,这个项目对于更新的政策是有开拓性的。露香园整个项目的进程比较长,当时在做一期时,更新条例还没出来,对保护的要求也比较高。在一边摸索一边实践中也实现了一些历史的复刻,同时还利用高层区以平衡容量。这种方式对二期有很多指导意义,在做二期时,很多政策比照一期的经验也就制定出来,如容积率转移等。**这种方式将存量和增量相结合,既可以用高层来平衡容量的问题,又满足了低层风貌的延续。**露香园在这个过程中,是一个老城厢整体平衡模式的一个尝试,而且也做得比较成功。

以露香园项目为例,整体性的城市设计对实现城市风貌保护的更新有什么价值?

俞斯佳　露香园项目风貌保护的实现,有两个方面是非常关键的。**我们经常谈到风貌保护、历史延续等话题,究竟如何延续?一种角度来说,是要对新创造的空间找到出处和根源。**我们回

上　露香园风貌地块鸟瞰效果

溯露香园的历史,旧时的露香园有水系和复杂的小尺度路网,是一个交织在一起的有机系统。这种空间肌理虽然无法完全复原,但是在更新后还是可以通过空间的处理,在一定程度上延续这种小尺度感和街巷的层级,这是很关键的步骤。设计师做城市空间设计,如何适应还原,保留历史记忆,单纯空间形式上的美观只能是及格线。所以从这个角度来看,露香园项目一期和二期整体上还是实现了这个设计目标的,能够从里面找到"过去"的城市风景,找到很多历史空间特征。

在整体设计上,这个项目也实现了东西向的一条低密度通廊,鸟瞰这条通廊,其连通了新天地与外滩。诸如此类的策略,离不开城市设计的有效引导。

露香园项目里,实现了老里弄住居的复刻,那么这种复刻的类型,在当代有没有适应性和价值?从上海人切实的心理感受上来看,它的价值是否在于唤起对此前生活的一种记忆?

俞斯佳　这种特定的历史居住类型,在当今依然被人们所怀念。例如,上海的建业里和公元 1860 所实现的"里弄感觉",对上海人来说是有归属感的。归属感这件事,在更新过程中想要实现还是很难的。很多项目在复建过程中,受制于新的规范和间距等,在微小尺寸的调整中,有时候就不是原来的味道了。因此,像开明里这种原汁原味的保留,还是很难得的。**有些历史居住建筑的形式,本身就构成城市的特定风景**,如罗西所说,**形成一种城市的集体记忆**。这种集体记忆在社会发展中被不知不觉地延续下来。虽然生活无法复刻,但是肌理保留下来以后还是能感受到这份记忆。另外,城市的混合性和多样性在这个过程中也起到了关键性作用,不仅是公共和居住的混合,还要有可逛性。例如,园林、街道、文化设施等,其实当年历史上的这些园林除了作为私家景观外,也是一个家族用以社交的公共场所,在园林里办聚会、堂会等,它的空间在近代已经发展为一种混合的属性。**更新后的露香园,有很多"再造园"的内容,一个**

左上　大境路商业街

左下　大境路人视图

右上　慈修庵以西，方浜中路街景

右下　慈修庵以东，方浜中路街景

新园林在今天的城市中变成了公共空间，以另一种方式将历史上的"社交"延续下来。

露香园片区更新，是一个富有挑战性的项目，您觉得项目最大的挑战是什么？

姚中　露香园作为大规模城市更新项目，既有历史风貌建筑保护和改造，又有新建建筑需要承载当代城市所需的新功能。**从建筑师角度来看，这个项目最大难点是"旧"和"新"之间的平衡关系，即老城厢传统居住空间和新时代城市需求之间的矛盾。**一方面，需要尊重老城厢的肌理、街巷体系、建筑尺度，保留上海市民对老城厢的美好回忆和烟火气息；另一方面，更新后的片区，从宏观上要承载新的商业、文化和政府服务功能，响应慢行友好、15 分钟生活圈等城市发展政策，营造出符合新时代需求的城市服务系统。从微观上还需要解决新住宅的私密性、采光、日照、停车等问题。既要保证建筑的"原汁原味"，又要使其满足高品质住宅的舒适性需求。这是给设计提出的一个挑战。

露香园位于老城厢的核心位置，在前期的城市设计阶段，主要有哪些设计上的考虑？

姚中　露香园位于豫园至新天地两处上海重要景点的最短步行路径的中点，地处老城厢的西北，紧邻人民广场建筑群。由于豫园区域建筑较为低矮，露香园地区和陆家嘴超高层建筑群也存在直接的视线联系。在前期城市设计时，希望能够在处理好项目内部功能关系的同时，梳理好地块和城市之间的联系。

首先，项目中需要解决的核心矛盾是地块容量和低密度肌理延续之间的平衡问题。项目的更新以存量和增量结合的方式，形成北高南低的总体布局，以呼应现有城市形态。北侧地块较大而且形态规整，我们称之为风貌协调区，以高层建筑集中解决

左　河南南路街景效果　　　　　　　　　　右　河南南路街景效果

大部分动迁后需要填补的建筑容量问题，并且高层体量与其周围靠近人民路的城市界面相协调。而项目南侧地块尺度小，街巷密度大，以风貌肌理保护区为主，用低层高密度体量重塑了老城厢的城市肌理，并且打造了以文化和商业为主的活力区。

其次，通过轴线路径串联城市节点，通过东西向的两条风貌街巷——大境路、方浜中路，联系豫园和新天地，以大境路为商业主轴，方浜中路为公共文化主轴，其中方浜路今后将直接联系新天地中心塔楼和豫园城隍庙。对于项目的南北联系，则是通过一条公共商业路径实现，在项目南北两侧恰为黄浦区上位规划中的两个步行绿带，北侧是人民路公园走廊，南侧叫作蓝绿丝带。在露香园项目中，我们从北侧人民公园走廊内的 10 号线豫园站出发，创造了一条体验丰富的商业动线，从河南路的 TOD 商业综合体，转向大境路的老城厢商业街，再向南进入阜春弄文化街区，最后到达方浜中路的商业广场（慈修广场），与蓝绿丝带接轨。

露香园项目里涉及不同等级的保护建筑，如文物建筑、保护保留建筑、风貌类建筑以及风貌协调区。针对不同类型的建筑保护措施，是如何操作的？

姚中　项目中对于不同等级的保护建筑，按照其现存状态和保护等级采用三种不同的措施：保护修缮、保留改造和更新改建。对于文物保护点、优秀历史保留建筑采用"保护修缮"的方式。由于项目内大多文保建筑下方需开挖地下空间，我们对于开明

里和方浜中路 600 号（原南市区图书馆）采用了迁移保护技术。即对建筑现状进行保护、加固，并平移至相邻地块，待其地下空间施工完毕，再移回原址，并进行相应的修缮工作。从而实现完整保留石库门、山墙及其他有价值的构件和立面特征与材料，基本延续整体建筑群肌理结构和格局特征，优化内部空间，重置内部结构。

对于地块内历史保留建筑，则采用"保留改造"的方式，仍然保留其有价值的建筑构件、原有的建筑体量和装饰风格。对于现场已被破坏的部分或经过历史建筑风貌顾问鉴定为违章搭建等没有留存价值的部分进行适当改造。例如，开明里沿大境路的商业市房，我们维持其沿街商铺的功能，保留了沿街立面；而对其北侧墙面，结合历史照片、图纸及基于当年建筑设计手法的推想，进行适度改造。对于一般历史建筑（现场基本已毁坏或拆除），采用的是"更新改建"方式。在尊重老城厢建筑形制、体量的前提下，对其进行重建。重建过程中建筑立面及其细节也并不完全拘泥于史料，而注重和周边文保建筑、历史保留建筑风格协调统一。一些部品制式则是参考了周边同年代建成且保留价值更高的同类建筑，其实是对"一般历史建筑"的风貌进行了升级。

从"宜居"更新导向上看，针对存量和增量，是否有不同的操作模式？可否举例说明？

姚中　以文物保护点开明里来说，它是老城厢内非常少见的整

左　大境路街景效果　　　　　　　　　　　　　　　右　旧仓街街景效果

体开发石库门里弄。**设计的第一要务是保护其规划肌理、立面风貌等**。但是若是原样修缮，单开间、三层楼、天井式院落，日照采光通风俱不佳，且缺少停车，这些状况均不符合当代城市的生活需求。所以我们采用平移的方式，挪走开挖车库，在挪回的同时进行空间调整，把原朝向东偏北的三座建筑调整为南向采光，且为整个开明里空出了一块约 350 平方米的公共绿化空间。**对移回建筑的间距也略微增大，这样改善了日照、通风条件以符合现行居住建筑规范。**另外在室内空间方面，我们把之前单开间的石库门居住单元进行了"三合一"，每户居民拥有更丰富的室内空间和更大的院落，实现老里弄的"宜居化"改造。

对于增量的考虑，处于风貌协调区的豫园站 TOD 综合体可以作为一个典型。其裙房为集中商业，由于地块面积较小，又有 10 号线地铁控制线、豫园站地铁出入口退让范围的限制，地上、地下共六层的裙房几乎满铺在可建设范围之上。地块中还有近 55 000 平方米的住宅指标，形成上住下商的混合格局。**为了实现更为宜居，设计上考虑让住宅和商业形成一体化的"全时综合体"，整体建筑 24 小时不间断运营，白天商业可服务市民和游客，夜间服务住宅人群。**商业入口面对河南南路和豫园站出入口，住宅入口则在裙房另一侧面对安静的旧仓街，全酒店大堂式的出口通过垂直电梯和裙房屋顶花园相连，再于屋顶上设置景观廊道，引导住宅业主进入架空层大堂归家入户。这个屋顶花园既私密，又有良好的陆家嘴天际线景观，还包括健身房、SPA、室内恒温泳池的高端会所，满足住户对高端住宅服务的需求。通过高度的功能混合，实现活力社区。

建筑从立面做法、材质、色彩、工艺、构造上，有哪些设计考虑？

姚中　在风貌保护范围内，建筑的材质和色彩基本符合老城厢传统。基本根据旧时或地块拆除前的航拍照片，确定各种色彩所占百分比，以此来控制项目各区域建筑的用色，同时也会考虑和露香园区域保护建筑、老建筑的协调性，比如，慈修庵周边的建筑就以青砖青瓦为主，与修缮保护后的慈修庵一致，形成和谐的片区形象。

在工艺上我们尊重老建筑的工艺构造，但用新的做法来呈现。例如，GRC 的装饰构件，其工艺更加可靠、施工更安全，可以做到"似旧实新"。也有一部分复原历史工艺，如水刷石、斩假石工艺。构件则尽量采用本地构件，即较有价值的保护建筑（如开明里）使用过的门头、山花等元素，使大部分风貌建筑都有统一的气质。

对于项目中的高层建筑，立面设计以格构为基础，格构的比例则是从旧建筑的开间、层高比例关系去提取并加以转译。新建筑裙房一般采用厚重的灰色石材，塔楼部分采用浅灰色石材和深灰色铝板搭配，设计风格现代简约、线条明快，整体做到在项目中不抢镜、不怪异，如果说风貌保护片区是前景，新建高层区便是它的背景。

宜居

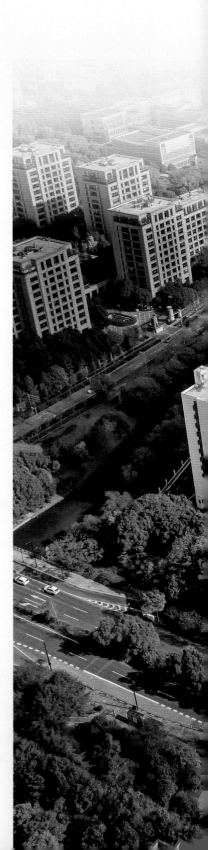

安居才能乐业，描绘年轻人的第一个家

上海城投宽庭 · 江湾社区
Shanghai Chengtou Jiangwan Apartment

用地面积	33810 平方米
建筑面积	130310 平方米
绿地面积	11830 平方米
建筑功能	居住、公共服务设施、配套
建成时间	2022 年
工作内容	建筑设计、景观设计、室内设计、BIM 设计、标识设计
业主单位	上海城投置地（集团）有限公司

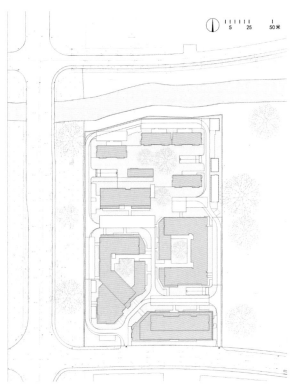

上　城投宽庭·江湾社区总平面

安全开放的住区营造

项目位于上海市杨浦区新江湾城,是上海城投置地开发的第一批全租赁住宅。几十年的城市居住革命,改变了城市住区的风貌,传统街巷、里弄、杂院已经慢慢成为历史,我们的生活品质似乎提升很多,但我们的居住空间却变得单一同质,千篇一律。以销售为目的的房产开发和负面引导彻底改变了人们对住区和生活的认知。出于安全和所谓的品质感,封闭式小区已经成为我们新建住区的标准形式,住区和城市的连接,只有小区的门卫和大门。全租赁住宅社区带来了"开放"的机会,我们希望在这里实现一种居住理想,打造一个与城市融合共享的开放社区,让居住者跟城市、社会紧密相连。我们希望通过一次实验,回归传统的街巷空间,给人带来熟悉感。

回归传统的街巷空间

在基地内引入一条南北向的开放街巷空间,街边布置商业配套和社区服务等公共功能。街巷,是城市公共空间到住区的缓冲带,人们在不经意间,从喧嚣的城市回到宁静的家园。街边的门廊、雨棚、绿植、外摆,让街道变得更加亲切宜人,步行其中享受着烟火气的生机和活力。人们在这样的空间相互交往,成为邻居、熟人,最终人与环境产生了关系,形成了邻里社交场所。"街巷"将社区分成若干块,由南到北依次为时尚街区、活力社区和品质住区三个组团,均为13～14层的住宅围合而成。通过不同尺度的节点广场和口袋公园,连接各组团的入户空间。设计在保证安全的基础上尽可能地把住区打开,形成城市与住区之间的交互,也是人们安全的交往空间。

上　城投宽庭·江湾社区鸟瞰

灵活可变的户型研发

租赁住宅与商品住宅、保障房住宅最大的不同点，是建设单位需要全周期的运营管理。我们既要考虑中短期相对精准的定位，同时要重视长期可持续运营的灵活性。充分考虑项目定位和客群需求，我们将产品分为一室、二室、三室 3 种基本类型，面积最小 30 平方米，最大 90 平方米以上，共计 5 种户型。同时，充分考虑产品的灵活转化和可变性，可以做到同一户型不同的使用模式，或是小户型的拼合使用，等等。在 50 年的建筑使用周期内，能够适时调整户型产品来满足市场需求。

简约标准的立面设计

采用现代简约的设计风格，对于宽度较大的建筑形体，进行体块切分和组合，强化了建筑的体量感。考虑控制立面造价的原则，摒弃复杂无意义的装饰，立面构造结合 PC 设计，尽量做到标准化，大量采用重复构件和工业化构件，大大降低了建造及后期运营维护的成本。墙面基本采用色彩明快的涂料饰面。

预制装配的结构体系

项目全部采用预制装配式结构体系，装配式建筑比例 100%，单体预制装配率 40%。各单体采用装配整体式剪力墙结构，标准层采用部分预制剪力墙结构。标准层楼板采用钢筋混凝土叠合梁板形式，首层及屋面采用现浇梁板形式。阳台、空调板、楼梯等采用模块化的预制装配构件。功能空间尽可能采用工业化材料和集约化的设计理念。

全周期的 BIM 设计

本项目是租赁社区智慧运营的案例之一，采用"建设运营一体化"的 BIM 管理模式。从设计初期，就投入 BIM 技术进行设计质量的优化，在施工阶段实现全过程数字化管控，减少工程变更，并完成基于 BIM 的数字化交付，最后在运维阶段融入智慧运营管理平台。探索和实践了租赁社区数字化管理的新思路。

上左 社区沿街入口　　　　　　　　　　　　　　上右 社区北入口

中　公寓组团内部　　　　　　　　　　　　　　下　公寓外走廊立面

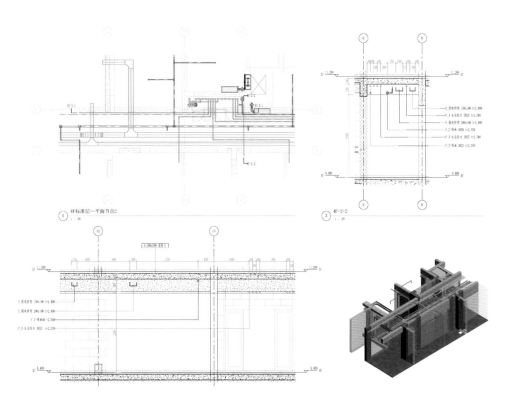

上　全过程 BIM 设计示意

下左　2 号公寓局部立面

下右　4 号公寓局部立面

张辰
上海城投控股党委书记、董事长

> 租赁市场是从供给端对居住市场的一个非常好的补充跟调节，它真正实现让人不需要太大的代价，也能在这个城市体面生活。租赁市场是否完善，是城市居住配套是否健全的重要环节，也体现了城市的宜居性。

王涌臣
转子建筑设计工作室创始合伙人
曾任水石成一工作室主持建筑师

> 一条开放街巷划分出几个围合式的居住组团，由于街巷是全开放的，它会将城市人流直接导向到社区内部，形成一个开放共融的氛围。可以想象，从地铁站出来之后，不是进入一个封闭的有保安守卫的小区大门，而是自然而然地沿着街巷走入社区。

金戈
上海禹创数维技术有限公司产品总监
曾任水石 BIM 中心负责人

> 我们给业主设计的项目数字化转型，就是通过大量运营数据的标准化来进行汇总，从而形成社区画像，或者说社区的体检报告，让管理层能够清晰地看到每个社区存在的问题和优势，让所有的社区横向进行比较；互相学习优点和警示缺点。

访 谈
Interview

城市租赁住房已不仅是"保障房"概念，除了要满足各收入阶层差异化的本地居住需求，其本身作为一种开发模式逐渐被政府、发展商和客户重视；我们将其作为中国未来"社会住宅"的范式，讨论租赁住宅天然具备的特征。例如"社区性"和"可适应性"，以期找到一种可持续的经济与社会价值逻辑。

Rental housing is no longer just a concept. It meets the needs of different income groups and is being promoted by the government, developers, and customers. We discuss its characteristics as a model for China's future social housing. We discuss the natural characteristics of rental housing to find a sustainable logic of economic and social value.

在企业战略城市发展背景下来看，对宽庭这个项目最初的设想和定位是什么？

张辰　宽庭对我们来说是一个全新的探索。这个项目从 2018 年开始，经历了拿地、产品定位、放任务书、做方案、政府审批，到建设、投用、招租、满租……直到近期将它作为 REITs 产品发起，整体是一个很全面的探索过程。国内的租赁住宅市场是从 2015 年、2016 年刚刚起步，北京、上海在国内属于前列，但跟伦敦、纽约、东京横向相比，仍存在差距。上海的租住比很高，也就是说如果不考虑资产增值，肯定租房更划算。我认为，单从居住需求来看，租房是真正能够体验生活的，买房要考虑学区、资产增值等，各方面负担会更重。特别是对于年轻人，如果没有很强的资产配置需求，其实租房更贴合实际的生活本质。当然，这是理想情况。但由于租赁市场的不成熟，再加上租房和买房的心态差异等原因，租房的意识一直没有建立起来。此外，也苦于始终缺少好的租赁类产品。所以说从 2018 年开始，政策起到推动作用，希望把市场发展起来，有大量的供应进入这个板块。**我们从 2018 年开始到现在，从一个探索者角度来印证这个市场是不是跟所设想的状况吻合。到现在项目完整运作下来也有五六年过去了，从经营情况可以证实，只要产品各方面做得好，租赁市场需求量还是很大的。**

宽庭这样一种"产品"的定位和配置，与传统的居住小区相比，在空间上有哪些突破？从实际的使用效果来看，这些场景设定的用户反馈如何？

张辰　这个项目是想象跟实际不断去相互验证的过程。首先在规范上有些突破，包括日照要求、朝向要求、建筑尺度要求，以及内部空间形式的要求、产品配比要求等。虽然它也是一种居住产品，但还是跳出了传统意义上居住小区的一些固有思维。第一，是开放社区这件事。传统小区都有围墙、物业、门岗、电子围栏……外人是无法进入的。那么开放社区能不能被接受？管理上有没有问题？这个项目在这方面做了尝试，实际使用下来效果还不错，也说明开放社区是有一定接受度的。第二，日照采光通风是不是真的像传统住宅的规范要求那么高？虽然南北向在使用上确实有差异，但是可以通过价格调控来平衡。朝北的房间便宜一些，性价比更高，这种方式经实践验证也是成立的。第三，户型大小。刚毕业的单身年轻人，或者成家以后，有了孩子以后……不同阶段对于居住空间的需求是怎样的？宽庭针对不同阶段也有不同的户型可以选择。宽庭中最基本的居住单元是 35 平方米左右，也是比较容易租出的类型。这种居住单元在设计比较到位，人体工学做得比较好的情况下，接受度也比较高，得到了市场的认同，找到了经济效益和使用功能的平衡点。第四，社区化的集中管理和运营管理。社区内加入了很多共享交往空间，包含社区配套设施、公共接待和娱乐空间等，这些内容即使是在传统居住小区当中也是不多见的，在保障性租赁类产品里更是如此。但人们对这些空间的需求反而是比较强的。此外，我们为社区配备的酒店化管理、数字化运维等，实际收到的反响也很好。第五，客群方面，以宽庭为例，客群以年轻人为主，大多是刚毕业在上海找到工作，还不具备置业条件。

左　公寓单元入口及配套设施

右　公寓组团一层连廊

他们大多数学历普遍较高,几乎70%是本科以上学历,45%是硕士以上学历,也有很多海归。教育背景都很好,收入也不低,也能承受这样的租金。这也印证了我们对客群的初始设想。

从运营角度来看,如何能够保持长租公寓社区长久的稳定度?

张辰　长租公寓发展了五六年的时间,仅仅是迈出了第一步。单从上海来说,租房市场占比仍然不足。目前长租公寓推出以后,至少让一部分人——特别是年轻人,开始知道有这样一种好产品是可供选择的。**为什么长租公寓很有意义?从供应端视角来看,如果长租公寓的体量能够进一步扩展,可以很好地调节整个房地产市场。**目前房子与老百姓的资产关联度很高,住房供应如果全部束缚在买房市场是有问题的。假如住宅供应市场中的租赁占比扩大,并且能够有稳定的运营商和资产持有方,有多样化的产品类型并覆盖各个地段,能够适应不同的客群需求,对于租赁产品的稳定度会有很大的帮助。一方面,对于年轻租客来说,所需要的是长期稳定的租约,不用担心租金涨幅不合理,不用担心房东有特殊变动,维修管理能够有保障,那么租房就能够成为他的一个长期选择。宽庭基本做到了这些方面,从供应端上很好地呼应了年轻人的这些需求。另一方面,**从资本的角度来看,让投资和退出机制完善起来,对于运营者和开发建设者来讲,也能够增加可持续性。**因此发行REITs很重要,它能够建立一个退出渠道,这样资产闭环机制就成立了。参照新加坡、美国的租房市场,也都是类似的模式。由此,就可以吸引更多的资本,从而实现快速的规模化扩张。站在投资者的角度,他所需要的是有稳定的客源,租金收益有保障。因此需要

配备优秀的运营团队,无论是在招租能力、物业管理,还是资产运作和运营方面,专业度都要高。这也是宽庭项目采用BIM等一些管理运维体系的目的所在。

从宜居的角度来说,宽庭给这个城市带来了什么意义?

张辰　城市是一个有机体,城市人群的需求也是多样的。所有的居住配套最终目标也是面向这些需求的。传统的销售房地产其实开始有些脱离真正居住需求的范畴了,老百姓买房更多会考虑资产增值、教育资源等附加因素,并非真实居住需要,而租房可以更好地贴合居住本质。因此居住产品需要分层,让城市人群对于买房和租房都有选择。想买的可以买,毕竟不动产是个体资产的重要组成;想租也可以租,好的租赁市场对于年轻人而言会多一种选择,未必要在大城市拥有一个固定资产才能完成居住需求。**一个年轻人在未来不确定的情况下,短期在大城市中也能够体面地享受生活,租房也要租得很舒适才行。因此,城市要能够满足这些不同的需求。**一方面,资产类、销售类的居住产品肯定要有;另一方面,租赁市场是从供应端对居住市场的一个非常好的补充跟调节,它真正实现让人不需要太大的代价,也能在这个城市体面生活。**租赁市场是否完善,是城市居住配套是否健全的重要环节,也体现了城市的宜居性。**

宽庭这个项目打造了一个适合年轻人的社区,基于这个定位,在城市和区域上有哪些优势资源?

王涌臣　上海的城市属性,是快节奏、有活力、丰富多元的,它是能够包容和接纳新鲜事物的城市。宽庭是城投的第一批全租

左　社区中心配套设施

右　公区室内环境实景

赁式住宅。这个类型的居住产品是针对年轻人为主的定位，其实在上海还是有需求的。从区位上有两个特点能够匹配到这类人群。第一，宽庭是地铁上盖项目，紧邻殷高西路地铁站，从地铁站归家十分方便，同时乘地铁 25 分钟可直达人民广场，出行效率也很高。第二，依托新江湾城这个片区整体的生态绿化环境资源，它的旁边有公园，整个场地的生态特质非常突出。现在的年轻人注重健康，喜欢运动，这里的环境很适合慢跑、骑行。

这个项目的亮点是开放街区，可否重点谈谈有哪些设计思考？以及它带来了怎样的一种生活方式？

王涌臣　这个项目从起初整个规划理念上，就与传统小区的模式有很大区别。**它最重要的一个设计思考就是营造了分级的公共空间体系。**第一个层级是城市界面，建筑的首层面向街道开放，且都是公共开放的商业界面，所以整个街区的首层是与城市街区接壤的；第二个层级是引入一条南北向的开放街巷，将城市的公共空间用这条街巷渗透进社区，让街巷来组织社区的邻里空间，街巷是健身跑道，又是一个可变的商业空间，周末可以举办市集。一条开放街巷划分出几个围合式的居住组团，由于街巷是全开放的，它会将城市人流直接导向到社区内部，形成一个开放共融的氛围。可以想象，从地铁站出来之后，不是进入一个封闭的有保安守卫的小区大门，而是自然而然地沿着街巷走入社区。由街巷所划分成的几个半开放内院，形成了由公到私的一个过渡，也是一个多元功能与行为的交互地。走过内院再到达入户的门厅，完成归家路径。整个路径是从公共到邻里再到私密的一个逐级变化的空间体系。这个社区分级系统

打破传统小区的门禁壁垒，一端连接了城市，另一端连接到家门。住在这里，能够让出租车停在家楼下，能够让快递和外卖小哥送到家门口，城市服务的效率是极高的。因为首层有商业，所以下楼就能买到咖啡喝，出门就能遛狗，甚至是坐在院子里发呆……**这些场景满足了年轻人对自我生活方式的一种渴望，这是在传统的小区里面找不到的。**

基于这种社交导向的活力街区，在户型的设计上，又是如何适配的？

王涌臣　户型的设计也是延续了"社交"这个理念。我们从 28 平方米、32 平方米、50 平方米一直到 90 平方米有 5 种户型选择。从生活场景的属性上做了一些分级，针对单身、交友、情侣等不同的生活场景提供不同的空间。起居室、盥洗室、卧室形成了几个模块，针对不同的生活场景进行划分或融合。在宽庭中户型的选择非常多，不同的户型所吸引的客群也呈现出多样性。因此，创造了一个不同年龄层的多样化社区，成为了一个混合的社会化场所，满足了年轻人对于社交的需求。此外，最重要的一个设计就是阳台。这些户型不论大小，都设置了一个尺度适宜的阳台，阳台不仅是居住空间的延伸，它也是一个半社会化的空间，因为阳台是家与城市空间互动的场所。正如电影里出现的，一个人坐在阳台上，喝一杯红酒，看着楼下院子里正在打球的邻居。这种视线和行为的互动性是有趣的，同时也成就了建筑开放的立面效果。**在整个设计中，城市设计的颗粒度从宏观到微观，从街区到户型一以贯之，为年轻人构建了一个从城市、街巷、内庭、入户再到阳台，一整套的生活社交场景。**

水石设计的 BIM 团队为宽庭做数字化运营体系的背景和契机是什么？

金戈　第一方面，除了宽庭之外，当时城投有其他的一些项目，资产——特别是大型设备的故障率和损坏率特别高，领导层觉得在管控方面是有问题的，需要一个抓手来解决。第二方面，城投承接了上海的长租公寓项目，并以宽庭为品牌，一期做了一个社区，2023 年又开了四个社区，预计 2024 年还有九个社区，总共加起来约 200 万平方米的建筑体量。如此大体量的物业管理是很难的，当时城投组建了一个团队去管控第一个社区时，发现非常吃力，因此需要一个技术上的助力，能够把如此庞大的事情管起来，并且要摆脱过高的人力成本。第三方面，因为国家的战略发展背景。从大约 2020 年起，国家提倡发展数字化转型，上海也成立了数字化转型小组，国务院国有资产监督管理委员会印发《关于加快推进国有企业数字化转型工作的通知》，推动国有企业数字化转型。城投是一个非常好的载体。第四方面，BIM 从 2010 年左右进入中国，城投在 2013 年左右就开始做 BIM，但结果是 BIM 在设计阶段花了一笔钱，施工阶段又花了一笔钱，效果并不好，业主一直觉得是否能够把它从头到尾连起来做。基于以上四种原因，城投开始立项数字化技术在智慧园区的全过程应用这样一个课题。**我们为它拟了一个题目："建营一体化"。**

基于数字化转型发展的现状，能否谈谈数字化从何处入手开始介入运营更有效？

金戈　我们从 BIM 为切入点把我们所有的设计、施工、运维阶段需要用到的数字化元素进行了整理。我们发现所有的项目中 BIM 这个工作内容会断档的一个很重要的原因就是缺少数字化的概念，即建立数据资产，而它的前提是建立数据标准。由于我们之前很多项目都没有做数据标准，导致 BIM 数据本身只停留在设计和施工阶段，没办法复用。因此，我们很重要的一个步骤是把设计、施工、运维各个阶段的一些重要数据标准形成四份标准文件，包括分类编码、模型标准、接口标准等。这份标准是帮助城投宽庭下面所有的项目在开始设计阶段就有一个很清晰的依据。**保证所有的业主方能够在同一个平台上把 BIM 资产从源头上创建起来，并且到运营阶段时，这些资产依然能够沿用下去，成为真正能够给业主带来效益的数据资产。**

数字化运营为宽庭带来了哪些好处？可否从运营管理的角度以及租客的角度分别谈谈？

金戈　延续刚刚所讲到的数据标准问题，有了数据标准之后，我们建立了"5+1"体系——5 个平台 +1 个数据底座。5 个平台包括了 BIM 平台、物联网平台、租赁平台、物管平台、资产管理平台。在建设过程中产生的所有 BIM 数据会导入数据底座里面，另外的 5 个业务平台通过数据底座去获取这个数据，从而消除了以往信息化系统里面出现的数据孤岛问题（由于大家数据标准不一致而产生的无法对接情况）。现在有了数据底座后就能解决这个问题。这个体系有两个优势：对内和对外两大模块，对内是物管和运管，对外就是租客。整个"5+1"体系里囊括了社区所有的工作内容，而且把这些工作按照标准化流程嵌入软件里。这样，**用有限的现场工作人员就能把整个社区管理起来，每个社区的管理高度标准化，不会出现差异，这是对整个实施层面所带来的便利。**

对于业主的领导层而言，可以建立运营体系和后续的评估体系。因为所有数据都会收集到数据底座里面，所以领导层可以快速地掌握整个社区管理现状，包括人员工作情况、设备使用情况、能源使用情况等。例如，我们可以统计整个 2023 年 1 月到 12 月所有社区的用电情况，整理成定期月报表，提交给领导层。这样公区用电哪个社区多，哪个社区少，为什么多？都可以一目了然。例如，有一个社区的共享厨房用电量特别高，这个问题就会在数据层面呈现出来，有了数据以后，它能整理出很多问题的类型，哪些问题是施工阶段产生的，哪些问题是设计阶段产生的……刚才提到的共享厨房用电量高，业主后来提出在后续所有项目里，这种共享厨房模块就尽量不要出现，因为会对后期整个运营成本带来很大压力。又如公区照明的问题，有一个社区的公区照明耗电量过大，说明这个社区的管控出现了问题，需要马上去对这个社区的管控进行整改。

从这个层面来说，**我们给业主设计的整个项目的数字化转型，就是通过大量运营数据的标准化来进行汇总，从而形成社区画像，或者说社区的体检报告。**让管理层能够清晰地看到每个社区存在的问题和优势，让所有的社区横向进行比较，互相学习优点和警示缺点。

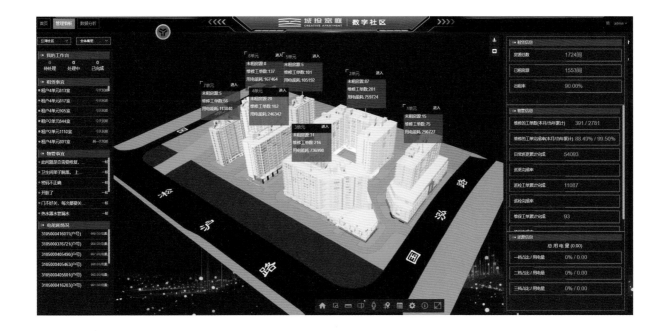

上　基于 BIM 体系的城投宽庭数字社区开发

下　BIM 运维企业平台建设架构

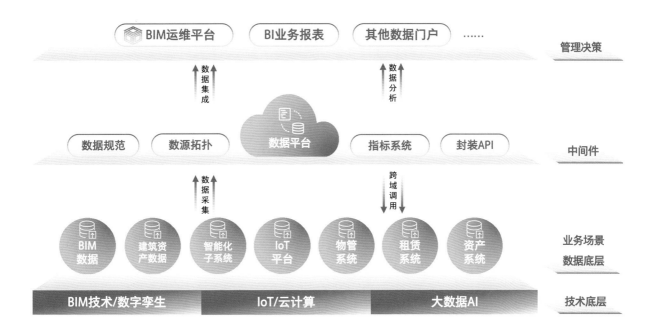

老社区转变为
好社区就是
城市更新的目标

上海徐家汇乐山社区更新
Shanghai Xujiahui Leshan Community Renewal

街区规划规模	167000 平方米
道路改造总长度	1200 米
建筑立面提升总面积	3200 平方米
景观改造总面积	14000 平方米
建成时间	2021 年
工作内容	建筑设计、景观设计、VI设计
业主单位	徐汇区徐家汇街道办事处

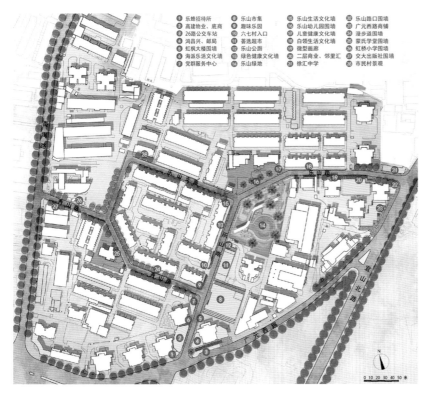

① 乐峰招待所	⑧ 乐山市集	⑮ 乐山生活文化墙	㉒ 乐山路口围墙
② 高建物业、底商	⑨ 趣味乐园	⑯ 乐山幼儿园围墙	㉓ 广元西路商铺
③ 26路公交车站	⑩ 六七村入口	⑰ 儿童健康文化墙	㉔ 漫步道围墙
④ 鸿昌兴、邮局	⑪ 荟选超市	⑱ 白领生活文化墙	㉕ 蒙氏学堂围墙
⑤ 虹桥大楼围墙	⑫ 乐山公厕	⑲ 微型画廊	㉖ 虹桥小学围墙
⑥ 海派乐活文化墙	⑬ 绿色健康文化墙	⑳ 二层商业、邻里汇	㉗ 交大版社社区围墙
⑦ 党群服务中心	⑭ 乐山绿地	㉑ 徐汇中学	㉘ 市民村景观

上　乐山社区城市更新总平面

乐山社区:建于 20 世纪 80 年代的老社区

乐山社区位于上海中心城区的徐家汇街道,是在 20 世纪 80 年代由棚户区改建而成的高密度小区。街区的规划可谓"麻雀虽小,五脏俱全",从菜场、学校到集中绿地一应俱全。受到场地的限制,所有的公共设施与住宅以最小的间距排布在一起,街道空间非常局促。道路是乐山社区居民最典型的户外社交空间,但在改造之前狭窄的人行道上既有乱堆放的非机动车,也有居民晒太阳时坐的一排凳子,还有在老人们唠嗑间留下的垃圾,让街道管理团队很是头疼。乐山社区显现出形象陈旧和配套不足一系列问题。

区位特征:徐家汇的后街

在改造之初,我们带着"你希望乐山新村的更新做些什么?"的问题,走访了居委会与居民。在与街道及区委相关部门的讨论中,我们发现了乐山社区成长的契机:随着徐家汇的建设向着世界一流的中央商务区发展,其毗邻的乐山社区的人口结构正在发生变化,更多企业与商家的入驻带来了更多白领人群与访客,也完善了徐家汇地区的配套服务设施,乐山路将成为服务更多样人群的"CBD 后街"。

因此,街道提升需同时兼顾社区内外的人群需求,一方面,为本地居民补充必要的服务内容;另一方面,融合白领需求,补充与周边城市发展相匹配的空间与设施,打造更有品质的城市公共生活形态与空间。作为国际商圈后街的活力社区,让其形象、功能、人群与徐家汇接轨成为改造的主要目标。

街巷烟火融合时尚文化

乐山社区街道界面以商铺、围墙和公共景观构成,设计中对于建筑立面改造、围墙改造、景观提升均作了细致的专题研究。从

上左 乐山社区入口改造前　　　　　上右 乐山社区入口改造后

下左 乐山幼儿园围墙改造前　　　　下右 乐山幼儿园围墙改造后

规划视角梳理乐山社区的更新定位,即融合"烟火"与"时尚","便捷"与"绿色","关爱"与"自治",提出与徐家汇文化相匹配的街道场地策划,和与开放型城市生活相关的场景设计。在具体的景观与建筑场景设计层面,场地的局促性和一些固有使用方式的反思触发了我们对街道有限空间改造方式的思考,通过多时段对行为的观察、不同人群的交流,以及与街道业主的讨论,我们用批判性的方式提出了对不同街道元素的改造方案。

打造 15 分钟生活圈

乐山社区作为"上海 15 分钟社区生活圈"试点项目,我们从城市的角度对街区更新进行了全面系统的思考。每个具体场景在街区改造中扮演不同的角色,不同的场景在 15 分钟生活圈的体系中可以分成 3 个层次:街区慢行网络、口袋空间和服务设施。首先,对人行空间进行梳理和分区,让围墙实现局部的凸出和凹进,局部拓宽狭窄的人行道,营造出可供临时休息等候的口袋空间,并设置遮雨棚。对街道两侧的边围要素进行品质提升,梳理了边围的类型,可分为建筑和围墙两种,分别针对类型特征进行提升设计;其中,在幼儿园引入了折纸墙的概念,巧妙地将现状缺少等候空间、缺少趣味性、不透绿等问题一次性化解。其次,对街道上的家具设施进行补充,对沿街绿化、灯光、座椅等设施进行摸排,完善街道空间的服务能力。最后,对街区必要的配套点位进行设计,包括 26 路车站、公共卫生间、垃圾站房界面以及各类商业界面的更新。设计中提取海派文化的色彩与材料,积极营造首层界面,在乐山路入口的立面改造中,充分考虑各方向人流进入街区的视线分析,将立面整体化处理,调整视觉尺度。设计过程中与街道、产权方、使用者多方协调合作,力求实现多方价值平衡。

转角的视域盲区
导航栏
配备照明的遮雨棚
路边停留空间
易维护的植物
住区入口停留
过道狭窄且被非法停车占用
可渗水铺路
过去
现在

宽敞透光的公交站顶棚
现在
过去
隔离视线，形成脏乱差死角
视线通透
宽敞的等候区
方便无障碍通行

多层次立体边界
限制不文明行为

引导更积极的使用方式

昏暗角落常存垃圾

过去

现在

增加照明

增加可供多人
活动的空间

拓宽了局部人行道，局部提
升地面，有效减少乱停车

休息区

街角堆满了垃圾

道路被乱停车占用

过去

现在

左页

上　街道围墙改造前后

中　26 路公交车站台改造前后

下左　公交站台

下右　乐山幼儿园墙上的彩绘为街道活跃气氛

右页

上　乐山幼儿园围墙改造前后

下　街角花园改造前后

宜居

苏小超

上海市徐汇区枫林街道党工委书记
上海市徐汇区枫林街道人大工委主任

"乐山街区是徐家汇真正推进城市更新的一个转折点，它实现了由点到面的突破。在乐山街区更新之前，我们对于城市更新的理解还是比较片面的，但是乐山实现了一个整体性的综合策划与更新。"

董怡嘉

水石合伙人、总裁助理
城市再生中心总监

"街区更新不同于单体建筑更新或景观更新，它并非零散的、片段的、就事论事的设计。我们要做的是兼顾街道行人、管理者、经营者的需求，用一组设计体系把不同的使用场景串联起来，让街道成为更受人欢迎的公共空间。"

宿新宝

华东建筑设计研究院有限公司副总经理、副总建筑师
城市更新与历史建筑保护设计中心主任
黄浦区外滩街道社区规划师

"优秀的社区更新需要总体性思考，更新方案需要从规划层面梳理和统筹，而非单纯的局部描眉画眼。这个规划是大于建筑和景观层面的一个微型城市设计。"

访 谈
Interview

上海高密度住区众多，社区更新工作有天然的土壤，"15 分钟社区生活圈"标准的实施将更新手段与需求作了具体有效的连接，"三师制度"更是从流程上完善社区更新全链条评估。社区更新也是社区工作的一部分，后评估与回访的意义不亚于改造设计本身。

Shanghai has many high-density settlements, and there is a natural way to renew communities. The "15-minute community living circle" standard makes a concrete link between renewal and needs, and the "three-teacher system" evaluates the whole chain of community renewal. Community renewal is part of community work. Post-assessment and return visits are as important as remodeling design.

您觉得乐山街区更新最大的创新之处是什么？

苏小超　乐山街区是徐家汇真正推进城市更新的一个转折点。它实现了由点到面的突破。在乐山街区更新之前，我们对于城市更新的理解还是比较片面的。例如，此前修缮、道路整治、绿化整治通常是分单项去做，但是乐山实现了一个整体性的综合策划与更新，是从区域层面统筹思考的结果。当时乐山街区的改造是区域发展的必然趋势。乐山作为紧挨着徐家汇中心 CBD 的后街，它的空间已经出现了显著的短板，所以对它的改造势在必行。乐山的整体改造，实现了多方面提升：小区综合修缮、地下管线治理、增加电梯与街角公园、道路整治、业态整治、完善 15 分钟生活圈的公共服务配套等，涉及社区生活的方方面面，是一个综合多要素一体化提升的样板。

乐山街区更新一个很重要的经验在于，在具体点位开展设计之前，要作整体性的概念规划。 在乐山的片区总体概念规划时，我们与设计团队多次讨论，得出了四个基本的定位：健康、友好、开放、活力。同时，将这些定位分别落实在街区的各个改造层次中，每个层次再去细化成具体点位的设计方向。整套设计流程，每个环节都必不可少。正因为有了前期的总体性规划，才能有效指导具体点位的设计目标，每个设计点位要服从大原则，避免很多由于导向不清晰产生的设计工作的反复。这是乐山这个案例的一个开创性尝试。因此，乐山更新也成为徐家汇城市更新的示范性样板和城市名片，对其他同类型社区综合更新项目具有借鉴意义。

乐山街区更新是街道方、设计方和城市各管理部门多方合作的一个成果，结合您现在的经验回看这个项目，有哪些值得吸取的经验和教训？

苏小超　在街道方和设计方合作的过程中，我们深有体会的是，设计和施工过程的联动是非常必要的。当时我们很赞赏设计团队在施工阶段现场的耐心工作，对建造品质的精益求精。设计团队从前期策划到设计，再到落地，全过程跟进，才有了乐山最后呈现的效果。在社区更新项目中，有很多细节是很琐碎的，只有不厌其烦、永不满足才能坚持下来。此外，就是需要精准对接居民需求。我们在过去的城市更新过程中，更多是政府主导，从需求上来看，是政府单方面的输出，但现在是要反过来做，要改什么，怎么改，每个环节都引入公众参与，大量征求居民的意见。这样做出来的更新才是真正的"人民城市人民建"，是老百姓真真实实的需要所在。将居民的积极性和热情充分调动起来非常重要。设计方的大量前期调研与策划，在项目初期也起到了很大作用，有助于得到一个精准的任务书，从而指导概念性规划的形成。

现在社区更新倡导"三师制度"（指策划师、规划师、建筑师），其实也是在打通中间环节，用设计的力量，将上位规划定位和具体的居民需求，进行有效衔接。因为一个社区内有各种各样的人群，这些需求也是多样化的。**针对不同人群的需求进行梳理，最终转换到具体设计中，这样才能真正做出为人民服务的社区。** 从这个共同目标看，政府、设计方、居民的目标是一致的。

上　以"乐山"为主题创作的城市公共艺术品

您觉得做街区更新设计与传统的单体建筑设计的最大区别是什么？

董怡嘉　街区更新不同于单体建筑更新或景观更新，它并非零散的、片段的、就事论事的设计。**所思考的内容相对更聚焦两个方面：一是对特定区域的城市公共空间与城市公共生活的问题挖掘；二是梳理政府可改动的空间资源，最终将二者进行匹配。**系统性的思维逻辑加上针对街区特质的定制化思考，为具体点位的空间设计提供了判断依据。因此，尽管街区更新从物理上属于中观尺度的项目，其整个过程是一个从宏观到微观的系统推进过程。宏观指的是区域乃至城市层面的定位分析；中观指的是街区层面的生活场景设想；微观指的是近人尺度的空间感知细节。首先，应确定街区空间现在的人群构成和未来的人群构成，从而明确更新后的街区为谁服务？如何服务？其次，分析周边城市的配套资源和业态构成，判断目前街区功能构成中尚缺少的环节，以及需要补充的内容。对这些问题的回答成为街区更新的定位与目标。

乐山街区的街道空间非常局促，并且大部分都是围墙界面，针对这个问题从设计上是如何考虑的？

董怡嘉　**首先是打造可阅读的街道。**街道是乐山社区最重要的公共空间，从早到晚这里都有熙攘的人流。我们希望改造后的街景是真正"可以被阅读的街道"，所以在设计上更重视场景的打造与街区文化内涵。对于街道的边界，我们首先想到的是以三维空间手法来强化人们行走的体验。我们在乐山街区采用了几种不同的街道边界设计，均是在原有围墙的平面之外，进行空间层次的叠加。通过对光影、材料、色彩与植物的不同组合，实现立体且有光影变化的场景。这些场景与它们所相邻的场所有着和谐的视觉关系，由此加深场地留给人们的印象，也使人们的漫步有更丰富的视觉体验。另一种"阅读街道"的体验通过对街区文化的表现来实现。我们在确定方案之初，就与街道共同策划了"街区美术馆"的想法：把徐家汇发展相关的人文资料以图文并茂的方式呈现在街区的各个节点与慢行动线上。其中包含了多个以徐家汇地区的艺术、名人、儿童画为主题的创作，

左　街角口袋公园

右　番禺路街角橱窗

还有一组由 60 多块展板构成的"海派之源"人文展墙。每当看到居民与孩子们在这些展板前逗留，我们突然多了一份感触：街区的文化一定不是可被批量复制的内容，一定是来自这个街区本身的故事，当这些内容有越强的在地性，就越容易被街区接受并延续下去。

其次是还原街角口袋空间。乐山街区的路网形态很特殊，不等边的街区内有一组内环道在三个不同方向上与周边的道路相连。这种多折的道路可以让机动车在驶入社区后自然降速，加上道路两侧的绿荫，尤其适合作为漫步道使用。然而在改造前，乐山街区的道路上很少有慢跑者。我们从居委会了解到，除了街上的违章停车、人车混行等情况外，在好几处街角还常会有让人头疼的不文明情况发生。于是，我们将每个街角策划成乐山漫步道中的驿站。在阳角的空间，我们用橱窗、地图和景观花池提供人们可驻足阅读的机会；在阴角的位置，我们将场地局部抬起，布置 L 形的休憩座椅与带有夜灯的挑檐，不仅构成对机动车的屏障，还扫除了夜间阴暗角落的印象。在这些街角出现的书籍橱窗，也成为了乐山漫步道在番禺路上的一盏明灯。

乐山街区更新在色彩的改造上是一个亮点，能不能详细谈谈？

董怡嘉　我们曾经把中国很多高密度的老街区与国外一些著名的街区做对比，很多国内的街区在空间密度、市井生活丰富度上很有特点。但是在空间的视觉感受上，则相差甚远。设计团队对上海大部分的老旧小区进行色彩的数据化分析，得到的结论是：在硬景部分，建筑物的材质与地面材质因年代原因显得沉闷与混杂；在软景部分，绿度通常所占比例较低，且以几类常见树种为主，层次少；在配景部分，则是争奇斗艳式的店铺招牌，以鲜艳大字见常。这种组合显得生硬而缺少亲切感，是大部分老小区的通病。

我们对乐山街区色彩调整的目标是希望赋予它属地化的特征，更具有年轻活力与丰富层次。我们选择了几组代表性的低层商铺区域，通过对立面与地面材质的调整，形成街道近人尺度空间视觉主导色彩的变化。结合徐家汇主题色红砖的运用，用两种不同质感的面砖进行组合拼贴，形成具有层次与韵律感的立面效果。同时，在小区外墙、学校外墙分别运用同一主题下不同材质的砖色材料，将街区近人尺度空间的底色整体调暖。在小区围墙的处理上，我们把原本琉璃砖的墙头改造成可盛纳绿植的花槽，把垂兰吊在墙头之上，增加街道的垂直绿度。街区导视系统是乐山社区视觉设计中的重要组成部分，我们将乐山的公共服务设施精心编撰到区域指引地图上，并在每一个转角设置了指引标牌。以朝阳的橙色作为乐山新的标志色，将一系列带有时尚感的标识符号植入街道。统一的街区 VI 与橙色标识设计构成了街道上连续的视觉线索。

社区更新的单个项目面积通常都不大，但涉及的单位和居民却不少，比如改造后非常亮眼的 26 路公交车站台，可能需要与巴士集团去协商合作，是否可以详细讲讲？

左　公交车 26 路终点站

右上　改造后的社区围墙

右下　改造后的幼儿园围墙

董怡嘉　26 路公交站在乐山街区的南侧入口。改造前的车站就已经肩负了多项职能：它在设点之初是用来解决乐山住区周边居民出行困难的，但由于当时场地的局限，所以在路口紧凑的空间中加盖了车站。多年来，车站利用并不宽裕的场地条件为司机与周边环卫工人提供午休服务，还在不久前升级为电动巴士车的充电站。但出于先天条件的不足，原有的候车区常年一直保持着封闭低矮的状态，等候空间不舒适，更成为不文明行为发生的集中点。"把车站作为一个街区更新的示范型地标来打造，为街区树立新的形象面貌"的想法得到了街道与巴士集团的支持，在设计深化的过程中，巴士集团的工作人员多次为我们分析讲解车站需要的功能要求。我们也把设计的关注点放在了一个更宽敞、明亮且能延续车站服务功能的方案上。最终车站的改造不只是改变了站台本身，而是将车站周边的环境整体进行了调整与提升。车站入口树立起了"No.26 Terminal"一组字，就像乐山社区新点亮的眼睛，鲜艳的橙色代表了乐山街区的自信，也向外传递出更开放、阳光的社区精神。

上海创新性引入社区规划师制度，能否谈谈这个制度的基本情况？

宿新宝　上海社区规划师制度的发展经历了两个阶段，稍早期，徐汇区、长宁区、虹口区、浦东新区开始推出社区规划师制度，当时还未形成一个明确的工作职责和内容，更多是一种荣誉而非具体的任务。2018 年左右，以黄浦区为代表，希望开展 15 分钟生活圈建设。由规划部门牵头，选拔有设计经验的建筑师或规划师来担任，与街道结对来开展工作，逐渐摸索出对这个角色的模式化的工作框架。首先，明确了要调研哪些内容，要了解哪些信息。通过这样的调研，社区规划师进行数据整理搜集，就可以形成"街道画像"，每个街道都能描绘出自己的特色、人群特征、人口分布、优点和缺点，以及需要在哪里发力等。有了这个画像作为基础，街道的管理者对于区域的整体发展就有了初步认知。其次，在这个认知基础上，结合区规划局对于 15 分钟生活圈建设的一些分布的步骤和要开展的环节，形成改造的分项任务，进一步落实。这样的好处在于把之前相对松散的行为变成了一个系统的任务。工作的标准模板可以很好地落实下去。**整体来看，社区规划师也是精细化管控和设计的发展方向下产生的一个角色。**

左　充满活力的乐山标志融入街巷烟火　　　　　　　　　中　社区入口处的乐山标志

右　乐山社区导视牌

您觉得社区规划师对于社区更新推动起到怎样的角色作用？

宿新宝　社区规划师是承上启下的角色。街道和居委会的关注点大多实际且具体。例如，缺少绿化、无法停车等琐碎问题，有时候与设计师交流会比较困难。街道不懂专业，但是懂居民的需求，在这之间缺乏技术性的统筹思维来整理这些需求。而社区规划师是一个技术的转译者，通过调研和沟通，能够从更宏观的层面上去统领这些需求端，把它们综合起来，帮助街道梳理有哪些短板可以提升，为社区做一个片区的综合诊断，找到痛点。另外，社区规划师还能够对接上位的规划，例如，区级或者市级的 5 年、10 年远期规划内容，这些规划导向对社区的发展有指向性作用。综合这两方面，可以建立一个社区更新的总体行动路线，再将这条路线拆解开来，形成分段、分期的推进。结合资金的需求，判断哪些地方先做，哪些地方后做，如何来做，形成未来几年的行动计划，再交给街道方去操作，这样可以形成社区更新可操作的逻辑框架。**目前，城市更新提倡"三师制度"**，实际上我们可以理解成需要一个综合的设计团队承担"三师"的任务，只是它的对象范围变得较小，也许只是一两个街坊的尺度，但是这个层次不能丢。

您认为一个好的社区更新设计的核心判断价值是什么？

宿新宝　第一，要进行总体性思考，更新方案需要从规划层面梳理和统筹，而非单纯的局部描眉画眼。这个规划是大于建筑和景观层面的一个微型城市设计。例如，在山东北路街区改造中，从苏州河与南京路的连通性等方面进行考量。第二，要考虑具体建筑和景观方案的落地性，一方面，是实用兼顾美观，包含投资造价、选用的材料耐久性、施工方式可行性等，因为街道投资预算是有限度的；另一方面，是从审美上的评判，避免奇观式、网红式的更新，夺人眼球的夸张并非第一要务，提升空间品质更为重要。例如，当初在评选上海外滩街道山北街区更新项目时，水石给出的方案兼具了规划和落地两个层面。**除了落地层面的工程设计外，更重要的是前期在区域总体上也有系统性的规划思考**，或者说是一个微型的城市设计。这个步骤在传统大部分的街区改造设计中经常被忽视。这个微型城市设计环节非常重要，它介于城市规划和建筑设计范畴之间，可能建筑师来做会更加匹配一些。

美丽田园，也是城市的后花园

上海奉贤李窑村乡村振兴
Rural Revitalization of Shanghai Fengxian Liyao Village

占地面积	**31800** 平方米
建筑面积	**33620** 平方米
建筑功能	住宅、商业、公共服务设施、配套
建成时间	**2021** 年
工作内容	建筑设计、景观设计、施工图设计
业主单位	上海东方桃源实业发展集团有限公司

上　李窑村改造设计总平面

改造背景：乡村振兴，城乡平衡发展

随着中国城市化、工业化进程的高速推进，城市得以发展，工业日益强大，然而，城乡发展不平衡、不协调的矛盾却愈发凸显。乡村振兴作为国家战略提出，是城市反哺农村、工业反哺农业的必然需要。乡村振兴旨在使乡村重新焕发魅力，蕴藏在乡村的中华文化可以延续和崛起，吸引更多的年轻人和创业人才回归乡村，让产业得以振兴，农民得以富裕，乡村变得更美。

初见李窑：文化底蕴鲜明的美丽乡村

李窑村是上海市第三批乡村振兴示范村，2019 年通过美丽乡村评选，在整体的乡村肌理风貌上有了很好的基础，大片的水稻田，丰富的河道水系，以及基础的景观绿化已成型。所属镇领导介绍，李窑因明清时期李姓大族南迁青溪东南，置田造屋，开砖窑多座，所产青砖量大质优而闻名遐迩，在此基础上慢慢形成李窑村，有着自身鲜明的文化底蕴。

产业策划：挖掘产业独特性，拒绝千村一面

此次乡村振兴，主要需通过房屋改建、道路桥梁、河道疏浚、景观绿化及公共服务配套的建设，对李窑村的"农林水田路桥房"进行重构。建立"租金 + 股金 + 就业收入"收益模式，将村民空余的房子流转出来，进行风貌改造。此后引入新兴产业，将农、商、文、旅结合在一起，多业态组合，最终实现村民增收。李窑村1000 多亩水稻将成为其农业特色本底，在初步方案中，确定了将李窑村鲜明的"窑文化"放大的主思路，传扬当地民间艺术及非物质文化遗产。同时，引进和培育新产业，将乡村振兴与现代科技文化产业发展相结合，建设与相关行业相匹配的办公、休闲、运动、住宿场所，让新李窑人可以在此安居乐业。设计前期，结合村子的肌理和片区进行梳理，规划前导区、餐饮市集区、文创雅集区、新产业培育区、康养民宿区、农业市集区六个部分，整体打造"农业 + 旅游 + 文化 + 电商平台 + 民宿"融为一体的特色产业链，使李窑村真正成为宜居、宜业、宜乐、宜游的"升级版"乡村振兴示范村。

设计模式：低成本，组装式定制改造

项目整体投资金额相对较低，留给建筑改造的费用仅 2200 多万元，折算单方造价低至 650 元，为设计带来了极大的难度和挑战。一期计划改建民房 133 栋，总计 33620 平方米。设计团队面对的是一百多套没有图纸的农民自建房，其中更有年久失修、结构安全性较差的危房。因此，设计团队必须梳理出一套设计方法，既保证设计效果又能控制造价，同时易于施工落地。133 栋房子大体上可分为两大类，20 世纪 90 年代前后的砖混结构建筑以及 2000 年以后新建的小洋房或别墅类，改造重点就集中在 20 世纪 90 年代的这批老房子上。这批民房多为砖混结构空斗墙体，三开间，二层或三层，局部挑出楼板以及屋面板为预制板，整体结构性能难以满足日后运营功能以及村民日常生活。设计团队开始大量的踏勘和记录工作，将所有房子编号、拍照、探访、记录，建立房屋档案。将现状建筑进行典型分类，并有针对性地研究几种模型样式，包括屋顶做法、披檐样式、结构加固、门窗形式、材料组合等。同时，造价计算也同步进行，确保每一种做法、样式都是在单方造价内可实施落地的，最后形成了一套基本的建筑模块。之后选拟了几栋作为示范样板，进行

左　改造后的村民房屋

右　保留村落原貌的建筑改造

基本模块的组合。每栋民房的尺寸和空间不同，即使是采用基本模块组合，依然没有完全相同的两栋，建筑的丰富性和设计施工的可操作性同时得到了满足。有了示范样板的信心，接下来便开始了大规模的方案设计，分配原始资料和研究的基本模块到不同的工作小组，每个工作小组根据各自组团的功能和民房的实际现状，选用不同的模块进行组合拼装，包括结构加固方式、屋顶形式、门窗洞口设计等。每个单体都需要放置在整体基地中考虑其协调性，最后确认每个组团的完整性。与此同时，也在不停地复核造价，确保整个项目的可行性。

多方协作：村民参与，设计整合

概念方案有了初步成果，但村民流转的意愿并不强，开展落地深化的工作节奏慢了下来，而距离竣工验收的时间却刻不容缓。当务之急只能每流转出一户，即刻安排专业团队进行精确的建筑测绘和结构检测，设计团队再将拿到的图纸和之前的BIM草模做比对，直接在测绘图纸上进行施工图设计。施工图纸每出完一套，即刻给到总包单位安排施工进场。甚至后来在没有拿到测绘图纸的情况下，根据经验先开始部分屋顶和阳台的拆除及结构加固工作，整个过程仿佛一条高速周转的流水线。随着几栋样板房的相继完工，村民也渐渐有了信心，越来越多的村民愿意让自己的房屋进行流转改造，从一开始的5户增加到了100多户。村子的各个角落都陆陆续续开始了改造工程。村民们的关注度也越来越大，结合自己的生活习惯提出了很多想法和要求。可见，建筑师在乡村的角色和身份是多重的。

原乡美学：一面野趣田园，一面绿水桃源

在整体的景观方案中，通过因地制宜的设计，回应传统村落的肌理。通过对空间的重新梳理，对场景进行了场所植入、柔化与过渡。对现有资源进行规划整合后，从河道、农田、建筑场地出发，重塑一个原生的、自然的"河＋田＋民宿"的乡村景观格局，将失去活力的空间通过"桥体"连接，同时依托产业类型增加的配套服务点也为村民带来了参与建设与运营的机会。从历史角度上，挖掘、传承、发扬李窑优秀文化、民间艺术及非物质文化遗产，滋养"李窑乡土"；从文化展示角度上，整个片区最集中的出入口配套业态集群，向各个客群提供吃、歇、逛、购等综合体验业态，展示独特稻田风光，让人们体验到美好惬意的田园生活。设计目标要做更具地域特色、场景化的风貌营造；保留乡愁的记忆，营造自然质朴的原乡美学，把李窑村打造成欢乐乡村集聚群与休闲旅游业态发展的腹地；打造集功能性、地域性、文化性于一体的乡村振兴示范村。

李窑振兴：因地制宜，回应李窑乡土

此次改造历经160天，房屋改造、绿化种植、道路翻新及新建等部分在交叉施工下得以完成。在改建过程中，设计和施工并没有抹去李窑村自身特点，真正做到了"因地制宜"。尽量满足村民对旧房屋的情怀，在翻新的同时最大化地保留村落原貌。我们期待着村民和入驻的新李窑人可以在此真正的安居乐业，新李窑以新的空间为载体，将窑文化的精神传承下去。

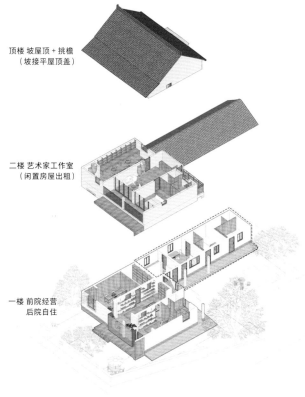

顶楼 坡屋顶 + 挑檐
（坡接平屋顶盖）

二楼 艺术家工作室
（闲置房屋出租）

一楼 前院经营
后院自住

上　典型村民房屋组团　　　　下左　河道与桥廊

中左　街道和院落　　　　　　下右　典型单体改造示意

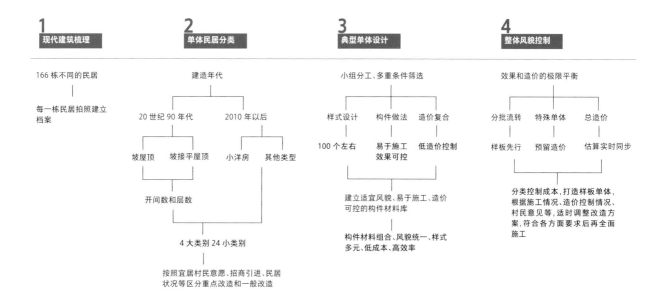

1 现代建筑梳理

166 栋不同的民居

每一栋民居拍照建立档案

2 单体民居分类

建造年代

20 世纪 90 年代 ── 2010 年以后

坡屋顶 ── 坡接平屋顶 ── 小洋房 ── 其他类型

开间数和层数

4 大类别 24 小类别

按照宜居村民意愿、招商引进、民居状况等区分重点改造和一般改造

3 典型单体设计

小组分工、多重条件筛选

样式设计 ── 构件做法 ── 造价复合

100 个左右 ── 易于施工 效果可控 ── 低造价控制

建立适宜风貌、易于施工、造价可控的构件材料库

构件材料组合、风貌统一、样式多元、低成本、高效率

4 整体风貌控制

效果和造价的极限平衡

分批流转 ── 特殊单体 ── 总造价

样板先行 ── 预留造价 ── 估算实时同步

分类控制成本，打造样板单体，根据施工情况、造价控制情况、村民意见等，适时调整改造方案，符合各方面要求后再全面施工

上　系统控制性改造方法图示

下　改造后的乡村建筑鸟瞰，房屋各有不同

王海松

上海上大建筑设计院董事长、总建筑师
上海大学上海美术学院副院长、教授、博导

"乡村风貌的延续更重要的是体现在环境和人的关系上。若是建筑和环境的相对关系能够合理延续，建筑的形式语汇是可以被解放的。"

徐晋巍

水石合伙人
水石米川工作室主持建筑师

"在乡村建设中，建筑师不仅是建筑师，更需要成为一个具有良好沟通能力的组织者，协调好各个方面的利益。整个设计工程进行到执行操作层面时，40%靠图纸，30%靠现场调整，30%靠施工队和村民自己的发挥。在这个过程中，建筑师的身份既是引导者，也是学习者。"

仇银豪

乡伴文旅集团总裁、董事

"乡村的生产要素和生产方式已经在今天发生了巨大的变化。在这种乡村人口大量流失的情况下，想要振兴必然先要有人来。吸引人回去的核心是要有产业，因此人才振兴和产业振兴是一回事。"

访 谈
Interview

乡村作为城市的腹地承受了产业与文化的输出。在城市化老龄化加剧的上海乡村，水乡和古镇早已成为城乡功能联动的复合体，如何让乡愁与活力、田园与家园共存？城乡研究学者、乡村文旅运营者和设计者也许可以给出多元的答案。

The countryside as the urban hinterland bears the output of industry and culture. In the aging urbanization of Shanghai's countryside, water towns and ancient towns have long been a complex of urban and rural functional linkage, how to make nostalgia and vitality, idyllic and homeland coexistence? Urban and rural research scholars, rural culture and tourism operators and designers may be able to give a diversity of answers.

您认为一个乡村聚落里最重要的文明体现在什么方面？

王海松 **乡村文明最大的闪光点其实是有机形成的环境体系，是聚落的整体形态，以及宅子和水系、农田、山林之间的关系等。**一栋村宅，假如缺少了旁边的水系和田地作为衬托，这个房子是非常乏味的。江南的村子之所以迷人，就体现在水田林宅互为生长的有机关系。宅虽然是人为的产物，但原始的村落是从自然环境里生长出来的。传统时期房子依水而建，水是人们生产、生活的必要资源。房子必须靠着水，离水越远，地就越不值钱，因此房子和水产生了特定的肌理关系。到了今天，水系依然很重要，它成为乡村的生态基础和景观特点。村民的生产生活有一套完整的生态体系。例如，太湖流域以前都是沼泽地，但是有了塘浦围田技术，挖河的泥堆成堤坝，堤坝里面是田，河里面有水，水里养鱼，河堤边种桑树，桑树养蚕成为丝绸，蚕的排泄物滋养鱼，田里种棉花……形成了生产生活有机一体化的和睦景象。这些有机的聚落形态，以及所形成的有机链条，是乡村最为宝贵的文明特征。但是目前的一个难点是，村里人其实对这些习以为常的东西并不在意。这种价值观的错位，也为上海的乡村建设增加了难度。

对于乡村更新，从延续风貌的角度来看，设计上的价值取向是什么？

王海松 正如刚才提到的，上海的乡村，甚至是江南的村落，最宝贵的文化是自然环境，并非是传统的屋檐制式。上海的村落更新，需要更大胆的创新，探索更百花齐放的方式！举例来说，100 多年前村民用瓦、木头、砖造房子，在屋檐起翘上下足了功夫，这是传统时期建造的特征。在建筑技术革新后的今天，玻璃、钢等现代材料和预制化的建造方式，为什么不能用在乡村的建造上？**乡村风貌的延续并不局限于复原传统建筑形式，更重要的是体现在环境和人的关系上。若是建筑和环境的相对关系能够合理延续，建筑的形式语汇是可以被解放的。**

所以，从建筑层面来看，乡村更新可以有多种价值取向，像李窑村这种基于原址原貌进行品质提升是一种方式；用复古制式还原建造工艺，也是一种方式；抛开形式禁锢，用新材料新技术做现代乡村，也是一种方式。上海是勇于接纳创新的城市，乡村也应该如此，更新模式应该多样化。因此，集中归并、提升、优化、土地整理并非完全不可取。但在集中归并后如何去做规划，如何能够延续聚落的有机性，是必须要考虑的重点。这是给设计师提出的挑战。

在村落整体改造的过程中，如何避免出现一个标准化的形式，保存村落的生长性和多样性？

王海松 在乡村改造中，比较难的是把握好标准化设计和有机生长之间的"度"。设计中提供有限数量的菜单式选择，也许是一个适合的解决方式。例如，在相似的开间和进深的尺度下，设计师做出三至四种立面，可以让村民自主选择。这样所形成的外立面会有多样的组合，带来生长性和个性。最怕的是一排房

左　建筑入口院落

右　从水面看向改造完的建筑

子立面都一模一样。此外，村民还可以根据房屋未来的使用方式来选择是侧重于内部装修，还是把钱重点花在外立面上，但每间房的总预算仍然是差不多的。我们要鼓励村民在有限的钱里面，根据个人需求而有所侧重。在乡村建设中，要有一定的规划，又要留有一定的自由度来释放个性。这样结合起来就可以形成一个适当的介入度。**先通过规划限定一个框架，在这个框架内预留一定的秩序，等待建筑的生长过程。**

作为超大城市上海的乡村，如何利用其地理的优势来做乡村振兴？

王海松　上海拥有大量的城市人口。这些人周末去向哪里？乡村要成为一个城市的目的地。现在好多上海人度假都跑到周边的旅游村去，那么上海的乡村为什么不能吸引人？这是上海未来乡村改造的目标。要对城市人群产生吸引力，才能促发产业兴旺。城市人向往什么？城市人向往的村庄，一定是具备了某些城市中体验不到的特征。例如，每家每户一定要有院子，这个院子如果能临着水系就更好，院子里可以种菜、养鱼，进行田园式的体验，不是复刻城市里千篇一律的景观。船进出码头，河边可以游船或者水上运动，街上有市集，与日常相关的生活场景都在。**发扬乡村的特色——生产＋生活的方式，前提保障是有好的基础设施，有方便的交通和公共服务，这就是高质量乡村的发展方向。**

在中观层面，乡村振兴和城市更新有什么相似之处？

王海松　乡村改造的瓶颈之一是村民群体缺乏对于村落更新的知识结构和价值判断。每位村民有对于自宅的改造权，但是要如何改造？如果缺少中观层面的总体协调与设计，乡村的环境面貌就会失控。因此，村落的更新依然需要一个乡村规划设计师，就像城市里有城市设计师是一样的。**用更新的态度去看待乡村，在既有的环境体系上做文章，而不是把乡村推倒重来，这些是建筑师可以规划的内容。**城市更新也好，乡村改造也好，本质上都是不同场景的构建。城市有城市的生活场景，乡村有乡村的生活场景，只是场景的内容不同而已。城市里的人群在城市中无法体验的场景，周末可以到乡村来体验，城市人口反哺乡村，从而促进城乡共同发展。

从宜居的角度来看，李窑村的改造做了哪些方面的尝试？

徐晋巍　李窑村的改造主要是在既有的空间环境上进行梳理。**一方面，是对整个村庄的基础设施进行提升，形成一个更为"宜居"的框架基础。**第一，水系是村子自然景观的基底，为保障水系景观连通，解决河流淤积、水动力不足等问题，在现状基础上对李窑村村域范围内的局部支流进行拓宽。第二，按照规划对现状道路进行改造升级。例如，对现状水泥路加铺沥青面层，将局部尽端路改为环道路，以及对现状破损路面进行修复等，

左　富有特色的桥上空间　　　　　　　　　　　　　　右　融入自然的桥梁

让交通系统变得畅通。第三,解决停车问题,在李窑村六组东西侧道路边设置停车场,以解决村内停车难的问题。第四,建筑单体的改造,在改造的过程中尽量避免或减少对主体结构的影响;适当修补以保证房屋结构安全;对屋面局部塑新以保证防水效果;适当增加门窗洞口以提高采光通风;设置坡顶、开敞阳台以引入自然空间,保留居住庭院特色等。同时,基于李窑村自身的文化底蕴和特点,材料上更多地使用青砖元素,受造价和结构限制,青砖与仿青砖柔石贴面结合使用,在立面结构薄弱的地方用仿青砖柔石贴面代替真实青砖,既满足效果又不为结构带来更多负担。彰显李窑村的窑文化特征,不落于常规做江南村落就是整村粉墙黛瓦的套路,真正做到一村一特色。

另一方面,结合自然条件,进行产业空间打造。 通过对李窑村门户空间的塑造,保护自然稻田景观,并在其基础上进行升级,让自然的稻田风光成为特色之一。同时,结合李窑村的特点,例如,增加花卉产业,打造一些适合的特色功能区;引入一些文化元素,设置稻田艺术区,与艺术家联合举办文化活动,展示多维度的田园景观;设置花海体验区,将花海与景观结合,打造花海观光展示基地。这些因地制宜的业态,不仅能够提升本地经济水平,还能够引入外来游客参观,拉动文旅类消费,实现乡村的发展。

您认为乡村改造和城市改造项目主要的差异是什么,建筑师的角色发生了哪些转变?

徐晋巍　对比城市的改造项目,乡村改造项目更为复杂。因为乡村设计,其实并非只是画图这么简单。千百个乡村有千百种建设方式,虽然有一定的共通性,但也都有各自的复杂性和矛盾性,因此乡村的设计,都不可能简单复制,它关乎乡村的产业、文化、风貌和经济。对于政府来说是民生大计,对于当地的村民来说,是全新生活开始的希望,在这种时候,建筑师需要承担比城市改造项目更多的责任。

在乡村建设中,建筑师不仅是建筑师,更需要成为一个具有良好沟通能力的组织者,协调好各个方面的利益。 整个设计工程进行到执行操作层面时,40%靠图纸,30%靠现场调整,30%靠施工队和村民自己的发挥。在这个过程中,建筑师的身份既是引导者,也是学习者。既应该凸显作为设计者的专业能力和审美价值,又应该尽可能用当地村民和施工队的视角去观察、思考,甚至生活,建筑师在乡村的角色和身份是多重的。在城市项目中,建筑师的工作只是成熟工业大分工中的一个环节,但在乡村,建筑师的工作边界被模糊了,设计变得时大时小,跨领域融合更是家常便饭。

上　改造后的村民房屋及鱼塘

能否结合您的经验谈谈关于乡村振兴方面的一些特征和难点?

仇银豪　随着我们做乡村运营的经验积累,我们会发现乡村涉及的核心问题之一就是土地使用权问题,这也是第一个困难点。以我们最早做的江苏昆山计家墩项目整体改造为例,有142户老百姓。虽然从规划角度已经定为拆迁村,但从国土的角度,存量土地指标还在,而村民已经搬迁完成了。由于集体土地是不能买卖和交易的,所以只能变成租赁的形式来开发。

142户宅基地,一个宅基地可以建设300平方米的建筑,农村管控没有所谓的容积率概念,建设规则是控制层高和檐口高度、房屋四至范围等,这种情况可能在李窑村也是类似的。而在江苏昆山计家墩项目中,我们争取到了可以按照土地大红线来控制,宅基地本身的范围线弱化,因此形态上可以更灵活一些。租赁的是使用权,土地依然归村集体所有。但租赁带来的问题

是无法形成资产。我们造的房子在资产原则上属于投资主体,因为土地上面的房子从理论上来说是被"改造"的。国家的《土地管理法》规定,土地所有权方才能够办产证,因此乡村改造,最大的问题就是土地所有权问题导致的无法形成资产。如果无法形成资产,从运营的角度来说,它的投资回报的逻辑就很难成立。因此产生了第二个困难点,就是投资资金的来源。

目前很多乡村振兴是以政府投资为主导的模式,而邀请乡伴这样的运营方与之合作,在输出设计、建设和运营能力方面有所保障。即使是有民营资产投资的情况,也大多是多家合作的方式。例如,我们当时做江苏昆山计家墩项目时也是自己投资了一份,再联合其他社会资金共同投资,这样投资风险更低。但是带来了一些其他问题,由于招商是持续性的,各运营主体对空间有各自的需求,而反过来会对整体的设计规划提出改变。此外,由于招商和建设是分开的,多家主体的建设和运营时间无法同步,因此极大增加了整体的管控难度。

左上　新建配套服务设施

左下　从室内望向田野

右上　新建公共卫生间

右下　建筑与光影的互动

第三个困难点是人的问题，乡村的生产要素和生产方式已经在今天发生了巨大的变化。原本农村前田后宅的行列式形态，是基于原有生产方式和生产要素所形成的。但是中国大量的乡村，目前的生产结构已经完全改变了。村里的年轻人大量进城，最多在周末回到乡村与父母团聚，工作日又会再次回到城市中。上海这种情况还相对好一些，像中西部的一些村落空心的情况更为严重。在这种乡村人口大量流失的情况下，想要振兴必然先要有人来，国家也意识到这个问题，因此提出人才振兴、产业振兴的方针。吸引人回去的核心是要有产业，因此人才振兴和产业振兴是一回事。

如何实现人才振兴呢？从经营层面分析，乡村天然的流量不够，乡村不是一个高频消费的地方，无论从经营上如何努力，也很难去平衡周末经济和平日经济之间的巨大差异。因此在乡村做的很多业态上的努力，目的都是让城里人能够去到乡村，也就是先实现第一步的引流，叫作消费。所以目前乡村的文旅业态居多，都是为了让城里人周末度假能够来到乡村。远距离的地方可能需要一个长假期，但在城市近郊周末就能够实现一个轻松的两日休闲度假，也就带来了消费经济。

产业的形成肯定更加有难度，不过目前也在朝着好的方向发展。例如，我们在彭州做的一个项目叫作农业硅谷，就是把产业引入，那里的优势是蔬菜产业，国家的蔬博会也在那里举行，乡村本身的一产作为大的基础，再结合既有的存量，配备了一些文旅资源，像酒店和餐饮等，这样这个村子整体发展就会比较完整，有了产业慢慢也会有更多的人来，形成良性循环。**综上，乡村振兴的核心问题是土地、资金和人三个方面的平衡，这也是振兴能否实现的关键。**

升级公共
服务设施，
展现城市文明
的高度和温度

上海广慈纪念医院
Shanghai Guangci Memorial Hospital

占地面积	**2330** 平方米
建筑面积	**6550** 平方米
建筑功能	医用、公共服务设施、配套
建成时间	**2022** 年
工作内容	室内设计、建筑设计、景观设计、导视设计、展陈设计
业主单位	广慈纪念医院

上　广慈医院历史照片

广慈溯源——回眸百年历史文脉

上海广慈纪念医院，为上海交通大学医学院附属瑞金医院旗下的中外合资合作医疗机构。项目以瑞金医院顶级专家团队为基础，携手国内外知名专家，致力于为客户提供一站式全生命周期健康产品与高品质医疗服务。"广慈"是瑞金医院前身，名称源于 1907 年天主教会在法租界创办的"圣玛利亚医院"(L'Hopital Sainte Marie)，意为"广为慈善"，具有百年多的悠久历史。医院现址位于上海市黄浦区核心历史保护风貌区思南路，周边有上海仅存良好的法式园林复兴公园，地理和自然条件优越；区域拥有丰富的历史保护建筑群，曾居住过众多近现代名流人士，也是浓厚的人文历史蕴积之地。

建筑融合——在历史风貌中舒展新生

沿街建筑外观上，通过借鉴思南路建筑风貌及历史人文，针对原有沿街外立面入口界线模糊、品质不佳的问题，重新进行形象设计，增强个性的同时提升入口的仪式感，使其融入思南路特色的城市风貌。同时也考虑了在建筑形象上与现今瑞金医院自身的法式建筑特色及历史感的统一协调，并兼顾历史形象与现代审美的需求，使上海广慈纪念医院在传承历史文脉中得以舒展新生。梳理组团内部的空间秩序，原有的中庭空间较为拥堵且缺乏户外活动场所，因此重新布局中庭，预留出户外活动空间。对内院入口处生活水箱进行了抬高处理，解决了入口视觉拥堵的问题，同时对抬高的结构予以景观化处理，使其成为中庭空间的形象亮点之一。虽然整个院区空间非常有限，但仍然考虑了停车方面的需求。合理规划了一定的停车空间以满足就诊需要，且考虑到场地狭长，宽度有限，在内院景观地坪上设置了电动转盘，解决车辆在场地内掉头不便的问题。同时，对地面铺装及外墙进行重新美化，消除了原有残破老旧空间带来的不佳体验。

室内空间——延续经典的人性关怀

不同于传统医院冰冷的外观形象，我们试图营造一个围绕健康服务的生活社区。以患者为中心，同时也注重医者使用空间的营造，优化主要人流动线以及医疗功能，打造一个环境优美、尺度适宜、体现人性关怀的医疗空间。入口设置形象接待区，由会客厅、大堂、历史长廊等组成。为了呼应圣玛利亚医院的悠久

上 改造后的医院思南路沿街立面

历史，在兼顾物理空间特点的同时融入了鲜明的法式元素，考究的制作工艺散发出厚重优雅的气息，给来宾以尊贵的就诊体验。穿越层层的法式拱门，在历史长廊中了解广慈的前世今生。

门诊及高端体检区每层大胆地运用了不同的色彩，在缓解患者就诊压力的同时，发挥了各个空间鲜明的导视作用。愉悦的空间促进了温馨的问候和亲切的交谈，有利于消除患者的紧张情绪，建立信任感。简约明快的线条勾勒、暖色原木与天然石材搭配相得益彰，在亲近自然的氛围中点缀出品质感。病房注重充足的采光及自然温馨的氛围，使患者处于舒适平和的康复环境之中。高品质的病房套间配有独立卫浴及电视设备，便于患者隐私的保护及使用的便利。抗衰中心承载广慈的特色服务之一，公共区域时尚的镜面不锈钢材质为空间注入新的能量，现代科技感与完美体态的曲线相结合；治疗室内部则更多使用体现了自然舒适的材料，刚柔并济。医院行政办公区，"广慈蓝"色调为空间注入静谧的理性之感，办公室、会议空间、卫生间根据实际的使用需求进行合理配置，极大满足和优化了医务工作者的办公及沟通需要。医院不仅是诊治的功能场所，也是生命健

康理念的传达之所。为了促进健康信息的交流，我们在顶层设置了可变式的广慈沙龙多功能空间，无论医者还是患者踏进这个空间，都能享受到从身体到精神的重塑历程。

EPC 模式综合实践——引领美好愿景

上海广慈纪念医院项目作为水石 EPC 模式的实践，设计团队根据现行规范对项目进行了包括消防系统、结构加固、通风排烟、综合管网等整体建筑的改造升级；根据医疗使用功能需求对电梯、污水系统、氧气负压系统、外部内部供水系统、配电间设备增容改造。尤其是在思南路施工界面非常有限，以及城市管理十分严格带来的施工条件难度很大的情况下，最终完成了合理的周期控制与综合高品质的呈现。世界范围越来越多的医疗机构认识到除了治愈疾病，患者和医务工作者在医院空间的舒适感和幸福感均很重要。我们希望通过上海广慈纪念医院的重建，让人们对国内医疗机构的形象有一个重新认知，更为重要的是将以人为本的医疗服务理念和共创高品质健康生活方式的目标传递下去，助力其成为国内高端医疗行业引领者的美好愿景。

上　医院沿思南路入口及配套商业

下左　改造后的内庭院景观及立面

下右　立面改造细部

上　门诊接待区

下左　门诊接待区与休息区连廊

中右　门诊休息区

下右　VIP 休息区

宜居

张晨莉

上海广慈纪念医院院长
上海交通大学医学院附属瑞金医院国际医疗部主任

"

人们一进入广慈的感觉就与传统医院很不一样，有别于传统医院效率优先的方式。每一个进来广慈的人都能感受到细致的设计所带来的尊重感。我们希望提供给客户不是单纯的就诊过程，而是包含医疗之外的社区生活品质体系。

"

高耀

水石合伙人
水石 EPC 中心副总经理

"

来广慈更像是在社交休闲的同时就把看病这件事情给顺便做了。这是改造后的广慈带给这个社区的幸福感所在。

"

访 谈
Interview

城市更新就像对城市服务功能的体检,商业、医疗、教育、文化服务等现代城市的供给侧资源是否会随着城市空间的细分需求产生新的发展? 基础服务设施提升对更新参与方有哪些新需求? 运营和设计的整体互动考虑也许能为解答这些问题提供新思路。

Urban renewal is like a physical examination of the city's services. Will the city's services such as commercial, medical, educational and cultural services generate new developments in response to the demand for urban space? What are the new demands for renewal participants from the upgrading of basic service facilities? The overall consideration of operation and design may provide new ideas for answering these questions.

广慈这个医院的改造项目很有国际化视野,它是一个融合在城市中的状态,周围有居民区、田子坊历史街区,以及丰富的商业配套等。当初选择这里的原因是什么?

张晨莉　广慈医院全程的选址、设计和改造过程我都有参与。我们在决定将广慈从瑞金医院中剥离时,就一直在思考应该选择的位置。很多商务楼和酒店还有复兴路的洋房,我们都有去考察过,但一直觉得不合适。第一个原因是广慈的基本属性还是就医,其面向的是社区中的高端人群,除了环境舒适之外,还要有医疗的信任度,这就要依托瑞金医院,不能离得太远,否则就无法与瑞金的医疗资源进行联动。第二个原因是广慈的文化,瑞金里面的两栋老建筑,承载了人们对广慈的历史记忆。在城市中如何呈现这种老广慈的味道也很重要,它要有梧桐树、法租界这样的城市氛围和腔调。所以最后我们还是选择了思南路上的老房子(原来是医院的一些配套用房)。因为离开了思南路,离开了瑞金这个大本营,就丧失了广慈的历史文化根基。

改造后广慈的空间环境,对使用者产生了哪些影响? 无论是医护人员还是就医人群,大家的感受如何?

张晨莉　建成后的体验感好评如潮。人们一进入广慈的感觉就与传统医院很不一样。而且对于医护人员来讲,这个空间形式马上会唤醒他们对老广慈的文化记忆。无论是外部的门头、红砖外墙还是门厅拱廊,所有这些元素都会将他们带回到老广慈——瑞金人心中的圣殿。另外,就是诊间的环境,这里的诊间

能够让医生静下来,与患者耐心地进行交流。这一点有别于传统医院效率优先的方式。**从医生的角度来讲,在这个环境中感受到了尊重,包括卫生间、更衣室这些附属空间,也让医护人员和就医人员感受到了体面和舒适,有归家的感觉。**虽然这是一栋老房子改造,空间条件十分受限,但是我们并未压缩这些附属空间的品质来换取更多诊室,而是致力于把这些空间做好。

此外,还设置了很多交流休息空间,如门厅的休息区、咖啡厅等,大家可以在这里交流,感受邻里的温暖。每一个进来广慈的人都能感受到细致的设计所带来的尊重感。我们希望提供给客户的不仅是单纯的就诊过程,而是包含医疗之外的社区生活品质体系。**希望打破传统医疗机构冷冰冰的面貌,提供一个陪伴式的医疗服务空间。**

医疗中的一些服务性相对强的部门,例如医美、牙科这种科室,是不是有能够相对独立的体系,形成生活化的分布,从而更好的服务社区?

张晨莉　这些是有机会独立的,像皮肤美容、运动损伤、康复这些内容。如广慈医院成立的运动医学中心、抗衰中心等。广慈与瑞金医院的定位是不同的,我们建立了一些瑞金没有的服务性功能模块,作为对社区人群服务的补充。反过来这些功能也以瑞金的学术平台为基础,形成了一个良性互助。例如,如果患者需要做手术,那么肯定是在瑞金医院做,但是手术前和手术后的护理,可以来广慈,会得到更好的服务和环境,得到优质的

宜居

左　二楼门诊等候区

右　儿科诊疗空间

术后护理和康复过程。此外，由于瑞金里面有内分泌研究所，依托于此，广慈的抗衰中心不仅单纯地针对皮肤，而是一个内外兼顾的体系。这些独立的服务模块都是对像瑞金这样的公立医院的一个补充。

数字化也是目前一个比较热门的话题，可否请您谈谈对于智慧医疗这一方面，广慈的一些经验和对未来趋势的一些看法？

张晨莉　我们目前对广慈的客户会提供一个健康管家服务，全过程跟踪客户的健康状况，例如，饮食管理、就诊提醒、线上咨询等。**这种方式建立了医院和客户之间的一种信任关系，这个服务网络不仅局限于个人，还会辐射到家人和朋友，逐渐形成一个健康化的网络体系。**

智慧化的其他方面，我们也正在思考。回望过去，互联网医疗刚开始时，医疗行业都觉得这可能是一个颠覆性的时刻，但目前来看，互联网医疗目前大部分还是停留在咨询层面。这个问题出在哪里？也是我们行业人士持续思考的问题。**我认为，医疗的本质还是需要面对面的过程，是一个人与人之间有温度的服务体系，这是人工智能所无法替代的。这也是从医疗这个角度，所体现出的城市文明对个体的关怀。**

改造后的广慈医院从哪些方面体现了人文关怀？可否结合设计场景展开谈谈？

高耀　广慈的改造设计从空间上区别于传统医院，从硬件和软件上都希望减少医疗所带来的压力感。首先，从动线上希望能够尽量做到流畅，不要让就诊者来回跑，实现就诊流程的舒适性。所以我们在一号楼和二号楼之间加了一个空中连廊，也是为了实现这个动线目标，类似的设计很多，都是人文关怀的价值观优先。另外，来到广慈的人都能够感受到，这里并不是特别像医院。从外部就能够感受到它与城市融合的状态，并非传统医院的大院式堡垒。建筑的立面色彩，为了呼应思南路的历史文脉，对红砖的选择也花了很大工夫，出发点也是希望消解来访者对医院的冰冷印象。

广慈的定位是高端私立医院，环境应该是比较放松的。客群的接待都是一对一服务的方式。少了很多像常规三甲医院里面一些特殊的功能配置需要，因此设计上也少了一些束缚。可以看到每一层功能空间，颜色上都会有点区别，当时我们也和院方就每一层的颜色做了很多次的讨论和筛选，后来决定总体以莫兰迪色调来把控。不管是蓝色还是橙色、红色，都是通过降低饱和度的方式来呈现，使就诊者心情放松，从软装布置上摆脱了医院的常规模式，希望营造一处社区的休憩港湾。一楼设置了咖啡厅、花店，到处可见的沙发区，这些场景会让就诊者忘记平日在传统医院中那种紧张的感受。传统的就诊模式是到医生诊室排队就诊，但是在广慈，这个过程可以在类似会客厅一样轻松的环境里完成，一边和朋友家人聊天，一边与医生进行前期就诊咨询，让就诊者体验到人文关怀，卸下对医院的防备。**来广慈更像是在社交休闲的同时就把看病这件事情给顺便做了。这是改造后的广慈带给这个社区的幸福感所在。**

左　病房区走廊

右　三楼门诊等候区

广慈医院的改造完成后处处展现满分的精致度,建成面貌与效果图几乎完全一样,是如何实现的?

高耀　谈到还原度的问题,是水石的强项。并且这个项目是一个EPC项目,也是对实现度的一个有力保障。传统我们只作为设计方时,只要监管好工程单位就可以。类似"我选的,你不能换,我要的尺寸你不能改"。但EPC项目的特点在于我们既是运动员,又是裁判员。**设计和实施都是由我们设计方全过程来做的,从职责上、心态上都会发生变化。原来只需要负责监管别人,但现在是要监管自己把这件事情做好。**有时设计师可能追求的是比较理想的东西,但实际情况中遇到造价和现场条件等情况很难去平衡。这是我们在做整个项目实施时很大的一个难点,并且这个项目是改造而非新建,也会给这件事增加难度,这是我觉得落地阶段的最大挑战。具体而言,还原度的实现主要有三个方面。

第一,设计的精细化。我们做这个项目时,在前期设计中除了结构、装饰以外,机电团队也很早介入。一边在做装饰设计,一边已经在考虑它的机电设计,也结合了一些BIM运用。例如,我们碰到的一个改造难点,就是由于医院每一层都是不一样的功能布局,所以造成机电相对比较复杂,管线有很多交叉,所以在设计前期时,各专业及早介入配合才能更好地解决这些问题。设计的精细化是保证落地性的一个前提,这也是全专业团队的优势所在。

第二,设计引导工程。用设计管理的方式解决工程上的问题,而不是用工程上的推动来反推设计修改。例如,常规项目更多的是设计方到现场去解决问题,如果施工方说某处无法实现,再返回来调整设计。而在这个项目里,要求参与的设计师对工程十分了解,甚至比工程方还得懂工程,才能进行有效引导。**但前提条件是设计师来控制,而非工程管理人员,因为只有从设计的维度去把握项目,才能实现更好的空间效果。**

第三,足够的成本意识和分配意识也是保证落地性的关键。广慈这个项目一共约7000平方米,涉及结构加固、污水设施处理、外立面改造、屋顶改造、室内装修以及软装多个方面,其总价是限定不变的。定下来的项目测算标准,要按照这样的造价标准去完成,没有特别多的空间去做增项。所以整个成本控制是在EPC模式中的重要环节,既要保证效果,又要保证在合理的工程造价上去实现。该用钱的地方一定要用,该节省的地方也要懂得如何优化。因此要清楚什么地方需要去保证效果,如果有需要的话,甚至还要在原本的预算里再增加;而有些地方则该省则省,成本分配很重要,这是传统项目里设计师比较缺少的意识。例如,对于一种材料的选用,不能只看外观,要了解它的规格和建造损耗是多少,从效果和成本上是否能够实现平衡,只有了解到这种程度才能够决定是否选用。这是EPC项目中的难点也是重点。

上　广慈医院学术沙龙

下　抗衰中心诊疗空间

左上 VIP 候诊区

左下 体检病房床位

右上 VIP 洽谈室

右中 抢救室导视设计

右下 诊室导视设计

打造
转念即达
的烟火社区

上海%莘荟社区商业中心
Shanghai BAImunity Business Center

占地面积	21850 平方米
建筑面积	44430 平方米
建成时间	2021 年
建筑功能	社区商业、办公、长租公寓、社区配套服务
工作内容	建筑设计、施工图设计
业主单位	上海百联资产控股有限公司

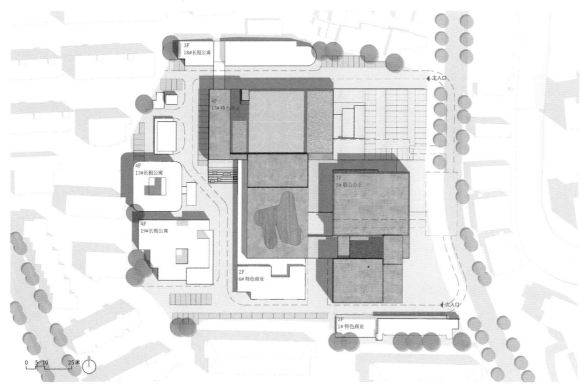

上　上海联华生鲜食品加工配送中心改造总平面

冷库功能外迁,存量空间再利用

% 莘荟社区商业中心位于上海市静安区北宝兴路 624 号,是一个集特色商业、创意办公与长租公寓于一体的新社区商业中心。项目所在地原为上海联华生鲜食品加工配送中心,主体以冷库建筑和生产车间为主,随着城市发展及冷库功能的外迁,此配送中心于 2016 年关闭停产,既有场地和建筑也面临着功能升级与空间再利用的需求。水石的城市再生中心承接了该项目的改造设计工作,结合场所本身的工业空间特质,在既有建筑的框架下充分挖掘空间潜力,使其形成独一无二的社区型共享空间。该场地内的大部分建筑建于 1980 年前后,其中体量最大的冷库采用的是无梁楼盖结构,最为庞大的建筑体量为中心冷库及生产车间组群,平面尺寸巨大且外观封闭,采光和通透性问题是改造的难点。同时,场地边缘的辅楼与周围居民区紧密相邻,开窗受限。这些建筑既有条件为设计带来了挑战。

面向年轻人与家庭客群

地块位于大宁板块的核心区域,周边有大宁国际商业广场、久光百货等大型商业中心。项目基地与上海大学的校园处在同一街区,具备年轻客群流量。即便拥有优越的区位优势,在北宝兴路沿线却缺乏服务周边居民的社区型商业。此外,场地周边遍布居住区,环境设施比较老旧,居民们缺少一个周末休闲散步的城市开放空间。而这块场地的改造恰好为这些需求的实现提供了可能。

功能复合的社区中心:特色商业 + 创意办公 + 长租公寓

空间提升为新功能的置入提供了契机。借地块功能升级的机会,改造过程中加入了社区所缺乏的公共服务配套功能。改造后的社区中心业态具有丰富的构成,包含特色商业、创意办公以及长租公寓。打造面向周边社区客群的集职、住、玩于一体的复合街区,将冷库转化为具有城市烟火气的社区商业中心。新的功能定位对空间改造提出了挑战,场地仅东侧单面临街,其

上　改造后的底层开放商业空间

他三面均与居民区接壤，空间进深较大，内部可达性差。如何将封闭的袋形场地与城市空间更好地连接在一起，是改造的首要问题。入口广场的开放是"打开"的第一步。将原有货车卸货广场改造为入口广场，整合建筑的主要商业展示界面，成为街区的核心空间，实现社区中心与城市空间的共融。首层开放，形成可穿越的底层空间是"打开"的第二步。将底层的围护墙体拆除，暴露出无梁楼盖结构骨架，形成了一个多样化的可变空间，串联了临街一侧与内院之间的步行路径，将人流有效引导到街区内部。顶层界面的通透化是"打开"的第三步。将主体建筑高层部分改造为联合办公空间，把封闭的墙体以带形长窗的方式打开，建立城市形象的同时，也为室内办公空间带来绝佳的视野。中庭空间对于新植入的商业功能而言必不可少。由于冷库主体的无梁楼盖结构整体性较强，本着尽量避免拆改无梁楼盖结构的原则，设计师考虑将框架结构的"穿堂"区域打通，形成中庭空间。同时，采用屈曲支撑的方式来进行结构加固，并将新增的屈曲支撑结构构件暴露出来，与开放的空间形态相结合，

成为立面造型重要的组成元素。保留工业建筑气质是改造设计的另一个原则。如17号楼西侧立面的改造设计中，结合既有结构框架与疏散楼梯，成为具有工业特征的立面元素。室内采用接近水泥感的涂料，吊顶和楼梯扶手均采用拉伸金属网，半透的效果与涂料形成呼应，多种材料保持统一的灰色调，与室外材料配合形成较强的整体性。

社区活力焕发，居民休闲好去处

改造后的％莘荟社区商业中心成为大家放松心情的港湾，周围的居民成为了这里的常客，小朋友和家长们在广场玩乐，享受周日午后的惬意，宁静而温馨。就连路过的人也会被它温暖的气质吸引，想要走进广场上坐一会儿，感受精致的设计带来的安全感。整个街区没有招摇的装饰，但处处体现设计师的周到与细致。通过空间和功能的整体提升，封闭的冷库重新焕活，为城市带来了新的精彩。

上左 改造后的中心庭院空间

下 首层形成的商业入口通廊

上右 改造后形成的面向社区的广场空间

中右 首层商业的户外空间

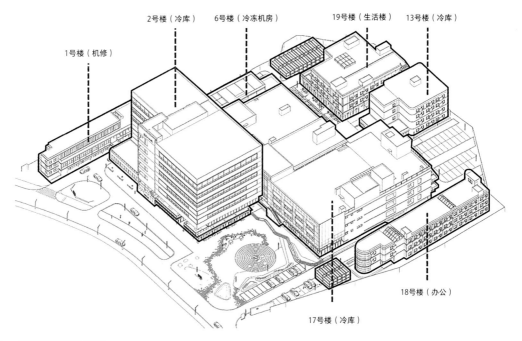

1号楼（机修）

2号楼（冷库）　6号楼（冷冻机房）

19号楼（生活楼）　13号楼（冷库）

17号楼（冷库）

18号楼（办公）

上　原建筑功能与体量示意

下　解构与重组的改造逻辑示意

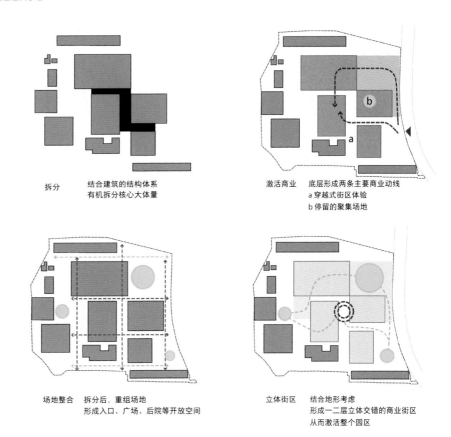

拆分　结合建筑的结构体系
有机拆分核心大体量

激活商业　底层形成两条主要商业动线
a 穿越式街区体验
b 停留的聚集场地

场地整合　拆分后，重组场地
形成入口、广场、后院等开放空间

立体街区　结合地形考虑
形成一二层立体交错的商业街区
从而激活整个园区

　宜居

程大利

曾任上海百联资产控股有限公司总经理

"以步行15分钟可达的生活圈为目标，提供周边社区居民生活所需的各项配套服务设施。让原先封闭消极的厂区成为提供开放式购物体验和家庭亲子生活的乐园，打造一个有归属感的社区公共空间。"

王伟实

上海可空建筑设计工作室主持建筑师
曾任水石城市再生中心设计总监

"莘荟的方式更具有一种城市的可持续性价值观，用更新的态度和复合化的方式营造出一个社区中心，不断修补与城市空间关系，产生新的内在驱动力。我们通过设计的转变，让落后的建筑重新追赶上来，再加入城市发展的进程中。"

访 谈
Interview

城市高质量发展依托土地效能优化，原工业仓储用地可转化为城市服务设施用地，原生产空间可转换为城市公共空间，提升自身土地使用价值的同时也激活了周边区域发展。企业如何考虑存量更新的收益？设计师如何将低效空间更新为高价值资产？都是城市更新需要回应的问题。

Good urban development uses land efficiently. Old factories can be turned into urban services and facilities, and old production spaces can be turned into urban public spaces. This makes the land more valuable and helps the surrounding area develop. How do companies benefit from replacing their inventory? How can designers make old spaces valuable again? These are the questions urban renewal needs to answer.

北宝兴路 624 号的改造初衷是什么？

程大利　百联北宝兴路 624 号，距离上海延长路校区 700 米，是一片安静的老冷链仓库，厂房被三面居民区包围着，四周绿树成荫，感觉已经被城市所遗忘。这里曾经是上海联华生鲜食品加工配送中心，由 10 栋大大小小的建筑错落而成，包括车间、冷库、配送场地、待发库、仓库、办公楼、生活楼等。这里一度是国内设备最先进、规模最大的生鲜食品加工配送中心。往日在工厂生产劳作的场景因停工搬迁戛然而止。厂区承载了工人们的集体回忆，更是一个时代的缩影。这片厂房的四周是一片密集的居民区，再往西过了南北高架则是北上海热闹的大宁商圈，那里有大宁国际广场和久光百货等购物中心。我们认为这块地的价值非常好，而现在的旧厂房已经停用，需要进行资源的整合，让老厂房进行更新，激发二次生命力。良好的地理位置，周边的居民区密集，这些是它的既有资源。我们觉得将它打造为一个社区配套，是合理的。

这个项目的周边有很多成熟商业，那么北宝兴路 624 号未来的定位又是怎样的设想？

程大利　项目的位置主要辐射大宁路街道、凉城新村街道、共和新路街道、广中路街道，在半径 1.5 千米范围内的住宅居民超过 20 000 户，再加上上海大学延长路校区超过 10 000 名师生人数，人口密度是相当高的。

尽管附近已有大宁国际商业广场、久光百货，但均定位为大体量、区域级的综合商业，对北宝兴路周边居民来说，需要开车过去才能消费。每逢周末节假日，这些大型商业体就会出现停车难、客流集中等位、消费越来越贵等"大问题"。**一种步行距离可达、尺度上更亲切愉悦、体验上更高频的社区邻里商业，目前在这片区域是缺失的。而这正是莘荟产品线想要做的内容。**

根据综合区域客群实际生活需求的调研，我们为老厂房设定了一个愿景，以原有老厂房为基底，通过必要的修缮，打造一个向周边社区开放的公共街区，将原有割裂的社区环境进一步开放，优化城市界面。以步行 15 分钟可达的生活圈为目标，提供周边社区居民生活所需的各项配套服务设施。让原先封闭消极的厂区成为提供开放式购物体验和家庭亲子生活的乐园，打造一个有归属感的社区公共空间。同时，园区、商区、社区、校区四区联动，环上海大学板块和环大宁商圈双轮驱动，为高层次人才提供创意办公资源。

很幸运的是，在百联资控的六大产品线中，莘荟社区商业中心是其中一个。而北宝兴路 624 号的位置，与这个产品比较匹配。

莘荟的改造从哪些方面实现了让社区更加"宜居"？

王伟实　宜居这个词非常恰当，**宜居并非仅涵盖一个狭义居住的概念，放在这里，它更多是通过更新的方式使部分城市变得更加宜居。**

左　改造后 17 号楼商业立面　　　　　　　　　　　　右　社区休闲氛围

第一个方面，是尝试把一个封闭体打开了。最早它其实是一个完全封闭的冷库，一个城市的封闭体。我们做的主要努力就是把它给打开。如果把城市公共可达的空间画成白色，不可达的空间画成黑色，那么在我们做这个改造之前，整个项目的位置都是黑色，改造之后它其实就转变为白色。这为周边的社区人群提供了一处公共场所，虽然这个地方本来就存在，但其实通过这样一个"打开"的动作，使这个社区有了公共性，多了一些想象的可能性。让这样的一个工业时代的庞然大物变成一个对社区友好的公共空间。

第二个方面，除了物理空间的角度之外，我觉得跟使用的人也有关系。设计一开始提的概念叫作 HUB，代表了接口和枢纽的含义。这个地段本身并不是很有活力的，它周围都是一些老旧小区，对面是养老院，原本的人群构成和使用方式非常单一。想要激活社区，最直接的方法就是让不同的人能够进来。当时与业主一起探讨，旁边就是上海大学，有很多年轻人。**当时定位就是希望能够将不同的人群纳入，和这里的老年人、中年人共同构成一个多年龄层次的混合社区，才能够成为让社区更有活力的 HUB。**

从今天建成的状态来看，这件事其实也做到了，因为这个需求是真实的，靠近内侧的几栋小冷库改造成的青年公寓都是满租的状态，说明这里的年轻人是有居住需求的。我们今天去看这边社区的情况，已经变得比较丰富，有不同的人群，有带小孩的妈妈、老人、年轻人、创业者等。这个社区变得更多元化、更有层次，其实也是一种宜居的表现。

第三个方面，是从建筑学本身去思考。有一本书叫《城市建筑学》，里面很有启发的一个概念就是阿尔多·罗西提出的城市人造物。它与一种纯粹的、为纪念而存在的雕塑是不一样的，而是承载了集体记忆。他讲过一个例子，古罗马斗兽场一开始是椭圆形，随着朝代更替，斗兽场也停摆了，但这斗兽场的形式一直保留在那。许多年过去，城市慢慢演变，斗兽场椭圆形的轮廓还在，但是演变成一个居住单元。这个案例与莘荟的更新之间，有一些相似的映射。冷库到了今天已然变成一个有纪念物属性的东西，它建设于工业背景下，经历过它的辉煌，而随着城市的发展，变得不再被需要。我们用设计将它重新向城市开放，把它变成一个能够去容纳更多可能性的城市人造物。

设计为城市构筑了一个空间框架，保留了原来作为冷库奇怪又特殊的形式，保留了它最初的城市记忆，但同时又让它重新加入了城市演变的新进程中。也可以说，它终于从服务于工业变成服务于社区，变得更加宜居。

一开始看到这个冷库，可能很难入手去改造它吧？能不能谈谈在冷库改造时存在哪些限制，又激发了哪些新的思路？

左　内部社区空间　　　　　　　　　　　　　右　改造后的 19 号楼长租公寓

王伟实　存在的限制肯定是很多的。第一个是建筑物理条件的限制。这个限制主要是因为冷库原本不是服务于人的，而是服务于货品。起初它的设计目标是使用面积最大化，包括补存的便捷等，因此建筑布局是一大堆块状体量聚在一起。它中间没有任何可以喘息的空间，其实我们在一开始设计时，最核心的概念就是一定要把它拆开，让它能够透气。

就在做这件事情时，我们又遇到第二个限制，就是结构。它的结构主体大部分都是无梁楼盖构成，以便于储存空间最大化。无梁楼盖最大的问题是它的楼板很难被拆除。它的钢筋都是通的，我们不可能大范围拆除楼板，这也导致我们希望它变得更通透这件事格外困难。

第三个是规范的限制。但说到规范的限制，其实也带来了一些好玩的机会。例如消防问题，改造为商业之后，消防疏散通道会变大。为了满足规范，我们在商业的背面需要增加很多专门用于消防的钢楼梯，而且很宽。当时是一个很被迫的行为，但是没想到做出来之后，它成为一处特别具有公共性和话题性的场所，这其实也是一些新思路。虽然说它在整个商业建筑的背面，但是它所朝向的内院也有很多功能。这也是这个房子自身带来的特殊性，它跟传统的商业不同，我们希望它更多的是后面比前面更好。因为北宝兴路本身并不是很有商业气息的一条路，也不需要去打造多么华丽的商业主立面，反而更重要的是要让

人能够穿过沿街的商业建筑，来到里面的聚合性的公共空间，楼梯的出现正好暗合了这个思路。

莘荟改造项目，从城市更新的角度来看，有哪些价值和意义？

王伟实　我认为最核心的一个价值是认识到城市更新是一个动态的过程。莘荟的改造与其说已经完成，不如说是一个开始，我们希望它在一个社区自我运营和自我填充的过程中产生更多可能和想象。**它未来一定会不停变化，不管是功能、业态、立面等，都会持续改变。我们做设计只是启动了这件事而已。**

现在再去看莘荟，我们看到使用人群变得多样化，社区能够在这里发生的事情也变得多样化。例如，广场上摆的摇摇车、旋转木马，或者开展各种各样的活动。好像社区居民已经逐步开始去定义一种适宜的生活，这让我觉得是一件很有意思的事情。所以更新设计，更多的是提供一个能够激发想象的合理框架，能够容许故事发生，一个真正的城市建筑是永远在路上的。**比起将其整个拆除重建变成一个彻头彻尾的商场，莘荟的方式更具有一种城市的可持续性价值观，用更新的态度和复合化的方式营造出一个社区中心，不断修补与城市空间关系，产生新的内在驱动力。我们通过设计的转变，让落后的建筑重新追赶上来，再加入城市发展的进程中。**

上　BAIWORK 联合办公入口

下　符合新功能要求的疏散楼梯

上　改造后的 1 号楼主题商业空间

中左 首层多用途商业空间

中右 出于抗震要求增加的支撑杆件融入公共空间

下　通过局部结构改造实现的庭院空间

激发城市活力
提升服务能级
促进产业发展

小龟山厂
华中金融城的金融

武九

ADC 艺术设计中心
引入武汉

武汉

长春市人工修建的
第一座城区供水水源地建成

1934

2015

80 多年历史的南岭水厂
结束了城市的供水服务

长春

伊通河流域部分
已治理完成的黑臭水体返黑返臭

2021

16

移
迁

2005

活 化 · REVITALIZED

项目关键年份及事件

系统持续推进
存量提质、
增量做优

完备的更新价值体系是推进项目发展的核心动力

Complete Renewal of the Value System is the Core Driving Force to Promote the Development of the Project

城市更新是城市可持续发展的重要手段,尤其针对工业遗产项目。公共空间改造对提升城市品质和居民生活至关重要。运营维度的前置对投资规模、功能业态和使用效果影响显著。因此,从全生命周期视角出发,结合运营维度审视前期研究至关重要。项目操作需创新,如采用EPCO模式,以提升综合效应。前期研究需超越传统专业,构建综合能力,完善知识结构,推进一体化设计,实现城市更新的全面发展。

Urban renewal, crucial for sustainable urban development, involves industrial heritage projects. Renovating public spaces enhances urban quality and residents' lives. Operational considerations greatly impact investment, function, and usage. Thus, a full lifecycle and operational perspective is needed in preliminary studies. Innovation like the EPCO model enhances comprehensive effects. Comprehensive capabilities and integrated design approaches are essential.

城市复兴中的工业遗产与遗存

工业遗产及遗存是我国近现代工业发展的历史见证,分布面广,数量多,**其再生与改造是当前城市更新的重要类型之一**。城市发展步入后工业时代,全球已掀起工业遗产及遗存再生与改造的潮流,国内许多城市所拥有的大量工业遗产由于不适应城市社会与经济发展,面临强烈的更新需求。**激发城市活力、提升服务能力、促进城市产业升级**,是当前工业遗产及遗存更新的主要任务。

1. 工业遗产更新的背景

从产业上看,工业遗产过去承载的传统工业生产职能面临转型升级需求。由于大多建于工业化初期,经历长时间的服役后,我国当前的工业遗产现在普遍面临老化和功能性衰退问题,如资源利用效率低下、高污染、高能耗等,不仅无法适应现代城市发展需求,还可能成为制约城市高质量发展的重要因素。并且,随着城市的不断扩张和发展,原本位于城市边缘的工业遗产转而占据城市核心区位,落后产业与高区位价值之间的错配问题日益尖锐,工业遗产所占据土地的潜在价值无法得到充分实现。伴随的环境污染和人居环境劣化问题,又进一步降低了其价值

和开发潜力;从城市服务上看,部分陈旧的工业遗产已成为城市发展的功能短板。一方面,这些工业遗产已难以适应当前集约利用、功能复合的土地利用需求,导致土地资源闲置与浪费,城市服务能力缺失。另一方面,快速工业化时期导致的生态污染问题,已为城市整体形象及市民生活体验带来严重负面影响。在此背景下,棕地改造已成为工业遗产更新的关键议题。

2. 工业遗产的空间特征与价值

工业遗产的空间风貌与建筑技艺有别于一般的历史文化遗产,具有鲜明的工业特色空间特征。从空间风貌上看,工业遗产所处的历史环境往往地理位置与生产活动紧密相关,反映出特定历史时期的工业技术与生产方式。围绕工业生产过程,有序布局中心工作区、生产线、储存区和装卸区等,空间布局呈现鲜明的功能导向。分布有大量的铁路、公路等工业景观及地标性工业建筑,是工业特色风貌的集中体现。从建筑技艺上看,建筑设计坚持实用主义,风格粗犷有力,多采用较大净高和开窗优化光照和通风条件,多采用钢筋混凝土或大跨度结构,建筑平面整齐而宽敞,优先满足生产需要。

工业遗产空间特征的背后是复杂的价值构成,在更新中把握并

上　上海华谊万创·新所

中　改造后的城市滨水界面

下　多层次的立面互动

| 土地规划消防抗震 | 对标案例供需关系产品 | 运作方式盈利模式 | 市场条件投资估算项目回报 | 主题定位功能版块策略研究概念规划 | 基于综合分析提出拆改留判断与建议 | 场地、建筑及环境的模型数据化服务 | 提供基于项目发展和现状特征的精准测绘、检测要求、概念规划 | | 基于租金售价及回报率的反推导，单方造价、总价控制 | 修缮改造扩建新建 | 主流线主产品引擎项目核心业态 |

| 政策研究 | 市场分析 | 运营模式 | 效益分析 | 项目策划 | 拆改留意见 | 建筑环境数据化 | 检测测绘方案建议 | | 投资强度推导 | 分类建设标准 | 成本分布策略 |

前期研究　　**价值分析**　　**设计技术**　　**成本控制**　　**合作资源**

| 改造为主的容量分析 | | | 开发为主的容量分析 | | | 弹性设计 | 概念规划 | 改扩建 | 新建 | | 市场营销机构 | 结构检测机构 | 结构加固机构 | 建筑测绘机构 |

| 建筑存量分析 | 潜在容量分析 | 规划指标平衡 | 建筑增量分析 | 新旧平衡 | 强排方案 | 基于项目运营的设计 | 建设指标功能布局形态分析效益平衡定位 | 修缮改造扩建产品风格 | 规模布局产品风格 |

| 存量面积空间特质场地价值层高 | 插层容量插层方式临建指标 | 建设强度交通停车绿化率 | 建筑密度限高控制临建政策土地成本建安成本容积率 | 土地成本建安成本风貌研究租售比 | 产品研究多方案比选 |

上　　水石城市再生全过程服务清单

利用这些价值对城市可持续发展意义重大。 就激发城市活力而言，工业遗产作为我国近现代工业发展历史的活态载体，其历史文化价值与艺术美学价值是塑造城市历史景观和社区认同感的重要基础。就产业转型升级而言，工业遗产的区位价值、文化符号价值是适于创新与创意产业集聚的土壤，推动城市产业结构转向新兴的知识密集型产业。就优化城市服务能力而言，**工业遗产的区位价值以及改造后具备的服务功能价值，能够丰富城市商业、休闲等服务功能，显著改善人居环境与生活体验。**

3. 工业遗产更新的前期研究方法

工业遗产与遗存更新的前期研究方法较为多元，从城市发展及投资建设主体的角度，可以重点考虑以下方面。

1) 基于不同主体的价值平衡，合理确定功能配比

形成符合市场需求，以及多元主体价值平衡的功能业态及配比**十分重要。** 工业遗产更新需要平衡政府、企业、社会 三方主体的利益诉求，价值平衡是项目推进与运营的重要前提之一。政府通常关注项目是否符合城市发展定位及公共利益，投资建设或运营的企业主要关注投资回报、市场潜力等经济收益，社会主体就是代表着市场需求。其中，市场需求最为重要，可以通过

成本效益分析、市场预测和风险评估等价值测算手段，量化市场需求。

基于上述三方主体需求，结合城市发展定位，以及项目区位、投资主体特征，在政府、投资建设主体、专业运营机构的不同组合下，项目可选取适宜的运作操作模式。在产业及功能业态方面，通过测算与策划，按照项目收益能力，在社会效益、经济效益的双维度中，寻找平衡点，进而形成合理的功能业态配比。这些都是对项目实质性推进具有指导性的意见和方法。

2) 存量再利用与增量开发的容量分析

对于工业遗产，容量主要来自对现状建筑的充分再利用，以及对潜在增量空间的挖掘。具体而言，**工业遗产再利用容量分析涉及层高价值、空间特质、场地价值与扩建机会等方面。** 层高价值主要是指在一般项目标准层之上的高度价值，往往这类建筑空间具有插层的可能性。空间特质主要指的是空间的个性化情况，比如空间的连续性、功能化需求等。场地价值一般反映在项目区位、占地规模化程度等情况。扩建机会是在政策允许情况下，扩大建设规模，提高建设强度的可能性。工业遗产由于往往具有较大的净高与灵活的空间再利用可能，可通过插层直接提

147　　　　　　　　　　　　　　　　　　　　　　　　　　　活化

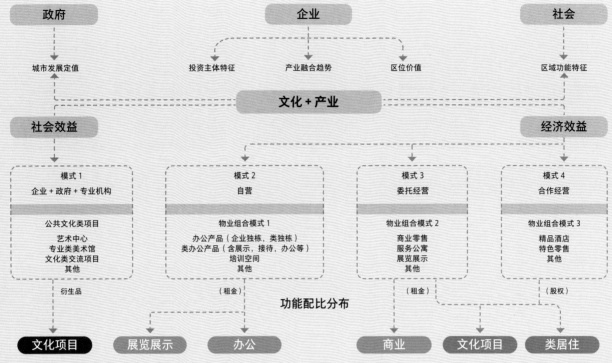

政府　　　　　　　　　　企业　　　　　　　　　　社会

城市发展定值　　投资主体特征　产业融合趋势　区位价值　　区域功能特征

文化 + 产业

社会效益　　　　　　　　　　　　　　　　　　　　　经济效益

模式 1	模式 2	模式 3	模式 4
企业 + 政府 + 专业机构	自营	委托经营	合作经营
公共文化类项目 艺术中心 专业类美术馆 文化类交流项目 其他	物业组合模式 1 办公产品（企业独栋，类独栋） 类办公产品（含展示，接待，办公等） 培训空间 其他	物业组合模式 2 商业零售 服务公寓 展览展示 其他	物业组合模式 3 精品酒店 特色零售 其他

衍生品　　　　　　　　（租金）　　　　　　　　　　（租金）　　　　　　　（股权）

功能配比分布

文化项目　　展览展示　　办公　　　　　商业　　文化项目　　类居住

上　典型存量再生项目业态定位推导办法

升容量因而成为备受青睐；但实际操作中，需要审慎考虑这一设计策略，因为盲目插层有可能影响空间的可塑性，尤其是对功能业态不明朗的项目。此外，插层也可能导致投资规模扩大、建设周期拉长。对于容积率不高，建筑密度偏低的工业遗产，容量主要来自增量的建设。可以通过强排方案，计算项目潜在的最大容量。在此过程中，基于历史环境文脉资源研究场地价值、项目定位研究产品适应度、规划政策研究开发机会，最后才能研判能够实现项目综合平衡合理开发强度。

3) 建筑空间更新改造策略

新旧叠加、空间触发、填补肌理是工业遗产建筑更新设计中的三个主要策略。其中，新旧叠加是在工业遗产存量再利用及新增量空间的组合，或者新旧材质的并置对比，新旧各自有特点，形成工业历史风貌与现代的对话，彰显历史纵深。空间触发是指局部改造工业遗产的立面与内部空间，加以功能置换，使之适应现代城市功能。填补肌理是指修复、重现历史的工业建筑风貌，整体塑造工业历史景观。

4) 基于业态需求进行商业规划的策略

商业规划关联的因素较为复杂，涉及业态运营规律、建筑空间适应度、分期开发等要素。一方面，需要审视工业遗产的历史与使用现状与项目定位，针对性地提出不同建筑单体的改造策略以及业态导入策略，确定合理的公益性与经营性业态比例，保证项目效益平衡；另一方面，需要结合项目投资主体诉求、投资强度、市场环境等因素提出分期开发建议，并提出工业遗产动态更新与功能发展的计划。

城市公共空间更新与参与式设计

公共空间更新是城市再生中的重要课题之一，居民也对城市公共空间更新中涉及的功能、形式及品质提出了更高、更精细化的需求。与传统设计服务相比，"参与式设计"的方法更有温度、有细节，其最重要的改变是设计者对其本身的定位。在"参与式设计"中，设计工作不只是被动执行设计要求，而是建立项目"参与"机制，并使项目团队成为项目的推动者之一。

上　西安电影制片厂大楼

下左 西安电影产业聚集地

下右 大雁塔与西安电影制片厂的关系

1. 城市更新中城市公共空间更新的重要性

城市公共空间作为城市结构的基本组成单元,对提升城市品质和居民生活质量起着至关重要的作用。在社会学和城市文化的角度上,城市公共空间促进了不同背景和年龄群体的交流与互动,增强了社区的凝聚力和城市的文化多样性。从城市经济学的视角来看,高质量的公共空间对提升城市吸引力和竞争力起到关键性作用,如绿色空间和休闲设施不仅提升了城市居民的生活质量,同时也能吸引游客和投资,促进了城市经济的持续发展。此外,公共空间的设计和维护也反映了城市的价值观和特色,是城市品牌和形象的重要组成部分。当前的城市化进程中,公共空间面临过度商业化、空间功能单一和可持续性不足等挑战,更新改造现有公共空间因而成为城市再生的关键任

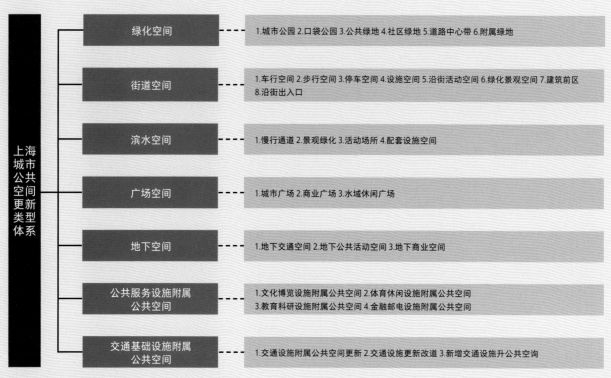

7个中类	31个小类
绿化空间	1.城市公园 2.口袋公园 3.公共绿地 4.社区绿地 5.道路中心带 6.附属绿地
街道空间	1.车行空间 2.步行空间 3.停车空间 4.设施空间 5.沿街活动空间 6.绿化景观空间 7.建筑前区 8.沿街出入口
滨水空间	1.慢行通道 2.景观绿化 3.活动场所 4.配套设施空间
广场空间	1.城市广场 2.商业广场 3.水域休闲广场
地下空间	1.地下交通空间 2.地下公共活动空间 3.地下商业空间
公共服务设施附属公共空间	1.文化博览设施附属公共空间 2.体育休闲设施附属公共空间 3.教育科研设施附属公共空间 4.金融邮电设施附属公共空间
交通基础设施附属公共空间	1.交通设施附属公共空间更新 2.交通设施更新改道 3.新增交通设施升公共空间

上海城市公共空间更新类型体系

上　上海城市公共空间更新类型体系

务,其更新不仅是对物质空间的改造,更是对城市功能、社会结构和环境质量的全面提升。**通过参与式的设计方法,可以确保公共空间更新更加符合市民的需求,创造既具有活力又能服务于人民的城市空间。**

2. 城市公共空间更新类型

如果说过去广场和公园是最常见的公共空间类型,那么在今天的城市转型中,我们见证了更多互动形式的新类型公共空间的涌现。例如,上海市出台的城市更新行动中,**城市公共空间包含7个中类,以及进一步细分的31个小类。其中,中类包括绿化空间、街道空间、滨水空间、广场空间、地下空间、公共服务设施附属公共空间以及交通基础设施附属公共空间。**如高架下的线性公园提供了城市中新的绿色通道,滨水公园充分利用了自然水体的景观优势,遗址公园将历史与现代结合,为市民提供了与历史对话的机会,而公共空间附属的口袋公园则是在有限

空间里创造的小型绿洲。这些新型公共空间不仅丰富了城市景观,也提供了更多样化的社交和文化活动空间,增强了城市的生活性和可持续性。新型的城市公共空间回应了现代城市生活需求,也反映了规划设计创新和前瞻性。城市公共空间更新类型体系的建立完善反映了城市规划的深度和细度,有助于深入理解城市公共空间的历史发展、现状以及未来趋势,明确各类空间的特定需求和更新优先级。通过对公共空间类型的进一步细化,可以更准确地识别各类空间的发展潜力和挑战,制订更具针对性的规划和管理策略,确保更新项目的质量和效果。

3. 参与式设计为城市公共空间更新提供新方法

设计对公共空间的更新作用远远超越传统意义上的空间创造。设计团队应在多方参与协调、前期项目判断、全周期规划的管理与控制,以及再生理念的探索与传播等多个层面发挥其专业能力和影响力,以实现更加有效、可持续的城市公共空间更新。

上　郑州建业足球小镇游客中心

1) 推动与支持多方参与

公共空间更新项目中,设计团队要协调多方利益,通过专业的空间规划设计,引导并平衡各方的利益和诉求。这一综合的设计方法不仅可以解决空间利用问题,更进一步协调了社会、文化和经济等多方面利益。在丁蜀镇的再生项目中,设计团队便通过此方法展示了设计在城市更新中综合性参与的价值。

2) 支持项目的前期判断

在项目的前期阶段,设计团队的参与对于确定项目定位和更新策略至关重要。设计团队需要与项目甲方深入沟通,以此明确项目的愿景和目标,并在技术和市场可行性方面提供专业意见,不仅有助于确保项目方向准确,也极大提高了项目实施效率和成功率。以郑州建业足球小镇核心区项目为例,设计团队通过深入的市场和历史建筑价值分析,指导形成切实可行的前期定位和策略。

3) 实现对全周期规划的管理与控制

设计在公共空间更新项目的全周期管理和控制中发挥着枢纽作用。设计团队需要综合研判复杂的建设技术问题,制订相应的解决方案,这就意味着不仅要考虑项目的成本效益分析,还需协调跨专业团队以保证项目的质量和可持续性。以长春水文化生态园项目为例,设计团队通过大规模综合性的团队合作,提供全过程的设计与施工一体化服务,体现了设计在城市公共空间更新全周期规划的管理与控制中的核心作用。

4) 实现对再生理念的探索与传播

设计团队在城市公共空间更新中,还应承担探索与传播再生理念的责任。一个项目的实施不仅意味着在技术和物质空间层面上的城市再生,更意味着在理念和文化层面上深化社会对城市更新的理解和接受程度。这一策略包括但不限于通过出版专著、策划文化活动等,从而有效地推广城市再生的价值观念。

上　长春水文化生态园艺术广场

基于运营思维的城市更新

好的运营状态才是项目成功的标志。在政府及国企平台公司投资项目中，绝大多数公共空间、公共产品的甲方机构缺乏运营能力。**运营维度的前置，将极大程度影响项目的投资规模、功能业态、使用效果。运营良好，将有助于大幅提高项目的资产价值，**为此，我们需要关注政府及国企投资项目中的运营价值。城市更新项目受到现状条件的诸多制约，面临诸多不确定性，传统狭义的设计思维不能很好地应对这一挑战。为保证更新项目符合未来新的功能需求，**就有必要在全生命周期的视角下，从运营维度审视更新项目的前期研究。**

1. 运营思维下的项目诉求分析

不同主体对项目的关注不同。其中，社会使用者也就是**消费者，关注项目的功能及空间品质。**从消费者视角来看，大多数更

新项目都会通过塑造城市功能及景观形象，彰显文化及经济价值，回应使用者对高品质空间环境的诉求。从物业运营者的视角来看，一些租户（特别是创意产业租户）会对灵活弹性的建筑空间提出独特需求，这就要求空间设计必须便于后期定制化的灵活调整。**投资者关注项目的经济效益、投资回报和市场潜力。**项目必须保证在预定周期内回收投资成本，并且带来良好经济效益。此外，**政府会关注项目对城市发展与社会的贡献，**例如，政府关注更新项目能否实现产业结构升级，而一些企业会关注自身品牌社会影响力，这些诉求与项目的经济效益密不可分。

2. 关注运营状态

项目运营状态涉及定位策划、招商推广、项目租赁、运营活跃度等。其中，定位策划是项目的关键起点，如果项目能够明确差异化的特质，就能发掘更多潜在的发展机会，提升项目的市场竞争力。招商推广关乎项目业态的持续优化，让项目品牌获得社

上　长春水文化生态园露天沉淀池

会认同，从而可加快更新项目进入目标运营状态。项目租赁情况是项目运营成功与否的重要指标，满租率、价格水平将直接影响项目的财务效益，也是项目得到社会认同的重要体现。运营活跃度能够保持项目持续的社会辐射能力，往往通过策划文化活动，提升项目的公众关注度、社会价值与品牌形象。例如，在长春水文化生态园项目中，基于场地的生态与历史文化价值，在项目前期确立定位为开放的城市公园与文化艺术社区，合理策划业态结构，将文保建筑功能置换为水文化博物馆等"旗舰性"文化项目，并将沉淀池等工业设施转换为多元、弹性的公共艺术场所，这些设施在项目投入运营后成为众多影视作品拍摄取景地之一，推动项目形象提升、品牌推广。

3. 关注空间创新

空间创新涉及通用性、专属性、差异化、体验感等方面，能够提升项目整体价值和可持续性。通用性指的是在客户对象未知的

情况下，空间设计要足够灵活与弹性，通过设计留白和模块化的空间布局，允许空间在未来根据不同用户群体的需求进行调整和重构。专属性强调在客户对象明确的情况下，对特定客户群体需求的深入理解和响应，保证环境独享的可能性。差异化强调项目的独特性和个性化特征，通过空间、形态、质感等元素的创新组合，赋予项目独特的身份和特色。体验感是指促进用户产生深刻的心理体验和感受，要求项目团队必须置身于用户的视角下关注空间设计与用户体验的互动。

4. 关注成本控制

更新项目的建设成本必须严格控制。由于大部分**城市更新项目的非产权特点，项目投入强度往往取决于租赁差价（物业底租与转租价之间的差价）、租赁期限、运营成本三个要素，建设成本与投资效率也密切相关。**考虑到大多数城市租赁差价水平有限、政策稳定性不足，导致回收期较短、房屋产权缺失限制银

活化

上　重庆金山意库创意园区

行融资渠道等问题,更新项目必须严格控制建设成本。具体而言,从租赁差价反推成本,提出合理成本分布策略,是控制项目建设成本的可行策略。通过这一方法推导得到投资强度和建安成本,能够具体指导单体的建设标准,合理控制项目设计强度的分寸。例如,水石在重庆金山意库创意园区项目中,为控制成本,分级控制城市界面设计,控制建筑更新所用的材质、结构、效果等,尽量统一实现标准模式化,并通过再利用老建筑材质、轻质材质,既满足项目历史文化特征,也符合成本控制的取向。

5. 运营思维下的动态与弹性设计

为适应更新项目中层出不穷的不定因素,设计机构**有必要用动态、发展的眼光看待项目,并为设计留有弹性空间**。基于运营思维,我们倡导**"十分的思考,七分的设计,五分的工程"的动态与弹性设计原则**。

"十分的思考"要求在充分调研基础上,全方位考虑功能需求、设计效果、成本控制和运营维护等多元因素。具体而言,前期调研工作是涵盖从考证城市与场地历史,到核对档案图纸的设计分析全过程;对项目弹性的功能需求以及为之服务的空间、材料效果也要十分周全考虑;对成本控制与运营维护的考量要求项目团队在设计前期就明确约束条件和实施原则。**"七分的设计"**是指设计要留有一定的弹性空间和余量,为项目的长期发展预留调整可能性。换言之,项目应该避免一次性的"过度设计",这既有利于项目适应未来的实际需求和市场变化,又有助于控制项目的初期投资规模。**"五分的工程"**是指要谨慎施工,优先完成有关键意义的部分,为后期运营提供更多操作空间。

上　工业旧厂房改造而成的艺术中心

下左　艺术设计类展览活动

中右　展厅内不设吊顶，露出桁架结构

下右　改造保留着各个年代的装修痕迹

活化

多元价值平衡
是存量空间更新
的科学发展观

经济
- 财税收入
- 产业发展
- 项目效益
- 资产价值
- 建设及运营成本

- 可行性研究
- 更新策划
- 概念规划
- 效益测算
- 建安成本控制

空间
- 建筑空间功能
- 景观空间场所
- 其他功能性空间及设施

- 更新类城市设计
- 建筑更新改造设计
- 景观环境设计
- 公共空间设计
- 基础设施改造设计

文化
- 历史建筑及环境
- 风貌街区保护
- 地域及民族文化

- 历史建筑保护及再利用
- 工业遗产活化利用
- 地域文化挖掘及发扬
- 公共艺术策划与实施
- 项目招商及运营

社会
- 激发区域活力
- 完善与提升功能
- 改善生态环境

- 产业及功能策划
- 完善公服配套
- 树立文化地标
- 生态保护及修复
- 地域文化建设

活化的历史空间
是一座城市
文化可读的秘诀

长春水文化生态园
Changchun Water Culture Ecological Park

占地规模	**300000** 平方米
建筑面积	**50000** 平方米
建筑功能	商业、公共服务设施、配套、办公
设计时间	**2016—2018** 年
建成时间	**2018** 年
工作内容	策划规划、建筑设计、景观设计、文保建筑
业主单位	长春建委、长春城投

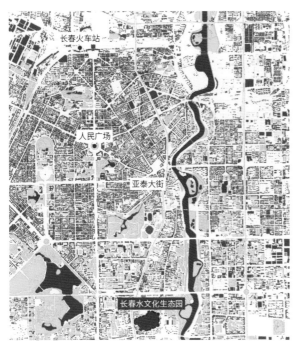

左　项目区位

右　改造前实景

工业遗产助力东北工业基地的复兴

一座具有 80 余年历史的净水厂，经过城市更新成为城市公园及文创社区。长春水文化生态园的更新项目作为反映东北工业基地复兴潮流的缩影，对城市环境提质、产业升级、活力激发具有参考价值。

1. 南岭净水厂工业遗产现状与面临的挑战

长春市南岭净水厂是伊通河整治项目的重要节点，其历史背景和现状凸显了城市文化和生态的重要性。从历史文化保护的视角来看，南岭净水厂不仅仅是一个工业遗产，同时也承载了长春市的历史文化记忆。因此，在进行城市更新过程中，必须细致考量场地的文化与历史价值，保护并活化利用这些历史建筑和工业设施。此外，南岭净水厂也面临严峻的环境退化问题，作为位于城市中心地段的工业遗存，其环境质量的好坏直接关系到周边居民的生活质量与城市可持续发展。因此，南岭净水厂的项目目标在于保护城市环境、传承历史文化，在历史文化保护与现代城市需求之间寻找平衡；同时，还要重点激发该区域的城市活力。

2. 以再生促进城市活力与服务能力提升

在促进城市活力提升方面，长春水文化生态园强调了工业遗产的保护和生态的可持续性，恢复并展示了净水厂原有的生态环境风貌，并遵循"整旧如旧"的原则，对历史工业建筑及其功能设施进行了修缮、改造与转型。例如，水净化工艺博物馆的改造，既保留了城市的历史底蕴，又加强了市民文化认同，有效提升了城市文化活力。此外，项目创新地提出生态连接线设计，有机结合公园与城市，提升了城市生态系统的连贯性与整体景观体验。特别是在露天沉淀池和湿地的生态恢复方面，创建了一个融合建筑、植被、水体的综合环境，为市民提供了丰富的亲水生态体验与文化生态教育场所。

在加强服务能力方面，项目通过全面的园区项目策划、功能置换与产业导入，以创造城市公益价值促进区域良性发展，以优化产业结构提升土地价值，进而增强服务功能及竞争力。例如，项目将原有建筑改造为文化创意办公空间、商业中心及艺术集散地，从而形成了一个开放、多功能且生态友好的创意办公产业集群。此外，项目策划融合公共艺术和文化旅游，将原有沉淀

上　露天沉淀池：利用原始冲沟、沉淀池构建的雨洪系统

下　下沉雨水花园：旧有通风廊道改造的通行空间

池改造为多功能草坪活动区,并巧妙地融合艺术装置与建筑元素,打造了一个充满活力的公园核心剧场,成为举办展览、音乐会等城市活动的理想场所,丰富城市文化生活。

长春水文化生态园将生态保护、历史文化传承、激发区域活力以及提升服务能力统筹考虑。政府平台和国有企业在项目的过程中尊重和保护历史文化遗产,同时也注重城市生态和活力的再塑造。通过打造新的公共空间,不仅为居民和游客提供了与历史文化互动的机会,也促进了社区参与和城市文化活动的繁荣,加强了社区的凝聚力,并从整体上提升了城市的形象和吸引力。另外,项目着重平衡了生态生境保护、文化传承、城市服务与产业发展之间的关系,兼顾项目的公益性与经营性的平衡,并实行全生命周期的统筹管理。这种通过投资、建设、运营一体化的操作模式,以及建设阶段的 EPC 模式,在东北工业城市的工业遗产保护与发展方面,具有一定的示范与借鉴价值。

城市再生中的海绵系统

长春水文化生态园通过改造及功能置换,成为了具有影响力的城市公园以及文化艺术社区。通过对长春规划历史的解读发现南岭水厂筹建伊始的目的是建立并完成长春的供水系统,成为长春水生态系统的重要部分。所以对既有良好生态特征的场地、供水历史记忆设施进行保护,也是对于整个城市生态系统保护的重要举措。以城市再生的视角进行海绵系统的设计是长春水文化生态园的重要议题。

改造过程中有两个类型的设计有鲜明的代表性,第一种类型是对于场地原有三条冲沟构建的地形高差的应用,它是该项目海绵基底;第二种类型是针对净水体系遗留下来的沉淀、过滤、消毒等完整净水流程管网体系、沉淀池等的应用。改造上重新利用场地落差和池体,通过地表径流、雨水花园及池体净化系统,使整个园区实现自净化并提出将场地与水净化过程的关系展现出来。

设计中将场地东西向的一组净水设施改造并形成了一组可参观体验的净水系统景观。顶段北露天水池被充分利用,赋予生态湿地功能,同时实现历史感的充分再现,人与环境的充分互

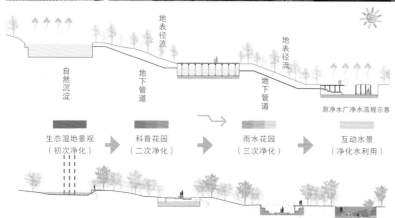

地表径流

地表径流

自然沉淀　　地下管道　　地下管道

原净水厂净水流程示意

生态湿地景观
（初次净化）　→　科普花园
（二次净化）　→　雨水花园
（三次净化）　→　互动水景
（净化水利用）

0米　10米　30米　50米

改造后雨水收集系统示意

1、拆除沉淀池顶盖

2、保留沉淀池中间的结构

3、在净水池上方增加人行通道

4、通过竖向空间完善沉淀池人行流线

5、保留植被创造净水收集系统，三送车间拆除小房子屋顶和主入口界面外墙

6、插入锈钢板和预制木结构

7、南立面新材料引入增加其立面错动变化

8、窗户替换，在内部空间进行插层

上　　下沉雨水花园

中　　原有沉淀池被重新利用为园区海绵系统

下　　第三送水泵站及清水池的改造策略

　　　　　　　　　　　　　　　　活化

上　风貌建筑的留存，修旧如旧

动,中段掩埋在地下的沉淀池净水过滤系统被利用起来,作为储水及二次净化的地下设施。底段净水池被掀开顶盖,变成一个兼具雨水汇集与净化展示的下沉式雨水花园。老旧的池壁、仪式感的老建筑和喷水雕塑形成的艺术空间被柔软的植被糅合在一起,共同诉说着水与城市、水与活力、水与艺术的和谐之美。这种把历史场景生态科普与艺术互动结合在一起的场景成为了水文化生态园,成为长春特有的景观。

融入历史环境中的建筑创新

作为城市更新重点领域,历史环境往往由历史层积形成浓厚文化底蕴,因此再生设计时要延续场地记忆,保证设计与原有场地相协调。长春水文化生态园作为具有代表性大型工业遗址改造项目,设计通过建筑创新与历史环境融合,使再生设计最大程度保留原生态自然环境、尊重历史痕迹、融入当代生活方式。

1. 历史环境再生设计的原则

首先,需要最大程度保护生态绿化资源,重点是确保绿量最大化,保持项目"水文化"的主题。其次,最大程度尊重历史文

遗迹,重点是实现文化情境再现,确保历史建筑遗迹及遗存被充分再利用。再次,最大程度塑造城市生态活力,合理置换建筑功能,导入适应当代生活的优质产业及业态。最后,设计中尽可能减少对原有环境的干预,再生设计手法尽量简洁、透明,不遮挡或压倒原有历史元素,并足够灵活以适应未来多种用途。设计团队保护并修缮场地内的净水系统及建筑组团,保留场地内大乔木、工业建筑、净水池体等原生空间;尊重蓄水池的原始结构,在此基础上将其置换为新的生态湿地或艺术装置空间。

2. 历史环境再生设计与实施的要点

1) 保护等级较高的文保建筑"修旧如旧"还原历史风貌

厂区有 15 栋于 1932—1945 年建成的文物保护建筑。设计团队仔细考究原有的建筑材料和构造做法,尽可能保留原有的墙面,仅针对局部脱落或损坏的区域进行修缮;就地选用朴素、生态的老旧条石、枕木、钢格栅、竹木等材质,确保所修缮的墙体在形状、质感、颜色、纹理和色彩上与原有材质高度协调,彰显时代感和工业记忆。采用传统的技艺进行修缮,实现传统建造技术的现代化应用。

上 丰富的生态环境资源是长春水文化生态园独有的再生基因

2) 一般性历史建筑通过修缮、改造或扩建分类实施

在综合评估存量建筑的结构形式、历史年代、文化与经济价值的基础上，将其功能置换为艺术空间、文创办公或城市生活空间等当代功能，体现开放化、功能化、生态化的特点，激活周边地块的土地价值。

3) 新建建筑努力实现融合性与标志性的平衡

项目中，游客中心采用简洁的建筑形态语言和三角形元素，使其在与环境的融合中依然保持识别性，建筑的一角拉高形成的高点，不仅提供了观赏全园区景观的最佳视角，同时也成为建筑的标志性元素。园区中的建筑以红砖、砂浆、水泥三大主材，将不同时期、风格的建筑融为一体，同时灵活运用其他材料以适应特定功能和场地景观；景观小品、艺术装置广泛以工业构件为基础再创作，与历史环境融为一体。这种融合性与标志性的平衡创造了既尊重历史又具有当代意义的空间，不仅保护和强化了历史遗产的价值，也为使用者提供了丰富的空间体验。

4) 场地环境重点"做减法"

项目重视原有场地环境的价值，尽可能保留人工环境与自然的平衡状态。通过最小化干预保持场地原貌的真实性和完整性，避免过度建设或改动；利用场地落差、原始雨水冲沟、沉淀池等构建雨洪体系；二次利用原生材料，并在不破坏原有结构的前提下，对原有净水池进行功能置换；通过生态连接线串联场地内原有自然元素（如冲沟、建筑、森林、露天水池）与城市界面。

活化

左页

上　与历史建筑及生态环境相应成趣的公共艺术雕塑

中　改造后的露天沉淀池与公园漫步系统自然的结合

下　植物的原生状态，老建筑的历史肌理

右页

上　清水池平台夜景

中　改造后的清水池里布置互动型的艺术雕塑

下左　创造了人与场地的对话

下右　净水厂工业元素与硬景观相融合

　　　　　　　　　　　　　　　　　　　　　活化

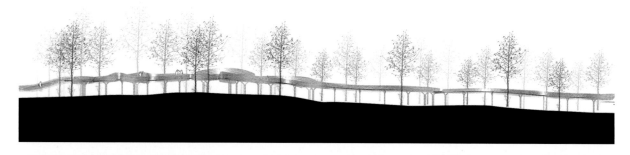

上　森林栈道立面

中　森林生态连接，景观场所与自然环境高度融合

下　密林里的架空栈桥为游客带来多样风景

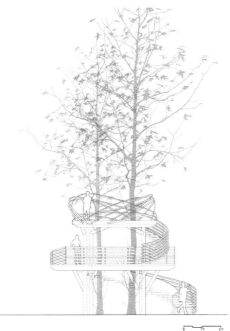

上　森林鸟屋人视

下左　森林鸟屋立面

中右　贯穿于密林和公共空间的人行系统

下右　森林里的空中栈桥

活化

基础设施
功能化、服务型，
提升一座城市
的竞争力

长春净月中央公园
Changchun Jingyue Central Park

用地面积	490000 平方米
建筑面积	46200 平方米
建筑功能	商业、公共服务设施、配套、办公
景观面积	468000 平方米
建成时间	2024 年
工作内容	景观设计、建筑设计、室内设计 标识设计、运营策划、施工管理
业主单位	长春净月投资控股（集团）有限公司

上　长春净月中央公园黄昏鸟瞰

闲置市政用地转身为生态绿肺

长春净月中央公园是长春净月区的"生态绿肺",项目总占地面积 490000 平方米,其中建筑面积 46200 平方米。项目北侧是集聚长春净月区约 30 万人口的大型居住区;南侧多为商办用地及多所中小学;西靠净月区的形象大道生态大街;东侧紧邻吉林建筑大学、吉林农业大学、东北师范大学等 9 所高等院校。随着周边高架、河道、住宅商办楼的修建施工,项目地成为废弃土方和建筑废料的堆砌地,从而阻断了场域南北的联系,使其成为一处闲置市政用地。

2022 年,基于城市发展的需求,项目得以启动。公园向南北渗透,东西延伸,成为联系市民、城市和自然的城市绿地系统核心节点,通过一系列绿谷、水体、活动空间和桥下空间的设计与实施,实现了从闲置市政用地到城市绿肺的转变。

1. 连续无障碍的步行体系,构建全方位交通网络

长春净月中央公园优先考虑了行人的安全,加强了周边邻里联系。慢跑道、次园路、滨水园路和桥下游线共同构成了一条连续

互通的路径网络并与公园的特色节点相连接,并实现了各个空间的顺畅过渡。公园的主要出入口与主市政道路、公交站的距离步行 5 分钟内可达,提高了市民到达公园的通达性。

2. 城市建设弃土再利用,构建场地地形空间骨架

为了妥善应对场地中遗存的 40 万立方米弃土,设计因地就势,采取了就地消化土壤而非迁往别处的做法,有助于实现更长久的生态效益。现状弃土提供了地形基础,设计将现状弃土塑造成大地艺术景观,构建场地的地形骨架,并由此带来山谷般的体验。通过流线型的路径和桥织补原有各自独立地块,成为一个完整的场地。使市民得以欣赏到城市和公园本身的绝妙景观,又能得到仿佛置身于森林山谷中的自然体验。

3. 高植物覆盖率,构建城市生态绿肺

长春净月中央公园在密集的城市环境中创造出了一种广阔且连续的生态绿肺系统。在城市界面,东西向分别连接净月潭国家级风景名胜区和伊通河,横纵共同构成城市绿脉体系。公园的树木覆盖率达到 73%,为公园提供了充足的绿荫,同时也为

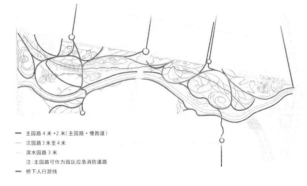

主园路 4 米 +2 米（主园路＋慢跑道）
次园路 3 米至 4 米
滨水园路 3 米
注：主园路可作为园区应急消防道路
桥下人行游线

堆填量：215800 平方米
下挖量：47000 平方米
现状土方量：168800 平方米

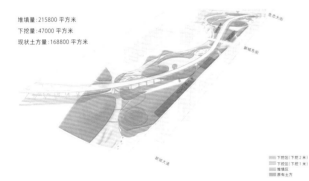

下挖区（下挖 2 米）
下挖区（下挖 1 米）
堆填区
原有土方

主入口种植
节点种植
点景树
遮阴树

纯林　混交林　疏林草地　花海　草海　花境

中左　长春净月中央公园总平面

下左　公园土方研究分析

中右　交通动线及游园线路

下右　公园植物分布

活化

上左 滨水剧场   上右 森林树屋

下   一号楼市民中心

左　高架桥下儿童友好空间　　　　　　　　　　　　　　右　风之谷乐园彩虹滑梯

该地区的碳固存作出了贡献。树木与地形共同定义了公园的边界，同时也塑造了其内部的体验。种植方面选择了适合长春气候的本地植物以及适应性强的树种，包括樟子松、红皮云杉、银中杨和山樱等，特色白桦林、樱花林和水杉林等构建了园内特色植物空间。为开阔且活跃的场地提供了宁静的空间，同时也增强了整个公园的体验性和生物多样性。

城市社区健康＋系统

1. 创造多类型市民公共空间，为社区居民提供更多服务

长春净月中央公园将周边多个居住区、办公区、学校"缝合"在一起，不仅拓展了通往周边大型社区的路径，还为不断发展的净月区带来新的集会场地。考虑到公园要有大量人性化服务，设计了更多的公共空间，将公园整体分为净月山谷、净月之森、净月水岸和净月之窗四个功能分区。净月山谷融合1号楼市民中心，结合商业模块以及市集强化公园主入口的商业氛围，共同形成公园西入口的核心空间，专业运动、快闪门店等城市运动活动在此展开；净月之森凸显生态和植物主题，设计融合康养花园、主题樱花林、湿地公园、森林树屋、雨水花园等功能空间，为周边各类人群提供休闲，康养身心的场所；净月水岸考虑到周边大型社区的亲子人群，融合社区剧场、秘境山谷、风之谷乐园以及水乐园等空间，为周边亲子及学生群体提供一个寓教

于乐的科普公共空间；净月之窗结合2号楼文创中心，与建筑、艺术草海及陌上花谷共同形成公园东入口的文创艺术空间，城市展厅、音乐会、艺术节等丰富城市艺术文创活动在此展开。

2. 聚焦儿童友好型设计，构建校园安全归家路

公园南侧的学生群体大多来自公园北侧的大型住宅群，学生的通行安全是设计的首要任务。设计中规划了具有数字化设计特色的跨河桥，连通两岸交通路径，一条穿过公园安全便捷，舒适可达的校园归家路就此形成。学生不再需要环绕外围市政道路，下穿车流不息的高架桥道路往返于家和学校之间。学校紧贴公园，设计结合校园外围绿地，融合科普花园空间、家长等候花园空间，一系列新的校园科普空间创造了举办更多课程、培训和活动的机会，从校园可以快速到达公园科普场所。设计还增加了教育活动的类型，包括讲座、研讨会，以及一个新的专业园丁教育计划。

3. 融合适老性设计，关注老年健康

长春净月中央公园整体设施都与坡道相连并设有无障碍通道出入口，坡道与通道上设有扶手，上下坡平缓不设台阶，无障碍通道的设计为老年人与残障人士提供了便利。沿园路每隔30~50米设有一个座位，让老年人能够随时找到停留休憩的场

活化

上　景观栈道　　　　　　　　　　　　下　滨水剧场

所。同时,沿路分布清晰、明确、醒目的标识系统,方便老年人的路线指引。路面采用粗糙的铺地材料,以减少老年人滑倒的风险,路边设置了充足的照明,保证夜间出行的安全。沿公园外围设计多个共享邻里花园,植入健身花园、康养花园、休闲花园等功能,使周边住宅区的老年人群近距离可达。健身花园结合老年健身器材、休憩坐凳提供运动空间,设计一定比例的硬质广场为老年人打太极、跳广场舞等活动预留空间。康养花园旨在进一步促进老年人的身心健康,以植物营造为主。在五彩缤纷、香气怡人的花园里,老年人的五种感官都被调动起来,从而到达了全身心的健康状态。休闲花园结合林下空间,为老年人打造宁静氛围,可以在这里开展下棋、阅读等活动,丰富老年人生活,为老年人提供温馨驿站。

业态类型	桥下空间内容
休闲商业组团	星光集市、都市菜场、盒子商业街
运动休闲组团	洛克公园、攀岩场地、休闲运动场、休闲健身区
邻里生活组团	自然教育工坊、自然科普课堂、社区共享剧场
亲子休闲组团	秋千营地、童趣餐车
文创艺术组团	长春影视体验基地、文创展览空间、高校建造艺术节、科技体验式艺术秀场

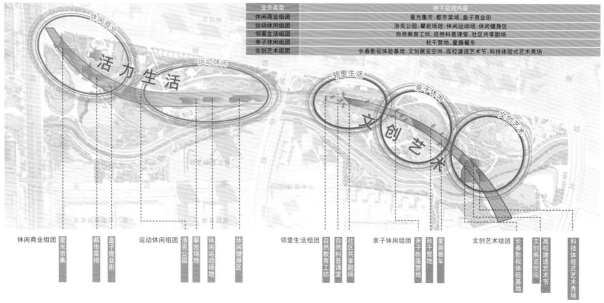

上左　桥下篮球场

上右　桥下运动空间

下　　抓住不占场地及建筑指标的桥下空间

市政基础设施的复合型再利用

长春净月中央公园桥下空间将一个 5 公顷市政高架桥下的分割区域转变为新型的共享公共空间,实现了功能化的再利用,将从前无法使用的公共区域开辟为连续的线型新空间以供市民使用,完整通达的路径网络连接东西场地,带来了新的集会场地。高架桥的混凝土承重柱帮助塑造了一系列桥下空间,这些空间既可以单独使用,也可以整体服务于各类节日与活动。高架桥下方空间净空在 8~10 米被重新塑造为符合都市尺度的公共空间,是一处独特的、生机蓬勃的和具有高度可识别性的空间。承重柱为电缆、能源和照明线路提供了结构支撑,以保证从日常公共生活到大型社区和城市集会的使用需要。桥下空间

上　高架桥下成为学生春游的活动地点

下左　高架桥下市民踢毽子运动

下右　高架桥下亲子互动

释放了更多功能的使用空间，西侧结合休闲商业和运动组团，融合了星光市集、盒子商业街和都市菜场等商业活动。设计充分利用承重柱的空间，融合滑板公园等年轻力运动场所。东侧结合邻里生活、亲子休闲和文创艺术，构建了多个科普室外课堂、社区共享剧场、文创展览临展空间、艺术秀场和大学生共建艺术建造空间。所有的桥下公共空间被构想为多用途与创意表达的结合，其设计提供基础架构和必备的基础设施，通过空间的主题编排，创建一个多样化、随机性和临展的创意表达平台，激发更多自发和灵活性活动的可能性。多类型的寒地植物种植软化边界，使高架桥下的灰色地带重新焕发生机与活力。高架

桥下方的空间被转变为连续、灵活且平坦的空间，通过新的步道使步行交通变得更加便捷，同时种植本土耐寒耐盐植物，形成露天寒地植物博物馆的同时，收集来自高架桥上方的雨水，将其保留在现场，并促进过滤和渗透。整个高架桥下采用透水铺装，以减少径流并促进渗透。改造后的桥下空间承载了市民与自然空间最强的互动与对话，冬季成为溜冰长廊，夏季则是一条活力走廊。原本冰冷的混凝土立柱，在该项目中被分段涂上不同色彩，以重新发挥寻路系统的功能，并成为城市的高架彩虹空间(Elevated Rainbow Space)，为原本被遗忘的城市地带重新赋予新的色彩和体验。

上　东区跨河桥

下左　承担市民交通出行功能

下右　西区跨河桥

数字设计打造长春最轻盈的桥

长春净月中央公园现存水系为后三甲子沟，横穿场地，东侧连接净月潭水系，西侧连接伊通河水系，自东向西排入伊通河。整体水系割裂中央公园南北场地，减弱了整体的交通可达性。公园南侧分布商办用地和学校用地。公园南侧的学生大多数来自北侧的住宅区，上学通勤路线需要环绕公园外围市政道路，下穿车流不息的高架桥，安全问题存在较大隐患。设计考虑到这一系列的交通问题，在现状水系上新建两座数字建造桥，以此打通公园全方位的交通体系，保证周边市民的交通可达性。根据后三甲子沟的行洪要求，水系蓝线内不可立柱，设计采用参

数化设计及部分材料 3D 打印的建造方式，充分发挥了材料及工艺的卓越性能。前期应用动力学原理及拓扑优化找形，并努力减少支撑杆件形成相当轻盈的结构。利用钢结构材料造型丰富特点制造主体龙骨及边梁一体化的形式，最终实现整个桥体的轻盈化、美观化以及数字化的特点。据测算，借助参数化 BIM 模型、应用动力学原理及拓扑优化找形，大幅减少支撑杆件，并极大程度减少了钢结构的自重，与传统钢结构形式相比，节省钢材 2/3。两座数字建造桥铺地采用反映长春当地地域文化特色的定制雪花图案的 3D 打印砖。雪花图案种类及规格达到 33 种，通过数字建造技术的应用实现了多种图案的精确打印，避

上　东区瞭望台半鸟瞰

下左　东区瞭望台人视

下右　风之谷儿童乐园

免了传统开模生产模式带来的资源浪费。现状水系上两座数字建造桥的新建加强了河道南北两侧的联系,构建了中央公园完整的交通系统。在形象上,一体化的造型形式减少了桥体的自身重量,轻盈优美的外观增加了观赏性。在功能上,儿童友好型设计为学生群体构建一条安全归家路。

智能建造构筑城市观光台

在公园东西区两个眺望塔中采用参数化设计手段。作为公共服务的景观构筑,我们通过简练的形式、务实的建造、人机协作的巧思和全预制装配结构体系,快速实现了景观构筑工业化、绿色化以及智能化的具体实践,完整呈现了其绿色智能建造的系统化解决方案。

在技术方面,采用 WAIC 云集最前沿的智能技术——WAIC-3D 打印,它是快速成型技术的一种,又称增材制造,是一种以数字模型文件为基础,运用粉末状金属或塑料等可黏合材料,通过逐层打印的方式来构造物体的技术。WAIC-3D 打印向我们展现了人机协作的未来建造。在体现技术性和生态性的

上　西区瞭望台

同时，3D 打印眺望台展现了机器人智造所实现的形式解放；在材料运用方面，东区瞭望塔采用胶合木作为结构主材。胶合木是一种强质比高、美观、可降解的工程复合材，被广泛应用于桥梁、建筑等工程领域。而落叶松在我国分布面广、蓄产量丰富且强度高，适合木材的工业化加工利用。胶合木（集成材）与成材相比，强度大，许用弯曲应力可提高 50%，而且结构均匀、内应力小，不易开裂和翘曲变形；大断面的集成材还有较高的耐火性能。出色的钢性与韧性既解决了结构受力的难题，也体现了绿色建造价值观。西区瞭望塔顶部使用可回收的环保材料改性塑料建造。改性塑料，是指在通用塑料和工程塑料的基础上，经过填充、共混、增强等方法加工改性，提高了阻燃性、强度、抗冲击性、韧性等方面的性能的塑料制品。其相比传统建筑材料，是可回收反复使用的环保材料，同时其变软流动，冷却变硬的特性可以与机器人 3D 打印的建造方式结合，实现了基于新材料和新技术的环保建造。整体铺地同样采用反映长春地域文化特色的定制雪花图案 3D 打印砖。

中国首个大型城市公园 EPCO 模式探索

长春净月中央公园作为长春净月区核心的大型综合类公园，为周边 30 多万居民、学生、办公等人群服务。该项目的建设面临着三个维度的问题：在政府投资逻辑方面，甲方机构无法给出清晰诉求的任务书，缺乏运营能力，公园的维护成本需要政府补贴，财务平衡难度大；在城市维度，需要解决城市停车难问题、城市弃土土方问题以及满足市民活动的功能等问题；在传统的项目操作流程方面，较难有效保证项目还原度，业主没有精力及专业化能力协调复杂的多专业交叉的项目推进，设计还原度的落地性保障度不高。在此基础上，水石作为有着丰富一体化经验、知识结构综合的设计机构，设计阶段运营思考先行，引导政府采用 EPCO 模式。项目由长春净月投资控股（集团）有限公司为业主单位，上海水石设计为设计单位、上海园林（集团）有限公司为施工单位组成联合体。

EPCO 模式推进过程中，也呈现了明显的优势和良好的效果。首先，项目通过基于运营思维的设计方式，将公园项目按照公益性、半公益性、经营性进行测算分类，并通过财务测算为公园提供清晰的定位，设计上用足公园配套建筑指标，植入商业业态，引入百度等优质主力店，解决停车配套等问题，并为政府建造优质资产，利于政府财政资金的财务平衡和公园的长久运

活化

更新城市：设计引领高质量发展

左页 吉林省建构设计大赛　　　　　　　　右页 "超级玩家"社群活动

营。其次,全程设计顾问与资源方、施工方的协同推进为公园运营提供良好的运维基础。通过施工落地角度上运营维度的前置,将极大程度影响项目的投资规模、功能业态、使用效果。再者,设计与施工方在落地及成本分配的角度上进行充分的沟通,并通过引入数字建造、UHPC 幕墙系统等为公园打造了具有行业示范性的城市新地标。在 EPCO 模式中,设计机构作为设计总控,实现了多专业良好的交圈,并呈现优异的效果。同时,通过运营活动前置,在中央公园成功举办城市更新论坛,为长春净月带来了较高的行业影响力和社会价值。在运营中,引入了符合年轻人兴趣爱好的户外主题性业态,包括户外露营样板区、户外主题集合店。这些都使长春净月中央公园可能成为东北地区首个大型城市公园的 EPCO 示范性项目。

左页

上左 宠物友好营地

上中 露营音乐派对

上右 草坪露营活动

中左 公园内游客与雕塑的互动

中右 净月溪谷木栈道

下　净月之月湖面角度人视

右页

上左 户外集合店展览空间

上右 户外集合店产品展示

下　户外集合店咖啡空间

城市发展
融合自然
是可持续发展
的关键要素

长春净月潭国家森林公园
Changchun Jingyuetan National Scenic Area

面积	**23310000** 平方米
建筑功能	商业、公共服务设施、配套
建成时间	在建
工作内容	景观设计、建筑设计、室内设计、标识设计
业主单位	长春净月潭旅游发展集团有限公司

① 净月云
② 立体停车楼
③ 文旅商业综合体
④ 游客服务中心
⑤ 机械停车库
⑥ 女神广场
⑦ 滨水休闲商业

上　净月潭国家森林公园前区概念规划总平面

旧篇新写，焕发生机

净月潭，位于吉林省长春市东南部，是长白山余脉的低山丘陵地带，与中心城区紧密相连。它以其4.3平方千米的水域面积和亚洲第一大的人工林海，成为长春市乃至吉林省的生态绿核和城市名片，承载着长春几代人的记忆。因筑坝蓄水呈弯月状，被誉为中国台湾日月潭的姐妹潭。净月潭国家森林公园以其秀美的自然风貌和丰富的自然资源吸引了世界各地的游客。然而，经过多年的旅游发展，净月潭景区面临着许多挑战和问题。目前，景区内外的资源联动相对较弱，导致旅游系统相对单一；旅游方式和娱乐项目较为传统，产品设施老化，业态单一，二次消费不足，综合服务能力有待提高。此外，景区部分硬性建设不达标，服务配套设施亟须升级改造；景区入口交通组织混乱，停车设施使用效率低，缺乏鲜明的地标形象。传统的运营管理与多元的市场需求存在错位，缺乏与专业运营团队的协作，运营体制和机制亟待完善优化。长春净月高新技术产业开发区管理委员会拟从2023年开始实施净月潭5A级旅游景区整体提升工程。整体提升工程规划范围总面积2331公顷，包括净月潭核心景区、东侧丁家沟片区等"大净月潭"区域，计划将景区提升结合城市形象和发展进行统一规划研究。

基于运营理念的生态资源可持续发展

生态资源不仅具有宝贵的自然价值，还蕴含着巨大的运营价值。通过科学合理的利用和健康运营，生态总价值能为城市带来长远的经济和社会效益，为城市的发展提供增值。保护净月潭极致美丽的原生态场景是总体规划研究的根本原则；在传统景区中创新植入新业态和新内容，打造"大净月潭"多元化的文旅商业产业链是保持并持续提升景区的吸引力的核心策略，而完善和健全的运营机制，则是项目可持续发展的关键。

项目以运维的规划思维，提出以"大净月潭生态发展"的思路，对净月潭周边资源进行一体化整合。总体规划将研究范围划分为景区内、景前区和景区外三大板块，并基于各板块特点，以整合、联动、运营为原则，力争打造最为生态、最高颜值、最有故事和最有规格的净月潭。

景区内建设被严格控制，以低介入保护和更新为原则，强调低强度、生态性和趣味性。主要业态为以自然生态为主题的"游赏玩"。规划采用"一环四区"的规划结构，将一条约17千米的净月潭碧道环线，连接景区内人文活力、山谷游憩、临潭休闲和森林康养四个体验不同的核心圈；同时，构建休闲、运动和研学三

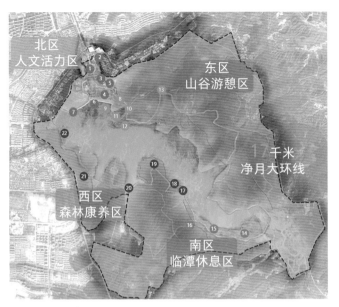

形成 **4** 个不同体验类型的
17 千米净月大环线

北区
人文活力区

女神广场、游客服务中心、市民公共活动乐园、赤脚公园、
荷花垂柳园、水塔广场、人文之堤、皮划艇俱乐部音乐部

东区
山谷游憩区

大坝游船码头、月亮湾码头、森林教室、林中栈道、青松岭、
滨水徒步路、越野徒步路、山地徒步路

南区
临潭休闲区

飒野营地、雪世界、幸福里、瓦萨

西区
森林康养区

望潭广场、石羊石虎山、森林浴场
虎园北门前场区、西门、黑松林营地、林地徒步路

上 "一环四区"分区形象

大体验活动体系,强化系统IP,打造净月潭的"强劲吸引力"。景前区是景区与城市融合地,是大净月潭风景区二次消费的主要场所,适当提高规模和强度,提供高品质、多元化的商业配套服务,可发挥大净月潭风景区对净月区经济的拉动作用。净月潭景区现状二消业态单一,形象不鲜明,景区内提升以低介入的生态保护为主,因此,景前区以塑造城市地标、激活存量资产、提升商业服务配套、打造多元化公园综合体为主要规划目标,补充景区在二消业态上的产业短板。景区外的发展以在保护区红线外且生态资源禀赋优越的丁家沟地块为主,主要通过激活存量资源,促进环境保护、生态旅游与改造提升再利用的良性互动。其规划定位为复合化、集群化的高端生态城市度假目的地,以融合自然的方式补充景区高品质住宿休闲配套,打破景区"一日游"模式,构建大净月潭全域旅游产业链。

净月潭国家森林公园的整体提升不仅是联动自然、历史、人文和旅游资源,更是景区资源生态价值的再激活。总体规划通过景区内外联动发展,促进了大净月潭与城市的深度融合。通过旅游创新发展,拓展多元运营方式,提升景区服务水平,从而激活城市活力,带动冬季旅游城市的全季旅游产业向纵深发展。

基于综合效益平衡的综合策划与建议

净月潭国家森林公园作为国家5A级旅游景区,提升工程的首要目标是实现社会公益性需求。通过提升"净月潭"的美誉度、活跃度,让其深度融入市民生活。但同时,项目也应优先实现财务自我平衡,力争减少财政补贴压力和实现国资保值增值,从而促进项目综合效益(经济效益+社会效益)最大化,这是国有投资的合理价值选择。因此,运营策划着眼于"大净月潭"周边资源的一体化整合,并化为景区内、景前区和景区外的三大板块(景区内、景前区和景区外项目策划配置的具体内容,可详见15页)。景区内侧重生态保护,以公益性为主,经营性为辅,主要为生态保护、观光旅游、休闲健身等为主的内容。景前区和景区外可以适当提高规模和强度,提供高品质的商业配套服务,包括餐饮、文旅购物等,以及必要的交通基础设施,促进拉动二消,加强经营性,以实现国有资产的保值增值。通过景区内、景前区和景区外三大板块在不同经营性程度的差异组合,将有助于实现整体项目的收益综合平衡。

专业的人干专业的事。运营策划对项目的经营性程度进行分类后,建议采取投资、建设、运营三分开的专业运营方式,以在不同板块发挥不同主体优势职能,并促进高效的多元主体合作,

活化

上　长春净月潭公园场前区规划方案

实现专业化运营。我们建议景区运营公司作为景区内的投资建设及运营主体，部分专业项目由该机构委托专业运营团队运营。在运营初期资金不足的情况下，由区属政府投资平台公司或财政补贴；远期则通过景区内门票收入补贴景前区的公共景观及设施的运营支出。景前区可由区属政府投资平台公司和景区运营公司共同委托专业运营公司进行运营，商业建筑租金收入为主要收入来源。在运营自平衡基础上，力求实现财务收入最大化，商业资产增值与社会效益的提升。景区外丁家沟等项目，则可根据具体情况另行委托专业团队开发和运营，力争规模合理，产品优异，财务效益优良，以形成优质资产。

根据商业资产运营规律，持有型商业盈利以资产估值增值为主，租金为辅。游客量是影响项目收入的关键因素。游客人次的增加不仅可提高门票收入，也可为景前区引流，为非门票收入提升创造条件。因此，景前区和景区的商业项目要资源共享、协同联动运营，共同促进游客量增长，进行一体化财务综合测算，建立良性循环的商业运营模型，既要算小账，也要算大账，实现

经济和社会效益的双赢。净月潭项目的整体运营收入主要包括景区门票、景区非门票收入、景前区商业建筑租金和景区外项目投资收入。根据项目可行性研究报告并结合长春实际情况，预计景区提升工程完成后，游客量将稳步提升，到2035年基本保持稳定，达到270万人次。在此背景下，非门票收入约为门票收入的80%。同时，结合净月区现状商业设施规模、分布及社区人口情况，初步建议近中期景前区补充4万~5万平方米商业配套。

基于上述游客量及商业规模的初步分析，我们预测了景前区和景区内总投资规模。如按20年运营期，从资本金现金流口径进行财务测算，景区内及景前区在偿还本金及利息后可实现净现金流超亿元，实现财务平衡以及资产保值增值。同时，景前区商业配套的健康运营也将带来一定的社会效益。初步估算，预计可增加数百个直接就业岗位，上千间接就业机会，以及每年可增加数亿元国内综合旅游收入及数千万元税收增量。

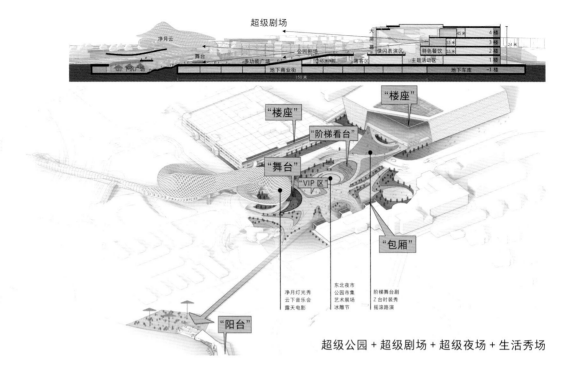

超级剧场

"楼座"

"楼座"

"阶梯看台"

"舞台"

"VIP区"

"包厢"

净月灯光秀　　东北夜市　　阶梯舞台剧
云下音乐会　　公园市集　　Z台时装秀
露天电影　　　艺术展览　　摇滚路演
　　　　　　　冰雕节

"阳台"

超级公园 + 超级剧场 + 超级夜场 + 生活秀场

上　商业策划及设计

下左　大坝东游船码头效果

下右　瓦萨婚礼草坪效果

景区外以相对独立的丁家沟为主，需要合理定位存量资源，突出文旅特质，强调经营性，以促进旅游产业发展，可单独进行财务测算。虽传统居住开发可较快回收投资，但其财务效益是短期的。因此，建议将丁家沟的发展定位为文旅项目。以净月潭国家森林公园为生态基底，以精品度假酒店和宿集为主要产品，打造城市生态文旅新地标，以提升大净月潭的文旅发展。

净月潭国家森林公园项目综合运营策划基于通过三大板块互动，强调内外资源互补、存量增量联动，以促进旅游规模增长，力争减少财政补贴压力和国资保值增值。通过创造和拉动社会消费需求，增加就业机会和行业产值及税收，提升城市空间品质，对城市形象起到长期正面提升作用，实现国有投资项目综合效益最大化。

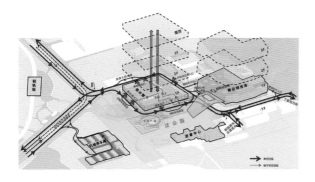

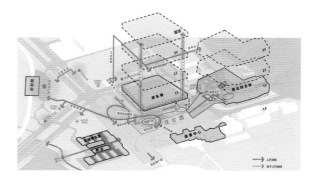

上左 景前区北广场车行组织分析　　　　　　　　　　上右 景前区北广场人行组织分析

下　长春净月潭公园场前区构筑物"净月云"沿街人视效果

景前区综合交通优化与配套能力提升

景前区一体化综合设计以优化交通组织、树立净月潭新地标、提升综合服务配套为目标，并对存量通过重新定位和功能置换，在可建设区域补充完善商业服务配套，并转化为城市共享的新消费空间，打造多元化的"公园综合体"。

规划以净月大街交通组织优化为突破点，集约化组织各类交通，以最大化让出地面步行空间，营造人车分流、合理高效、步行友好的景前区泛公园。首先，通过建设净月大街下穿隧道，分离过境交通，优化交叉路口。其次，分类梳理组织景前区各类车

行流线，主要包括社会车辆、出租车和网约车等临时车辆，以及可驶入景区的自驾租赁车辆和景区观光车、礼宾车辆等。景前区各类车流组织通行效率大幅提升，且腾让出大量场地，为树立门户地标，打造安全、舒适、便捷的景前区"泛公园"提供了条件，实现了生态景区的外延拓展。

净月云作为泛公园的重要亮点，也是净月潭的新地标，展现了大净月潭城景共融的门户形象。净月云整体形态轻柔舒展，以敞开式的形态和入口伞状木结构形成视觉焦点。伞下围合区域，自然形成人们驻足、集聚的广场空间。下沉广场则是集休

上左 市民公共活动乐园效果

上右 森林中的自然乐园效果

下 长春净月潭公园场前区构筑物"净月云"沿湖人视效果

闲、娱乐和购物于一体的复合化公共空间。规划方案以下沉广场地下商业为中心，将泛公园、净月云、商业综合体、游客服务中心、停车楼整体串联；同时，净月廊桥系统又将上述各重要节点与公共交通设施进行立体步行连接，使各人流聚集点均能高效便捷抵达，共同合力为泛公园引流，从而提升城市与景区的融合与活力。

综合商业设施围绕泛公园区域布置，以营造多元的文旅化消费方式体验地，并通过分时管控和内外联动，打造景前区夜游经济圈。文旅商业综合体和地下商业是"公园综合体"的主要内容。结合净月云的独特形态和空间，在泛公园布置广场、舞台、超级大屏幕，以情景式、体验式、带入式消费为经营特色，打造超级公园 + 超级剧场 + 超级夜场 + 生活秀场等复合化空间，提供具有演出、市集、娱乐、秀场、艺术和餐饮等文旅商业场景和体验活动。游客服务中心的升级以轻量化改造为原则，充分利用位置优势，融入景前区商业系统，探索商业 + 展览 + 服务的新模式。 新游客集散中心、文化展示及接待中心、智慧管理中心和文化体验商业四大功能为主，并结合业态增强与泛公园互动，营造文艺气息与商业氛围。景前区通过构建泛公园步行系

上　休闲体系月亮湾码头

下左　森林徒步路

下右　滨水徒步路

统、净月云形象系统和多元商业系统三大系统，最大程度地发挥了生态资源价值。以"公园综合体"的文旅特色商业，提升了综合服务配套，并与景区形成互补，使净月潭的景前区成为游客和周边居民玩中购、购中乐的文旅化消费方式的体验地，从而促进了大净月潭区域的整体城市活力和商业价值的提升。

景区内的品质提升与情景塑造

净月潭景区作为长春市乃至吉林省的绿色生态屏障和对外开放的重要窗口，承载着对外开发、开放的"城市名片"功能，景区以森林山水为基底，以林海雪原为特色，山、水、林、田、雪有机结合，是集游览观光、休闲健身、主题游乐、户外运动、科研宣教、体育赛事等功能于一体的国家 5A 级旅游景区。

景区内强调低强度、生态性、趣味性，以低介入保护为主，多系统构建丰富的景区体验活动。沿净月潭水域形成连续的景区大环线，将整个净月潭按照自然风貌、地势地形、人文节点等客观

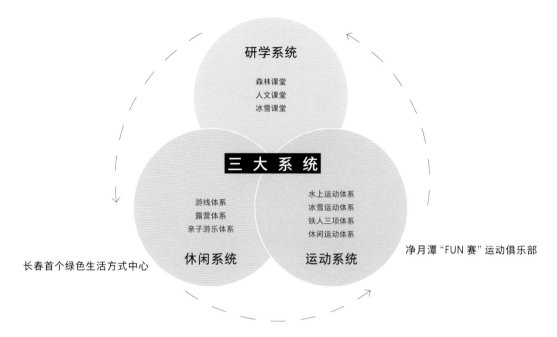

净月潭自然学堂，北纬43.78°的18类型自然课堂
打造长春首个"自然教育营地"，长春40多万名中小学生的生态教育基地

研学系统

森林课堂
人文课堂
冰雪课堂

三 大 系 统

游线体系
露营体系
亲子游乐体系

水上运动体系
冰雪运动体系
铁人三项体系
休闲运动体系

长春首个绿色生活方式中心

休闲系统

运动系统

净月潭"FUN 赛"运动俱乐部

上　休闲、运动和研学三大体验活动体系

条件分为东、南、西、北四个区域。其中靠近主入口的为北区，可建设用地较多，规划设计为人文活力区。东区因地势坡度较高，是以森林徒步活动为主的山谷游憩区。南区有瓦萨雪世界等人文节点，规划设计为运营活动为主的临潭休闲区。西区地势平坦，有天然的僧侣氧吧等自然节点，规划设计为森林康养区。不同分区、不同质感的提升方式，是净月潭景区品质提升策略。"新净月十二景"是对净月潭经典的重新还原与提升，包含现状净月潭各类经典景点，在提升现状游客配套设施的同时，最大程度地还原场景历史记忆，是游客记忆情感的连接。

业态的引入是景区激活的关键。为此引入了为场地量身打造的三大运营系统，运动 IP 为净月潭 FUN 户外俱乐部，其中除了滑雪、马拉松、徒步等净月潭传统运动项目外，还引入了水上运动、铁人三项及难度较低的休闲运动系统，使净月潭景区成为全龄、全季的休闲运动场。研学 IP 净月潭自然学堂，旨在打造长春"首个自然教育基地"，利用净月潭多样的生态系统，形成了

以森林探险、自然探索、自然感知、森林防火、观念迁徙等以自然为主线的森林课堂，结合现状历史景点打造长春历史教育课堂、历史文化课堂等文化研学项目，同时组织各类季节性活动，形成全年段活动闭环。休闲 IP 净月潭国家森林公园体系，包含游园体系、露营体系、亲子体系。其中，游园体系主要包含林中穿梭的栈道游线、根据自然景观重新规划的徒步游线、依靠现状环潭路的骑行游线与车行游线四大部分，沿线分段布置各类游客配套及经营设施，满足游客体验的同时增加景区二次消费体系，使景区在自然保护的同时，转换经营理念，形成更适合当代旅游目的地的新运营模式。

活化

服务功能导入，
公共空间提升，
建立新质生产力

武汉四美塘铁路遗址文化公园
Wuhan Simeitang Railway Heritage Park

总用地面积	76000 平方米
改造建筑面积	38000 平方米
改造景观面积	54000 平方米
建筑功能	商业、公共服务设施、配套、办公
建成时间	2024 年
工作内容	规划设计、建筑设计、景观设计
业主单位	武汉城市铁路建设投资开发有限责任公司

武汉华中小龟山金融文化公园
Wuhan Huazhong Xiaoguishan Financial and Cultural Park

占地面积	67000 平方米
建筑面积	35400 平方米
建成时间	2019 年
工作内容	建筑全过程设计
业主单位	南国置业股份有限集团

上　武汉四美塘铁路遗址文化公园夜景鸟瞰

让城市更新插上产业的翅膀

城市更新不仅仅是对旧城区的物理重建,同时承载着促进产业创新发展的重要任务。四美塘铁路文化遗址公园与华中小龟山金融文化公园项目不仅是历史与现代设计的有机融合,同时也促进了更新与产业的协调发展。

1. 四美塘铁路文化遗址公园,产业振兴的催化器

四美塘铁路文化遗址公园项目的意义不仅在于传统的物质空间重建,更是为城市打造了一个激发产业创新和经济活力的平台。项目融合了武汉丰富的铁路历史和现代设计理念,在保护历史遗产的同时引入现代设计元素,营造兼具创新和传统的多功能文化交流空间,促进文化产业发展。这一空间不仅作为历史教育的载体、文化艺术交流、商业创新的聚集地,同时也为当地居民、游客提供独特文化体验。这一设计策略将有助于促进当地文化艺术产业发展,吸引文化产业相关的商业活动和创意企业集聚,为当地经济发展注入新动力。

项目在推动文化产业发展的同时,也成为城市更新和区域经济复兴的重要标志。通过结合历史文化遗产保护与现代艺术元素,如在遗址中融入现代公共艺术作品和互动式装置,设计团队创造了一个既具历史深度又充满现代感的空间。这种设计手法保留了历史遗存的独特魅力,为当地居民和游客提供了丰富的文化体验,并吸引了文化创意产业的投资与发展。项目设计了灵活的多功能活动区和文化展览空间,将文化展示活动与社区互动有机结合;通过优化道路交通设计,加强了公园与周边区域的联系。

2. 华中小龟山金融文化公园,金融与文化产业的融合实践

华中小龟山金融文化公园项目是金融与文化产业融合的创新实践。在共享空间和区域共生的设计理念下,项目不仅满足了金融办公的功能需求,还为文化产业提供了多元的展示和交流空间。项目将现代化办公设施与文化艺术展览空间相融合,园区内的金融美术馆和多功能报告厅等设施,不仅能够作为金融活动的场所,也可成为举办艺术展览和学术活动的重要区域。

上左　武汉四美塘铁路遗址文化公园景墙与月台

上右　武汉四美塘铁路遗址文化公园铁路艺术文化中心

中左　武汉华中小龟山金融文化公园入口

中右　武汉华中小龟山金融文化公园规划展示中心

下　　武汉华中小龟山金融文化公园景观广场

　　　　　　　　　　　　　　　　　　　　　　　　　　　　　　　　活化

左　武汉华中小龟山金融文化公园 3 号楼　　　　　　　　　右　武汉华中小龟山金融文化公园 7 号楼屋顶露台

这一策略有效促进了金融机构与文化艺术机构之间的交流与合作，为两个产业的互动提供了空间载体和机遇。另外，保护性改造梧桐树等自然元素的策略提升了园区的生态价值，吸引更多的游客以及企业入驻。

助力设计之都的设计双年展

四美塘铁路遗址文化公园的华彩蜕变，映照着武汉市由工业重地向设计之都跃进的历程，它的转型不仅讲述了从传统工业空间到空间创新的跨越，更在武汉设计双年展中展示了一场视觉与文化的盛宴。

1. 武汉设计双年展选址于此

四美塘铁路遗址文化公园优越的地理位置、丰富的历史价值和宽敞的空间布局，是武汉设计双年展在此选址的关键因素。从地理位置角度来看，四美塘铁路遗址文化公园位于武汉市心脏地带，毗邻长江二桥，具有优越的通达性，亦使其成为展现武汉城市文化活力的理想舞台。从历史文化角度来看，项目场地深植于武汉的工业和铁路历史之中。这片地区见证了自 20 世纪50 年代以来武汉铁路的发展历程，武九铁路北环线、武昌机务段维修车间等重要工业遗迹，都为双年展提供了独特而深刻的文化背景。历史与现代相融合的设计策略，既为项目增添了历史底蕴，也展示了现代设计的创新手法。从空间布局角度来看，四美塘铁路遗址拥有宽敞的空间，适合举办大型文化展览和创意活动。从保留的历史建筑到承载现代功能的更新改造建筑，这些存量建筑由于足够宽敞灵活，成为一个展示多样化建筑创作的理想场所，为广大参观者提供了丰富的互动体验。

2. 服务于双年展的设计策略

项目通过融合历史与现代元素，创造了一个独特的展览和活动空间。设计并非仅限于空间改造，更是对于城市文化和历史的重新诠释和创新，项目通过连接过去与现在，为武汉城市增添了一处独特的文化地标。在"超级链接"的设计理念下，项目实现了历史建筑与现代设计元素的有机融合。这种融合不仅体现在对老火车站、徐家棚等历史建筑原貌的再现上，还体现在工业元素的创新再利用以及交互技术的整合上。例如，项目在保留并尊重历史建筑及场地现状的基础上，以空间介入的设计策略再利用场所的文化符号，并结合运营与使用功能，创造了草坪音乐广场、龙门吊剧场、铁路灯光秀等在内的多元弹性空间。这一设计呈现了兼具历史文化与活力的公共空间，为使用者带来丰富的空间体验的同时，为双年展提供了富有工业历史底蕴的展览环境。项目对水刷石景墙的复原尊重了场地的历史环境，营造了一处有吸引力的拍照打卡点；屋顶花园的设计营造了宁静的休闲观赏空间。此外，项目再利用铁轨、枕石和碎石等铁路元素，并在其中融入跳泉与水池形成水景的设计手法，在增加公共空间互动性和趣味性的同时，让使用者沉浸体验了铁路发展和工业发展历程中的历史文化积淀。

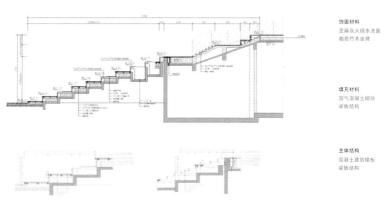

饰面材料
芝麻灰火烧水洗面
咖色竹木坐凳

填充材料
加气混凝土砌块
梁板结构

主体结构
混凝土建筑楼板
梁板结构

旧铁轨

旧枕石

跳泉

跳泉铁轨水景

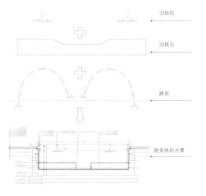

饰面材料　　主体结构
旧铁轨　　　混凝土底板
旧枕石　　　砌块砖
深灰色碎石

上　武汉四美塘铁路遗址文化公园入口

中左 武汉四美塘铁路遗址文化公园阶梯驿站

下左 武汉四美塘铁路遗址文化公园铁轨跳泉景观

中右 武汉四美塘铁路遗址文化公园阶梯花池结构解析

下右 武汉四美塘铁路遗址文化公园铁轨水景结构解析

活化

上　武汉四美塘铁路遗址文化公园草坪龙门吊夜景

下　武汉四美塘铁路遗址文化公园草坪龙门吊日景

上　武汉四美塘铁路遗址文化公园轴线景观

中左　武汉四美塘铁路遗址文化公园时光水景

中右　武汉四美塘铁路遗址文化公园历史印记

下　武汉四美塘铁路遗址文化公园铁路生态文化长廊

　　　　　　　　　　　　　　　　　　　　　　　活化

与创意和艺术
融合的产业街区
激发创新动力

武汉良友红坊文化艺术社区
Wuhan Red Town Culture and Art Community

占地面积	80000 平方米
建筑面积	66500 平方米
建筑功能	商业、公共服务设施、配套、办公
建成时间	2019 年
工作内容	园区规划
业主单位	武汉市良友红坊文化产业发展有限公司

上　中心广场上红砖铺地

艺术社区的生态与生活互动发展策略

武汉良友红坊文化艺术社区位于武汉市江岸区，原是一片闲置的食品加工厂区，经过更新现已转型成为集创意办公、文化体验和休闲娱乐于一体的综合型城市空间。该项目作为一个生态与生活互动发展的典型案例，展示了如何通过"微更新、轻改造"策略实现工业遗址的转型。这一理念不仅关注使用者的幸福感，更注重引领需求和激活城市中心，体现了现代城市环境中生态与生活的和谐共生。同时，通过保留历史遗迹和融入现代设计元素，成功地将废弃的工业区域转变为充满活力的文化和创意空间，促进年轻群体创业和生活的有机融合。

项目通过划分不同的主题区域、布置公共艺术品，使良友红坊文化创意公园成为城市中重要的文化体验、社交和创意交流中心。此外，空间的开放性、参与性是项目设计的重要特征，功能布局充分考虑了文化体验、科研创发和配套设施的需要，特别是 ADC(Art Design Center) 艺术设计中心的核心作用，其不仅是艺术和设计的展示平台，也是社区居民交流和互动的中心；项目北区布局生活美学馆和手工作坊，将生活与工业研习紧密结合以提升社区艺术和艺术创意的参与体验；通过注入公共艺术和绿色景观，良友红坊文化创意公园成功地由一处破败工业遗产转变为文化创意色彩浓厚的城市艺术公园，在改善城市环境的同时也丰富了社区居民的文化生活。

创新型公共空间设计，年轻产业群体的活力引擎

武汉良友红坊文化艺术社区项目重塑了物质空间布局，促进了年轻群体创业精神和生活方式相融合。项目以新型城市生活模式为目标，在人本主义设计理念下顺应了年轻一代对工作与生活平衡的追求，营造了一个功能多样、契合年轻人生活方式的环境，满足年轻创业者和专业人士的多元需求。例如，武汉良友红坊文化艺术社区中的 C3 办公楼，原本是一座四层高的内框架式工业建筑，设计团队提高其采光通风性能、改良其立面材质，营造适宜的现代办公和社交环境。经过更新改造，该工业建筑转变为一个集创意办公和餐饮功能于一体的现代空间，为年轻的创业者和专业人士提供了灵活且多用途的工作空间，也提升了良友红坊的文化与创意氛围。诸如此类的建筑再利用和空间再设计是创新型公共空间设计的典型案例：通过改变传统空间的用途和功能布局，创造出能够激发年轻群体创业精神和生活方式相融合的环境，使之成为年轻产业群体聚集、交流和共创的空间载体。

上　园区一角

下　ADC艺术设计中心（改造设计单位：UAO瑞拓设计）

右上　A2号楼

右中　改造后的园区

活化

生态保育修复
自然人文共生
赋予城市
新生命力

中

1994

沙坡头被国务
首家国家级
沙漠自然生

昆

《云南省滇池保
颁布实施

2013

2008

昆明提出滇池湖滨
"四退三还一护"生态建

通化

生态化改造
失修排洪河道

2022

2019

低介入生态修复重塑
稀缺性网纹红土资源的价值

南昌

生 态 · ECOLOGICAL

项目关键年份及事件

自然让城市
展现美好活力，
城市让生态
持续有机再生

生态与城市相互涵容的整合城市观

An Integrated Urban Vision Where Ecology and City are Mutually Inclusive

生态与人文的和谐共生是城市可持续发展的核心。在城市化进程中，不仅要关注经济发展和城市扩张，更要注重生态环境的保护和人文精神的传承。通过生态修复和文化传承，实现生态与人文的互动再生，是建设美丽乡村、推动城市可持续发展的关键。同时，也需要辩证地运用科学技术，平衡人与自然的关系，促进生态与城市的和谐共生。只有这样，城市才能真正展现出美的活力，实现持续有机的发展。

The harmonious integration of ecology and culture is essential for urban sustainability, requiring a balance between economic growth, environmental protection, and cultural preservation. Through ecological restoration and cultural inheritance, cities can foster beauty and vitality for sustainable development. At the same time, we also need to dialectically apply science and technology, balance the relationship between man and nature, and promote the harmonious coexistence of ecology and cities. Only in this way can cities truly demonstrate the vitality of beauty and achieve sustainable and organic development.

引言

1898 年，英国"田园城市"运动创始人埃比尼泽·霍华德出版了《明日：一条通向真正改革的和平道路》一书，提出了建设新型城市的方案，以及力图把一切最生动、活泼的城市生活的优点和美丽、愉快的乡村环境和谐地结合在一起的生态城市模式，此类新型城市即为"田园城市"，希望用城乡一体的新社会结构形态取代城乡分离的旧社会结构形态。虽然田园城市理论有一定程度的空想性，但其精华与价值的影响广泛且深远，包括田园城市的三大核心理念：**城市的主体，是"人"而不是"物"，人是城市的灵魂，城市是为生活在其中的市民服务的；城乡一体化，是一种社会城市，也是一种城市簇群，它以乡村为背景，认为乡村就是居民优美生活空间的一部分；土地问题是城市发展的基本问题，它既制约了城市发展的空间，又决定了城市发展的规模与形态。**

随着中国城市化进程的不断推进，城市与乡村田园、城市与自然生态也经历了（或正经历着）相互割裂甚至相互破坏的过程，将"生态文明"这样一种思维方式和价值取向全面融入城市发展中已经迫在眉睫。人居环境必然要走生态化道路，城市必然要建设成生态城市。王如生 2001 年在《系统化、自然化、经济化、人性化——城市人居环境规划方法的生态转型》一文中提出我国城市生态建设的四类生态转型的概念，非常能概括这个趋势："从物理空间需求向生活质量需求转型；从污染治理需求向生理和心理需求转向；从城市绿化需求向生态服务功能转型；从面向形象的城市美化向面向过程的居民身心健康和城市可持续发展转型。"

水石在不断深入地投身于城市建设实践的前提下，逐渐清晰了我们整合的城市观，旨在建立起生态与城市相互涵容的关系。城市被美好的自然生态包裹着、渗透着，且应该顺应城市山川地貌及江河湖海的自然特征，并加以强化来突出城市的特色；生态应该被城市发展带来的红利反哺着、修复着，形成不断可循环再生的、自我平衡的生态体系，从而可持续地为城市生活提供充足的自然元素，以保证城市居民的生理和心理健康。城市设计的最终目标是将生态自然与城市功能进行统合，服务于市民生活。**水石作为城市化进程下发展起来的设计平台，积累了大量的处理生态与城市共融共生的能力和经验，致力于通过彰显自然生态之美，重塑和谐共生关系。**而且设计的力量不仅仅表现在形态美学价值上，更重要的是创造更良性的城市环境

上　昆明呈贡乌龙古渔村

和好的服务，水石尤其善于打造那些地理地貌极富特色的小城镇。我们面对的有昆明滇池边600多年历史的古渔村，也有滇池水系中的大小湖泊，有南昌郊县安义县宛如大地美术馆的网纹红土荒漠，也有吉林通化县线型城市排洪河道，更有宁夏中卫一望无际的沙漠奇观……每一个我们都格外珍惜他们独特的生态资源，在整合城市观的指导下，怀着敬畏之心，耐心梳理，悉心织补。

生态和人文在互动中再生

建设美丽乡村是实施城乡一体化的典型途径，其本质是城镇化的深入与渗透，是城市文明的寻根与反哺，是城市生活的延伸与升级。而现实中的乡村的自然生态和历史文化往往都遭受了不同程度的破坏，由于以往拆迁量过大，原生的社会结构被破坏，建筑的形制与风貌失落，传统的街巷空间肌理缺失，过度的开发导致水体污染、植被消亡、田园荒芜。**在自然生态和历史文化双向急需修复的过程中，我们希望二者能够在互动中再生，相辅相佐，整体得以改善。**比如，在乌龙古渔村项目中，我们对古村落的遗迹与文化，进行制作传统与工艺的聚落整体修缮和重构的同时，对整体自然生态环境进行保育和修复，营造出一

个闲适、自然、可承载新村民的田园生态社区，全方位活化了古渔村落里的生活。这种生态和人文的互动不仅仅会表现得很和谐、温和，有时候这种互动会呈现出极大的张力。比如，在中卫沙坡头沙漠建设钻石酒店，沙漠的旷远和宁静与城市的繁华和喧嚣有着截然不同的属性。我们同样希望让令人震撼的大自然沙漠与城市生活产生对话，通过钻石酒店让沙漠和城市在此相遇，将沙漠中潜在的自然能量释放，转化成人能够切身体验的东西，通过强化特色反差感和深度体验感，创造城市生活的补充和无限延伸。

生态修复实现城市有机生长

在诸多的城市实践中，我们发现，通过改善生态和自然能够大幅提升城市的幸福度、市民的获得感以及城市环境。**引入生态和自然的要素，不仅能够打破城市某些割裂和僵硬的格局，而且能够带动新的活力和文化的空间，实现城市的健康有机生长。**比如，乌拉草沟河流的综合改造项目，充分将自然生态要素与市民生活紧密相连，挖掘这条排洪河道更多的城市功能，重新打通河道与城市的互动方式，为城市创造多姿多彩的舞台，最终使市民成为这条河流改造与提升的最直接受益者。生硬的

上　宁夏中卫沙坡头钻石酒店　　　　　　　　　　　　　下　乌拉草沟河居民活动场景

中　通化乌拉草沟河综合改造

　　　　　　　　　　　　　　　　　生态

上　南昌安义红土遗址公园

下　昆明呈贡沐春湖、泛春湖水环境整治及生态建设

人工
湿地

层级过滤

可溢流
生态屏障

生态沟渠　　　　　　　　颗粒物分离器　　　　　　　高效生物滤池

人工湿地　　　　　　　　可溢流生态屏障

上　昆明呈贡沐春湖、泛春湖低维护的水循环自净体系

排洪沟由于实施了生态的修复变得丰富和多功能,城市因为市民的受益和互动参与注入了活力,得到了发展。生态修复需要极其慎重,分寸得当。因为很多情况下生态一旦破坏了,就可能不可逆转。很多时候,低介入的生态修复不失为一个好的切入点。比如,在红土遗址公园这个项目中,基于对于网纹红土资源稀缺性的充分认识和尊重,我们采取了尽可能轻微的介入手段对其进行生态修复,以最小的干预实现最大的生态保护效果。在这片珍贵的网纹红土上,我们深度挖掘其稀缺性资源的潜力,并以此作为构建城市独特生态名片的基石,不仅可以使其得以重获新生,还能使其作为展现自然与文化和谐共存的样本;同时,这也为我们提供了一个宝贵的机会,去深入理解和欣赏这片土地的奇妙和复杂性。

科技助力下的生态治理

一直以来,科学技术的初衷是帮助人类应对自然的挑战,使人类的生活变得更理想。然而由于改变了人和自然的关系,科技与自然之间也产生了矛盾。罗伯特·萨尔于 1994 年在其著作《灰色的世界,绿色的心:科技、自然与可持续景观》中提出了技术与自然之间有着不可分割的联系,技术是人与自然发生关联的重要媒介,而自然则是技术思考的一个重要维度。

因此,我们需要辩证地驾驭好科学技术这把"双刃剑"。**在生态治理过程中,要取得良好的、可持续的、多维度共赢的效果,离不开先进科学技术的大力支持和保驾护航,同时也要始终平衡科学技术与自然生态的辩证关系,使二者共同生长。**我们在昆明呈贡区的沐春湖、泛春湖项目是综合应用多方面技术的典范,它通过一系列综合措施有效恢复了水域生态系统,促进了生物多样性,为市民提供了一个美丽、健康的自然环境,同时也增强了城市的生态韧性,展示了技术在推动城市生态可持续发展中的重要作用,更为城市生态治理提供了有益的参考。可以看见,**生态与城市一直都是相生相息、相伴相容的,我们希望通过整合二者,达成"自然让城市展现美的活力,城市让生态持续有机再生"。**

展现丰富
自然风貌，
建立特色
生态系统，
引领高质量发展

改善
物理空间

提高
生活质量

01
生态人文
互动再生

提供
生态服务

城市
可持续
发展

城市

02
生态修复
有机生长

整合
城市观

生态

建
化

美化
形象

自然

03
生态治理
迭代升级

单项
治理污染

科技
助力提升

自然生态和
人文生态的共生
是可持续发展
的目标

昆明呈贡乌龙古渔村保护更新

Conservation and Renewal of Wulong Ancient Fishing
Village, Chenggong, Kunming

占地面积	11600 平方米
建筑面积	3700 平方米
建筑功能	住宅、商业、公共服务设施、配套、办公
建成时间	2021 年
工作内容	建筑设计、规划设计、景观设计、室内设计、标识设计、展陈设计
业主单位	昆明华侨城美丽乡村发展有限公司

上　滇池旁的乌龙村与山水融为一体

历史与自然交织的画卷

乌龙古渔村是一处沉淀着 600 多年历史的静谧之地,坐落于云南省昆明市呈贡区滇池的东岸。它不仅印记着老昆明的往日旧时光,也是一段深刻的文明记忆,古村中当地传统生活场景的物质空间保存完好,又生长在自然生态极其丰富良好的滇池大环境中,因而极具"乡村复兴中国样本"的潜质。在现代社会的快速发展中,具有历史文化底蕴的乡镇村落是现代人建立与过去的连接,寻找安全与归属感的落脚点。建设美丽乡村的本质是城镇化的深入与渗透,是城市文明的寻根与反哺,是城市生活的延伸与升级。尽管乌龙古渔村的历史、空间环境预示了探索乡村振兴的无尽可能,然而其所面临的挑战也同样严峻。乌龙古渔村的自然生态和历史文化都遭受了不同程度的破坏,由于以往拆迁量过大,原生的社会结构被破坏,建筑的形制与风貌失落,传统的街巷空间肌理缺失,过度的开发导致水体污染、植被消亡、田园荒芜。如何使自然生态和历史文化互动再生,是建设新时代中国特色生态文明的重要抓手。因此,我们尊重

古村落的遗迹与文化,遵循历史形制与风貌,以传统制作与保护工艺对古村落进行聚落整体的修缮和重构,在此基础上将新的村落生活融入传统。最重要的是同时对于整体自然生态环境进行保育和修复,营造出一个闲适、自然、可互动的田园生态社区,使生活在这个社区的新村民能够在"文化有延续生态有保育"的村落里生生不息,更好地体验真实的活化的田园城镇新生活。

尊重与融入
尊重历史文化

看得见山、望得见水,村落的一砖一瓦勾起人们乡愁的最深之处,成为乡愁的具象载体。所以我们珍视乌龙村每个历史时期留下的独特特征,包括历史物件、场景和空间。具体对应的策略上我们采用古法新建、古材新用的方法,实现对历史文化情景的重现和再造。我们尤其注重对老物件以及本土化材料进行新的利用,典型的例子是古村墙体主材——土坯砖的活化利

01 制作

做砖控制。不同成色土坯砖分别使用不同泥料、配比，分批次压制。

03 做旧

对砌筑完成的土坯砖墙进行砖表面拉毛、上色等做旧步骤，弱化加工痕迹，恢复传统风貌及其年代感。

02 砌筑

采用泥浆拌石灰作为黏合剂，层间黏结土坯砖块。砌筑时，用钝口泥刀，斩出砌缝，还原自然肌理。

04 组合

将土坯砖、黄泥抹面及夯土进行组合拼贴，形成多层次的乡土建筑立面风貌。

上　土坯砖制作工艺

室内、外墙体表面做龙骨、夹板保护，并在墙体和夹板之间填充柔性材料，以减少硬质夹板对墙体表面的损伤。夹板外做双排脚手架进行支撑固定。在施工中若发现建筑基础薄弱部位，需要进行基础加固。

从内墙整体保护着手，使用钢丝网和30厚高标号水泥砂浆加固室内墙面。

中　土坯墙保护工艺

下　老物件的新生活，属地化材料的再利用

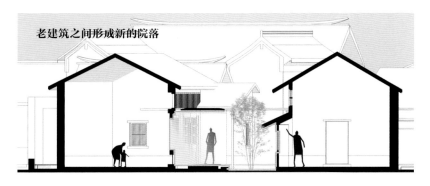

老建筑之间形成新的院落

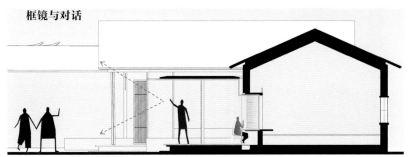

框镜与对话

上　以新连古、相得益彰

下　古法新建、古材新用

上　为村民提供更多元的活动场地

用。土坯墙是乌龙村在视觉上最主要的元素，我们为了还原视觉部分的效果，首先选用与旧有色彩、肌理、质感一致的材料元素；同时我们重点在工艺上深入研究，初期就通过大量1∶1的墙体制作实验，走访有经验的匠人，考察其他古村材料制作工坊，尝试多种现代工艺仿旧手法，形成工艺定型后反推来指导设计，在表达、构造设计、用料计划等方面更加准确和高效，最终不仅高度还原土坯砖材料，还使其能够很好地适用于当下的建设中。基于老物件和本地化材料的再利用，将传统材料与现代工艺进行结合，不仅为村落保留了过去灿烂而鲜活的生活样貌印记，也为传统与现代的融合提供了真实有力的载体。

尊重时空价值

作为一个历史悠久的街区，乌龙村不仅拥有珍贵的文物古迹和历史建筑，其街巷、院墙、沟渠、驳岸以及古树、古井等，共同构成了这个村落独特的整体空间风貌，镌刻着悠久的岁月痕迹，极具时空价值。在对乌龙古渔村进行再生实践的过程中，我们努力做到尽可能多地保留留存下来的场所痕迹，还原古村在其经典、成熟时期的格局形态，同时通过还原村落原有的"一颗

印""四合五天井"等承载了年代感的经典形制，表达我们对于过往岁月的敬意。在重塑老建筑的过程中，建筑的整体设计风格质朴无华，不追求过分的精致，而是顺应自然地势，力图保持其长年累月形成的层次丰富的建筑群落的风貌。在"文物保护""原貌新用""古意新用""当代新建"四种处理方式的指导下进行材料、工艺、设计的深入探索；在保留建筑形式的基础上进行"微创新"设计，既保留了原有村落的风貌，又呈现了精神文化的传承意义，满足了现代的使用功能需求，使这一昆明传统渔村的独特韵味与时空价值得以留存延续。

尊重社区价值，融入现代生活新模式

在继承历史文化的基础上，我们认为，古村落的保护不应局限于简单的历史还原，或是回归过去的生活方式，而应是将历史文化价值通过融入当代的社区价值中，使其得以不断地活化延续，因此，融入的导向是乌龙村再生实践的最终目标和理想场景，旨在适应现代生活模式，营建真实的村落新生活、新村民、新场景。我们期望通过更新与策划将历史文化价值、自然风貌与现代高品质生活方式相结合，为这个古老的村落注入传承与

上　改造前的村落景象

发展的文化内涵，这是对于古村落传统生活场景与社区价值的最好再塑。因此，乌龙古渔村的规划需要思考如何吸引新村民的入驻以重构田园社区。我们通过描摹未来的"新村民"的画像，进而梳理出他们潜在的需求和喜好，基于此营造出他们的理想生活场景，力求以"新村民"促成历史村落的再生，并将新的文化活力融入这个古老村落。对于社区价值的尊重、与时俱进的创新理念使新功能与传统形式和谐共存，新形式又在传统场景中得以体现，共同营造出一个完整且富有感染力的生活场景，为这座历史悠久的村落注入了勃勃生机。

保护与活化

依据现有空间特征、历史文化底蕴和现存价值的研究结果，基于自然资源以及历史资源的保护与活化，修复整体生态环境，融合当代的社会需求，重构出更新对象的新价值，实现古村落的再生与活化。

保护与活化自然资源

修复乌龙古渔村的整体生态环境是一切的基础，生态环境包括水资源、动植物资源、气候资源，等等，在此基础之上，还着重于山林田舍的保护及表达，活化了这一与古村落相结合的主要自然元素。另外，结合昆明的地域自然气候特点，通过亭廊、大树、屋檐等为村民提供更多的"廊下空间"，为未来的使用营造更多的可能性。此外，历史街巷的景观化处理设计，使村落、水景、花园里都蕴含老街巷的"遗迹"，从而形成生动有趣的"遗迹花园"，打造质朴野趣的自然村落景观。在乌龙古渔村与其周边自然环境的长期共生关系中，沉淀下了无法复制的岁月痕迹，也形成了村落宝贵的人文—自然资源。例如，村落所使用的自然材料，在与人类生活的长期互动中，逐渐形成了富有生命特质的现象：木柱、木护栏、木台阶渐渐形成了光滑的包浆，土坯墙与大树长在了一起，成为了岁月的见证。村落的墙、瓦、木，在共同的岁月里与周边的山水完美融合，形成了独特的色调和形态。这种与环境共生的时间沉淀，构成了乌龙村的自然资源及

文化雅集

文化市集

生活雅集

生活市集

上　寓古于新的乡村新图景

时间价值特色。通过点点滴滴,乌龙村的自然资源在修复和重构并举中得以积极保护和活化。

保护与活化历史资源

在历史资源方面,乌龙古渔村以其一定的规模和保存完整的传统生活场景及街巷肌理系统为特征。村落的邻里组团、寺庙、公共广场、多层次的道路和排水系统等都是生活社区的核心元素,得到了完善的保留。在这样一个完整的空间体系中,人们得以清晰地想象传统生活的场景:居住在院落里,闲步廊下,一家人围坐享用饭食、茶水,避暑消闲与嬉戏。村落的这种传统生活方式与其物理系统的完整性和丰富性,共同构成了乌龙古渔村的历史资源与空间价值。在保护其规模方面,我们尽量在整体规划上保证了乌龙村原生村落的总图谱,使其不再被蚕食减小。在保存传统生活场景方面,我们保留了空间本身所承载的时光与智慧,同时精心规划了多功能的空间布局,赋予了村落全新的生命力,通过巧妙布置的动线,结合对于新村民的引入,

我们在传统的乡村生活图景之上,将原有的历史价值与当下的空间连接,形成一幅寓古于新的乡村新图景;我们通过对空间的织补修复来手法重构街巷肌理,保护留存历史建筑风貌,不仅修复了标志性的文物建筑,也恢复了一些关键建筑的历史面貌,甚至在新建筑的风格上也做到了完美的融合,力求在色彩、布局、质感、细节上呈现出一种极致的"真实"与复古之美。我们不只是关注单体建筑的保护修复,更注重对建筑群体效果的高度把控,同时巧妙地植入了现代生活设施,使传统空间中渗透了现代生活的舒适与便捷,创造出一种古今交融的独特场景。

有张力的新与旧

在乌龙古渔村的再生实践中,新旧关系不仅是我们再生更新实践的抓手,新旧关系本身触发了许多富有趣味的对话,这种对话在每一个角落中展现出它的张力和魅力,它既是对历史的尊重,也是对未来的拥抱。在这个过程中,我们努力保留着村落的原始面貌,让历史的痕迹在新旧多重对话的方式中得以延续。

上　还原旧肌理与老场景的遗迹花园

对话关系的趣味和力量

新与旧的关系不仅是物理空间上的并列,它是一种深层次的文化和时代的交融,是有趣的、有力量的。我们充分借用新旧对话的力量,通过精心规划,使现代元素与传统风貌相互协调,从而创造出既满足现代生活需求,又保持历史文化真实性的新空间。这种空间创造不仅为书院、市集、花园、茶舍等新业态提供了生长土壤,也为乌龙古渔村注入了新的生命力。在这个过程中,乌龙古渔村不仅是历史的延续,更是一个充满活力、不断进化的生态体。它的更新不只是空间的重塑,更是文化与生活方式的革新。通过这样的新旧对话与融合,乌龙古渔村正成为一个展示历史与现代和谐共生的典范。

探索新的工作模式:
基于 EPC 模式的价值再生与保护更新实施路径

值得一提的是,在新旧时空对话的背景下,我们亦探索了新的工作模式——EPC 模式,使历史村落更新在"前期研究—更新设计—建设实施"的全流程中更为统一。EPC 模式有利于村落价值再生路径与保护活化更新方案的紧密结合,确保设计理念在更新过程中的贯穿。此模式下,项目的设计、采购、施工的同一责任主体实现了一体化完成,强化了设计的核心地位,有效解决了传统流程中设计、采购、施工之间的脱节与制约,明确了主体责任。我们将 EPC 模式应用于对乌龙村历史村落的细致勘探中,以确认村落物件、空间、结构的保护程度和后续的施工要求,从保护到再生活化,整合于统一的工作模式中。新的EPC 模式,不仅提升了流程的逻辑性,也加强了项目的整体协调性。它使老村落更新实践更加围绕更新与再生的核心思想,更好地拥抱新的变化。通过自然生态和历史文化的互动再生,使古老的乌龙古渔村得到了全方位的活化和新生,正如新华网记者在走进乌龙古渔村后在报导中写下的感受:"走进如今的乌龙古渔村,远岸青山绵延,河畔草木葱郁,悦耳的鸟鸣婉转绵长,品味老昆明传统文化,让人沉浸在温柔的时光中悠然而醉,这个有着 600 多年历史的古村也绽放出全新生命力。"在这里,历史与现代交织,文化与生态共生,乌龙古渔村愈发显现了新时代的生命力与活力。

上　农耕田园风光

下左　和谐的新旧空间关系

中右　景观水面倒映出老村落的样子

下右　老样式新场景的茶亭

生态修复，展示一座天然的课堂和博物馆

次入口

红土沙漠

南昌安义红土遗址公园

Nanchang Anyi Red Earth Heritage Park

景观面积	160000 平方米
建成时间	2019 年
工作内容	景观设计、生态建设
业主单位	绿地集团江西事业部

在现状道路上重建道路系统

林相修复策略

水源涵养保护策略

风铃教堂

林相修复策略

水源涵养保护策略

架空的生态廊道

疏林草甸

马尾松林

红土沙漠

草甸

疏林草甸

马尾松林

次入口

草甸

红土沙漠

草甸

主入口

上　红土公园入口

城市绿肺的探索、构建

由于城市化进程快速推进,生活节奏日益紧凑,工作压力日益增大,使城市居民对于回归自然和乡野的诉求愈发强烈。城市郊野公园,尤其是具有独特生态资源的城市郊野公园,成为城市生活一个不可或缺的补充,同时也起到保护自然风景资源、修复生态环境、开展生态教育等多重作用。

当我们面对壮观的网纹红土基地时,就坚定了我们的总体目标是以深度挖掘稀缺性资源为基础,打造城市独特的生态名片。指导原则是低介入进行生态修复,弱干预进行适度设计。设计策略兼顾生态修复、美学体验、社会科普、成本效益等多个维度,以高生态修复和低日常维护的具体手法展开设计,旨在保护这片网纹红土并形成独特的自然公园。公园集生态修复、大地景观、自然体验、环境教育为一体,建成后引发民众对网纹红土遗址的关注和保护,使场地产生了积极而广泛的影响。

深度挖掘稀缺性资源,打造城市独特生态名片

红土遗址公园位于中国南方城市南昌市郊县安义县,距离南昌市中心约36千米,位于梅岭国家森林公园东侧,傍着安义古村群等著名旅游景点,公园场地占地面积约16公顷。以成片的网纹红土和马尾松林为主,场地蕴藏着的网纹红土地貌是在约2500平方千米内独一无二的自然奇观。

网纹红土,区别于一般性红壤,这一特殊的地貌是第四纪冰川期的冰碛物在湿热气候条件下,经过淋溶和风化作用的产物,是在长期的地质运动下产生的,距今已有50万~10万年。其断面的特征,如不同年代红色土层中的蠕状白斑,为研究古地理环境、新构造运动及古冰川作用提供了极为重要的资料。雨季时,土质黏重且板结,难以吸收降水,导致地表径流和水土流失,使这片土地逐渐形成了沟壑纵横的红色荒漠景观。而且,长期的淋溶作用使网纹红土几乎丧失了各种营养元素,其酸性特

网状红土
不同年份的剖面特征
蠕虫状网斑

严重的水土流失
每年降雨侵蚀引起的水土流失

植物多样性失衡
单一的植物品种
远离当地稳定的植物群落结构

马尾松

红土

植根植物

沟壑

地表径流

先锋物种

先锋物种

上　红色荒漠形成的原因

下左 种植喜湿的旱生植物，固结土壤保持水土

下右 先锋植物可用于生态修复

性限制了能在其上生长的植物种类，因其过于坚硬的质地被当地居民所遗弃。在这片珍贵的网纹红土上，我们寻求深度挖掘其稀缺性资源的潜力，并以此作为构建城市独特生态名片的基石。我们认为，网纹红土这一具有稀缺价值的自然赋予，不仅是场地的特殊名片，更是将自然资源转化为城市魅力的关键，它是保护稀有资源的基础，也是城市吸引人潮的闪亮点。如果将这片土地转化为一个独特的红土遗址公园，不仅可以使其得以重获新生，而且它还能够作为展现自然与文化和谐共存的样本，同时也为我们提供了一个宝贵的机会，去深入理解和欣赏这片土地的奇妙和复杂性。正如项目开发主体绿地集团的王钧先生在 2021 设计趋势大会上的主题演讲"文旅小镇的思考与展望"中所提及的："文旅小镇的关键是通过独特的稀缺点，构建项目的核心生态价值、核心生态位。"

低介入生态修复，弱干预适度设计
基于对于网纹红土资源稀缺性的充分认识和尊重，我们采取了对红土遗址公园进行生态修复尽可能轻微的介入手段，以最小的干预实现最大的生态保护效果。

上　生态修复的自然公园

首先,修复场地的生态环境,塑造良好的生态基底是一切的基础,我们通过对于场地卫星图的时空变化研究,观察到2013年至2018年,场地内的网纹红土面积逐渐在缩减。这一变化部分归因于植被覆盖率的逐渐增加,大自然正在进行着缓慢而坚韧的植被演替。此外,极端天气和人类活动,如开荒修路等,也在不断地影响着这片土地,使场地外围的红土受到破坏和侵蚀。降水引起的坡面冲刷加剧了红土的流失,而雨水径流则逐渐汇集到地势较低的东侧。在这些自然条件的催化下,东侧如今生长着茂密的马尾松林和广阔的草甸。设计团队最终提出了林相更替和水源涵养相结合的对应策略。

其次,面对红土裸露面积较大的区域,设计团队在深入尊重现状地貌和植被的前提下,谨慎引入了浅基础的架空交通廊道体系。在规划这些道路时,遵循了三大原则:一是避免穿越裸露的网纹红土区域,以减少对脆弱地质的干扰。二是尽量绕开现

有的大乔木点位,保护场地内的生态环境。三是最大限度地利用场地西侧现有的土路基础,以减少不必要的土方开挖和对自然环境的破坏。

在此基础上,设计团队进行了多次实地踏勘,利用 GPS 定位工具和 CAD 平面定位进行了精确核验,最终确定了栈道的走向。为了指导施工,我们在场地中用彩色旗帜进行了定位放线标注。在栈道的建造上,为了尽量减少对现状地貌和植被的破坏,同时避免影响场地内的雨水径流,设计采用了架空栈道。

鉴于场地条件的复杂性和空间的狭窄,施工过程中的基础开挖和材料运输都依赖人力而非机械设备,以最大程度地保护场地原貌。通过这种精心的规划和设计,不仅保护了场地的自然环境,还创造了一个既连贯又富有教育意义的公园体验。架空栈道系统不仅保持了场地内雨水径流的自然流向,而且通过串联

3年	10年	30年
一至两层群落（引入先锋树种）	两至三层群落（常绿针叶阔叶混交林）	四层群落（常绿阔叶林）

乔木层：马尾松、刺槐

草本层：芒萁、壳斗科、山茶科阴生幼树

乔木层：壳斗科、樟科

亚乔木层：山茶科、木兰科

草本层：莎草科

乔木层：壳斗科、樟科

亚乔木层：山茶科、木兰科、冬青科

地被层：杜鹃花科

草本层：莎草科、禾本科

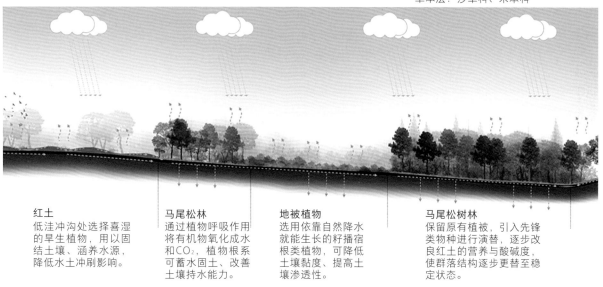

红土
低洼冲沟处选择喜湿的旱生植物，用以固结土壤、涵养水源，降低水土冲刷影响。

马尾松林
通过植物呼吸作用将有机物氧化成水和 CO_2，植物根系可蓄水固土、改善土壤持水能力。

地被植物
选用依靠自然降水就能生长的籽播宿根类植物，可降低土壤黏度、提高土壤渗透性。

马尾松树林
保留原有植被，引入先锋类物种进行演替，逐步改良红土的营养与酸碱度，使群落结构逐步更替至稳定状态。

上　林相修复策略　　　　　　　　　下　水源涵养策略

公园内的各个自然景点，为访客提供了一个深入探索与体验这片独特土地的机会。在基础的交通体系构建的网络上，为了适度创造多样活动空间，丰富场地体验参与感，设计团队精选了空间相对开阔且视野良好的位置，巧妙地置入不同朝向和尺度的观景平台。近可欣赏壮阔的红土地貌，远可远眺梅岭山峦。设计在此并非是对于场地的主观强势操作，而是最大程度地利用了场地的特点，以轻微而巧妙的弱干预适度的适度设计，在这片连绵红土中融入人类的足迹。

四维价值体系：
构建生态修复、美学体验、社会科普、成本效益

在深入勘探场地的基础上，我们从生态、美学、社会和成本四个维度出发进行探索思考，尝试从这四个维度构建属于这片连绵红土的价值体系。

生态修复：构建的基础

生态问题作为场地面临的首要挑战，场地所面临的植被稀缺及水土流失严重的问题也是需要进行技术及设计干预首要的关

上　栈道观景平台

注点。通过林相更替,比如引入刺槐(Robinia pseudoacacia)等先锋物种进行混合种植,改善红壤的营养和酸碱度。不同植物间的竞争和成长有助于生态群落的自然演替,逐渐向亚热带常绿阔叶林过渡。针对水土流失问题,我们实施了水源涵养策略。在场地的水文径流区种植喜湿旱生植物,如芦苇和蒲苇,以降低土壤黏度,提高渗透性,减少雨季对红土的直接冲刷。这不仅固结了土壤,还有助于保持水土,从而为生态修复提供了坚实的基础。

美学体验：多维感官参与

在美学方面,我们重视公园使用者的体验,希望通过精心设计的空间和景观,引领他们深入观察和感受场地。例如,利用入口处的高差差异,展现红土不同年代的断面层次,构建了夯土景墙,以传统工艺回归自然之美。此外,在设计中充分调动了除视觉之外的其他感官体验。比如,在被高大马尾松林环绕的草甸中,设计团队精心设置了"风语教堂",一处独特的空间,其中悬挂的风铃与自然风声相结合,创造了一种强烈的仪式感和与自然对话的机会。

社会科普：营造多样化的空间节点

我们希望通过设置多样化的活动空间,带领公园使用者观察和感受场地,促进参观者与场地的身体和精神层面互动和连接。通过这些空间节点的设计,将设计师的敏锐观察与实地踏勘的体验转化为公园使用者的亲身感受。在公园内部,设置了多个视野开阔的观景平台,这些平台不仅提供了自然之美的视觉享受,还是自然教育和体验的理想场所。我们用引导、科普教育和参与,使文化和自然环境达到最佳融合。

成本效益：低造价和低运维

低介入的自然生态修复,弱干预的适度设计,使低至 50 元 / 平方米的造价限制得以控制实现。充分尊重现状地面和植被,谨慎选择交通系统的形式,尽量减少场地的土方开挖。同时,设计营造还要充分从建成后长期运维开支的维度去考量,以保持良好运营,低成本维护为长期目标。"少既是多",红土遗址公园看似"少"的设计,实际包含着"多"的思考,营造了"多"的体验。

日光
Sunlight

夯土墙
Earthen Wall

雕塑
Sculpture

粗筛土 ┈┈► 细筛土 ┈┈► 加石灰水搅拌混合 ┈┈► 区别红土黄土分层，加混凝土纤维增强

► 人工运输 ┈┈► 气动锤粗夯，人工细夯 ┈┈► 夹板固结保护 ┈┈► 施工完成

上　观赏亭远景　　　　　　　　下　夯土墙的制作过程

中　夯土墙模型

生态

左页

上　松果草甸

中　红土雪景

下左　红土景观

下右　观景平台

右页

上　松林风语

下　芒草原野

让自然更可亲近，
让居民更感幸福，
让城市更具活力

通化乌拉草沟河综合改造
Tonghua Wulacaogou River Comprehensive Renovation

占地面积	52180 平方米
改造河道长度	1300 米
景观面积	52000 平方米
建成时间	2022 年
工作内容	景观设计、生态建设、环境治理
业主单位	通化县住房和城乡建设局

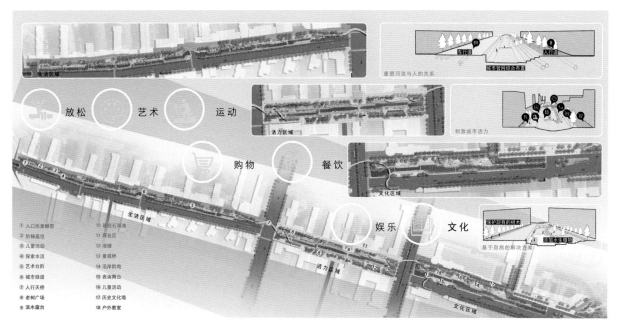

① 入口形象雕塑　⑩ 观阳石滩面
② 阶梯座位　⑪ 商业区
③ 儿童活动　⑫ 池塘
④ 探索水流　⑬ 景观桥
⑤ 艺术台阶　⑭ 沿岸阶地
⑥ 城市绿道　⑮ 表演舞台
⑦ 人行桥　⑯ 儿童活动
⑧ 老树广场　⑰ 历史文化墙
⑨ 滨水露台　⑱ 户外教室

重塑城市灵魂，谱写生态、活力新篇章

乌拉草沟河位于吉林省通化县老城区内，曾因河中生长着乌拉草而得名，是一条流经县城内的城市排洪河道，由于建设年久，河道两侧绿化缺失，河道内淤积问题严重。同时，作为一条城市内河，乌拉草沟河由于其驳岸设计的不合理性与城市活动、居民生活之间存在着隔阂，无形中成为北方城市生活中的一处"鸡肋"之地——只有老化的功能，却无活力与美感。作为民生工程的核心在于让河道重新回归城市生活，重新打通河道与城市的互动方式，通过在水系、慢行系统等多个层次的连接与缝合，唤醒河道与城市的关联，挖掘这条排洪河道更多的城市功能，为城市创造多姿多彩的舞台，我们相信，通过改善生态和自然能够大幅提升城市的幸福度。

乌拉草沟河综合改造获得了 2023 年度 LA 风景园林奖的生态贡献优胜奖。专家们对于该项目的评语非常贴切地描述了我们的初心："在自然条件不如南方城市的东北地区，设计团队能充分利用长白山的冰雪融水，在地级市打造一条集休闲娱乐、自然生态、科普教育等功能为一体的活力河道，这在当今'全面推进美丽中国建设'的重大战略部署下具有较强的示范价值。"

唤醒河道与城市关联，提升城市功能

我们在乌拉草沟河综合改造的切入点是：引入生态和自然的要素，打破割裂和僵硬的格局，塑造活力和文化的空间。针对生态和自然的要素，以乌拉草为主要的水质净化手段，同时在河道内补植水生植物，并铺设火山岩、河卵石等材料以增强河道的自净功能。最大的问题是乌拉草沟河在水质净化及生态环境综合改造前，其生态系统非常不稳定，主要是由于河道水源主要来自长白山余脉的冰雪融水和山体汇水，这导致其常水位极浅，不到 0.1 米，而在洪水期间，水位却可达 3 米左右，这种极端的水位变化使生态系统无法良性循环。为了解决这一问题，我们利用了乌拉草沟河水量季相变化大的特点，设计上首先打破原有泄洪渠割裂城市的格局，同时打破僵硬的 6 米的河道断面现状，将其扩宽到 6~18 米，通过降低水的流速，使市民更好、更安全地与水互动。其次，通过改变河道的断面，将原有直立驳岸改为台阶式亲水驳岸，河道内设计过水汀步和涌水坝，在确保行洪功能的前提下，降低日常的水流速度。结合河岸慢行系统的设计，确保沿河慢行的完整性与安全性，最终形成 2.4 千米贯穿中轴的绿道体系。

上 改造后的乌拉草沟河生态环境恢复

下 河道、城市与人重新连接

生态

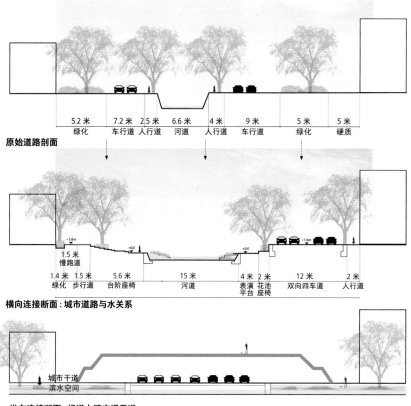

5.2 米	7.2 米	2.5 米	6.6 米	4 米	9 米	5 米	5 米
绿化	车行道	人行道	河道	人行道	车行道	绿化	硬质

原始道路剖面

1.5 米	1.4 米	1.5 米	5.6 米	15 米	4 米	2 米	12 米	2 米
慢跑道	绿化	步行道	台阶座椅	河道	表演平台	花池座椅	双向四车道	人行道

横向连接断面：城市道路与水关系

城市干道
滨水空间

纵向连接断面：绿道上跨交通干道

上　道路改造分析

我们将重点放在如何在河道及其两岸塑造多样化的城市活动场所上。我们设计了两层慢行系统，其中滨水道路供市民亲水游玩使用。在枯水期，浅流成为市民亲水游戏的乐园。河岸的台阶式设计不仅仅是亲水的邀请，更是一道风景线，引领市民步入与河流的亲密对话。在丰水期，依旧保持其为城市排涝行洪的功能，慢行系统以过街人行天桥连接被市政道路划分的公共绿廊，洪水时期作为可淹没区域；同时，将其转变为宽阔的宜人滨水区域，这些改动不仅改善了生态环境，还为市民提供了一个可赏可玩的滨水环境。我们通过绿道体系的塑造和河道的扩宽，最终呈现出怡人的滨水活力与文化空间，唤醒河道与城市的关联，连接人与自然的对话。通过对于乌拉草沟河的唤醒，将一条原本仅仅具有防洪排涝功能的城市内河转变为一条集健康养生、自然生态、科普教育功能于一体的靓丽景观带。

自然生态与城市生活结合，城市环境质量人民生活质量双提升

乌拉草沟河流的综合改造进一步深入探讨了如何将自然生态要素与市民生活紧密相连，市民是这条河流改造与提升的最直接的利益相关者，我们希望通过将这一城市的自然要素与市民的生活充分结合，为城市带来更多的自然体验，提升居民的幸福感和获得感，创造一个更加和谐、宜居的城市环境。首先，综合改造项目中营造亲水空间，将原本僵硬的驳岸转化为柔软自然的岸线，河道边的乌拉草不仅在生态上净化了水质，也成为了城市独特的自然元素，这样的转变为市民提供了一个亲近自然、享受河畔宁静的完美去处，无疑提升了他们日常生活的情趣和质量。同时，河道规划设计上融入城市绿道、文化展示、儿童娱乐、市民休闲、生态科普等功能，形成分段定位，对应呈现

旧貌

现状

旧貌

现状

上　将原有直立驳岸改为台阶式亲水驳岸

下　河道拓宽降低水流速，使人更安全地与水互动

上　生态滞留池及雨水花园构建

不同的主题与内容，同时串联河道两边的景点与商铺。真正意义上做到让河道回归市民生活，享受通化慢时光。改造重视休闲和运动设施的设置，鼓励了健康的生活方式。沿岸的步行道和慢跑道不仅便利了市民的日常出行，也成为他们进行户外运动的理想场所。在这里，市民可以在晨跑时感受清新的空气，或在黄昏散步时欣赏河畔的美景，在自然之景中体验城市慢生活。河道成为一个既能让市民亲身体验自然之美，又能增长环保知识的场所。河畔成为了市民交流和放松的理想场所。无论是邻里间在河边的闲聊，还是在河畔咖啡馆的悠闲时光，都增强了社区的凝聚力和市民的归属感。市民们说："过去，乌拉草沟河的水量小，尤其是夏天枯水期水质会变差，大家都不愿意到河边散步。现在，这里真是焕然一新，晚上一定要带着孩子来这散步打卡，欣赏夜景。"

提供城市生活舞台，激活区块业态

乌拉草沟河的生态改造，不仅是一次对河流自然面貌的重塑，更是一场城市生活舞台的演绎，它以其独特的魅力，激活了通化县的区块业态，为市民的生活添上了一抹亮丽的色彩。改造后的乌拉草沟河，得到了诸多媒体的关注和报道，也是市民休闲必去之处。这里不仅是儿童欢笑的乐园，也是年轻人社交的热点，每一步都是风景，每一个角落都充满故事。河畔的美不仅赋予了市民休闲的空间，也激发了他们对美好生活的无限憧憬。节庆期间，河畔变成了欢乐的海洋，抓泥鳅、放水灯、露天电影，这些活动不只是娱乐的选择，更是社区情感的纽带，把邻里的心紧紧连在一起，提供了市民自由展现城市生活的舞台。我们针对不同年龄段人群设置针对性的活动体验，确保具有全时性、全龄化且动静相宜的人文参与体验。这些丰富多彩的活动不仅丰富了市民的文化生活，也让河流周边的商业活力焕发新生，改造项目强化了河道与周边建筑组团、商业社区的联系，串联形成了一个个无安全隐患、便民的可达的公共景观空间。餐厅、咖啡馆、小店，在项目的激活以及影响下逐步发展起来，不仅为市民的日常生活增添了更多的选择和便利，也提升了沿线区域的商业价值。在乌拉草沟河的生态改造中，我们见证了一个城市如何以水为媒，编织出一幅生活与自然和谐共处的美丽画卷。这不仅是一次对河流的恢复，更是对城市生活方式和社区精神的深刻启迪，为追求更加美好生活的城市提供了宝贵的灵感。乌拉草沟河是一项落地的民生工程，通过生态化的综合改造，真正实现了让"县城有变化、群众有期待、社会有热度"，提升了城市的综合活力，丰富了市民的文化生活。

上　河道增设涌水坝

下　河道两岸步行贯通

生态

上 周边居民河道活动场景

下 河道呈现丰富的滨水空间

上　滨水休闲回归自然之趣

下　慢跑道连通栈桥

用科学的方法
保护和治理
生态环境

昆明呈贡沐春湖、泛春湖水环境整治及生态建设

Muchun Lake and Fanchun Lake Environmental Improvement
and Ecological Construction, Chenggong, Kunming

公园总面积	252000 平方米
首开区总面积	165000 平方米
水体面积	112000 平方米
陆地面积	538000 平方米
首开区建筑面积 （新建+改造）	930 平方米
建成时间	2023 年
工作内容	景观设计、生态建设、环境治理
业主单位	昆明市呈贡区水务局

上　滨水栈道日景

生态治理与城市活力融合

泛春湖、沐春湖位于云南省昆明市呈贡区中心，属长江流域洛龙河水系，自白龙潭水库起，汇入滇池，处于滇池三级保护区内，包括泛春湖、沐春湖水环境整治在内的滇池上游水系的截污治污举措，是滇池保护治理措施的重要组成部分。近年来，昆明市呈贡区发展快速推进，城市面貌日新月异，改革开放取得显著成效，城市品质形象持续提升，生态文明建设富有成效，"十四五"期间呈贡区将深化拓展"春城花都展示区、现代科教创新城"功能定位，全力确保"十四五"规划开好局、起好步，奋力开启全面建设现代化科教创新新城的新征程。基于以上政策背景，昆明市呈贡区水务局提出"呈贡区沐春湖、泛春湖水环境整治及生态建设项目"（以下简称"沐春湖、泛春湖项目"），项目建设以生态为先导，沐春湖、泛春湖区域通过生态方式进行水环境处理，同时植入人文活力功能从而形成呈贡区依托滨水休闲步道、花镜漫步、生态水泡、都市田园等功能区，以净水科普、海绵城市、自然教育为主线，结合未来场地的运营，引入自然科普研学基地、种植主题亲子研学社、花园集市等，与周边万达、七彩城等形成城市服务发展轴，尝试创造一个水环境治理、海绵城市与城市公共服务为一体的公共空间。呈贡区委书记陈净在进行沐春湖、泛春湖水环境治理专题调研时曾指出："水

环境治理是一项长期性、系统性的工程，要坚持以习近平生态文明思想为根本遵循和行动指南，统筹水资源、水环境、水生态治理，脚踏实地，久久为功，像保护眼睛一样保护好滇池，持续擦亮呈贡水明山秀的生态底色，不断满足群众日益增长的优美生态环境需要，提升群众在生态建设中的获得感、幸福感、安全感。"这个环境整治及生态建设项目的亮点在于环境治理中的先进技术支持和保障，全面提升城市品质。我们非常注重将各项技术保障运用到水环境和生态治理上，建成了一个水质保障的技术示范和实践样板，一个先行启动的窗口，为后续整个城区的生态建设探索可行的模式。

技术保障助推城市生态建设

水域面积为 11.12 公顷，占公园总面积的 44%。项目建设前湖体污染较重，沐春湖平均水质 V 类，泛春湖 COD 超标严重，水质类别仅为劣 V 类。水体浑浊，基本不具备水生态系统自身净化能力，水体周边杂草丛生，生态环境失衡。首先，根据实地考察，发现沐春湖存在初雨污染风险与存在点源污染风险。同时沐春湖、泛春湖周边为城市道路，污染物可通过地表径流排入水体，污染水质。根据实地考察，发现沐春湖、泛春湖局部底泥淤积，易释放污染物入河，破坏水质。沐春湖、泛春湖主要通过泵站实现与其他水系的连通，因此水体流动性差，生态自净能

点源污染
上游进水口污水排放

内源污染
湖底淤泥沉积

内源污染
水体浑浊

地表径流污染
城市道路雨水、农田灌溉水汇集

治理前

地表径流净化循环体系

清澈见底的水体

水下森林系统

治理后

上 治理前后对比

下 治理成效

每年
4.6吨 总氮去除量

水质从
地表劣Ⅴ类 稳定提升至Ⅳ类

每年
1.14吨 总磷去除量

构建
78359平方米 水下森林

3种沉水植物

矮生苦草

刺苦草

篦齿眼子菜

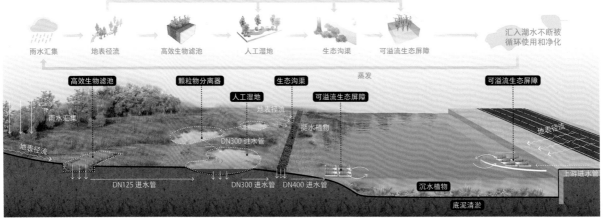

上　湖景鸟瞰　　　　　　　　　　　　　　　　　　下　水环境治理系统

力较差，由此可见，对于沐春湖、泛春湖的水环境综合治理离不开技术的支持。所以，我们重点是通过一系列创新的生态修复措施和技术，不仅改善了水体质量，还大幅增强了生态系统的稳定性和多样性。具体措施有以下三点。

措施一：外源污染控制。针对上游来水及城市道路、农田地表径流造成的污染，采用由高效生物滤池及人工湿地组成的旁路处理系统进行处理。利用植物根系、漂浮湿地、人工水草作为挂膜基质，通过生物接触氧化技术对微污染雨水进行净化，从而控制外源污染对水体的水质的影响。

措施二：建立低维护、可持续的地表径流净化循环体系。经地表土壤与植被初步净化后的地表径流通过高效生物滤池、人工湿地系统进一步去除水体中的超标污染物，处理完成后经生态沟渠汇集，排放进入泛春湖、沐春湖水体，由可溢流生态屏障进一步净化，形成低维护的水循环自净体系。

措施三：构建水下森林系统，治理现状内源污染，提升水体自净能力。依据项目前期底泥测量，对淤泥堆积严重的沐春湖进行生态疏浚，将底泥降至适宜水生植物生长的厚度并进行消毒、改良等措施。利用沉水植物、水生动物、微生物在水体中形成生产、消费、分解者食物链模型，构建水生植物＋底栖动物＋浮游动物＋肉食鱼类＋微生物的完整水下森林生态系统，提升水体自净能力，长期涵养水质。

再如，项目在底泥治理方面表现尤为突出，我们采用生态疏浚技术，最大限度地移除了污染物，同时保护了水生生物的自我修复能力。关键步骤是底泥改良和消毒，不仅提升了底质状况，

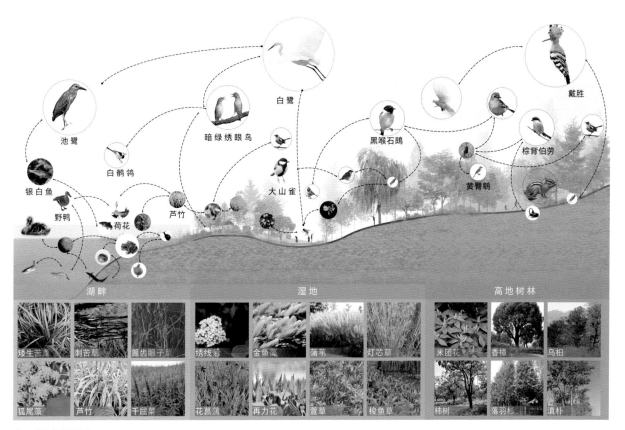

上　动植物群落结构

<table>
<tr><td colspan="3">湖畔</td><td colspan="4">湿地</td><td colspan="3">高地树林</td></tr>
<tr><td>矮生苦草</td><td>刺苦草</td><td>篦齿眼子菜</td><td>绣线菊</td><td>金鱼藻</td><td>蒲苇</td><td>灯芯草</td><td>米团花</td><td>香樟</td><td>乌桕</td></tr>
<tr><td>狐尾藻</td><td>芦竹</td><td>千屈菜</td><td>花菖蒲</td><td>再力花</td><td>萱草</td><td>梭鱼草</td><td>柿树</td><td>落羽杉</td><td>滇朴</td></tr>
</table>

也为沉水植物提供了适宜的生长环境。项目在水生植物的筛选与应用方面也颇费心思，选用了能够富集多种重金属的水生植物，如金鱼藻、黑藻等，这些植物在重金属污染水体的修复中显示出较大潜力。通过这些植物的生态作用，有效减少了水体中重金属的浓度，从而提升了水质。经过综合治理，泛春湖、沐春湖水质由治理前的劣Ⅴ类水质稳定提升至地表Ⅳ类水质，本项目水体于枯水期仅需补充蒸发水量，摆脱了需依靠上游调水维持水质的局面，减少了水资源的浪费。同时，可在一定程度上对汛期、雨季的地表径流、上游来水起到一定的滞蓄作用，从而减少下游管渠、河道防洪压力。项目通过构建动植物生物斑块，促进了生物多样性的恢复。这一措施包括了植物群落的重建，旨在增强生态系统的自我维持能力和稳定性。此外，项目着重于生物多样性的保护和恢复，通过恢复适宜的生境条件，提升区域内生物种类的丰富度和生态系统的健康度。根据对动植物群

落组成、数量、分布格局、栖息生境、生态习性和季节动态的研究，项目植被以本土植物为主，重建结构稳定的植物群落，为动物栖息地的恢复打下良好基础。同时，项目还整合了海绵城市的理念，项目中的雨水花园不仅承担了净化水质的生态功能，还成为了科普教育的场所，使市民能够直观了解雨水管理和水质净化的重要性。

我们还尝试运用了湿地技术，营造了不同大小的湿地，整体设计依据现状竖向关系，利用现状下凹绿地设计多层湿地净化雨水，达标后排入沐春湖，湿地进行防渗处理，打造与场地的整体主题相符具有互动的科普湿地区。通过自然的雨水管理和利用技术，有效增强了城市对极端天气的适应能力，并减少了城市洪涝风险。湿地及滨水重点构建水生植物净化结构，形成"湿生植物—挺水植物—浮叶植物—沉水植物"的水陆生态交错带，

上左 转角野趣花园

上右 自然花境营造

下　湖畔花园鸟瞰图

中右 缤纷多彩的植物群落

上 丰富的市民休闲游憩活动空间

营造自然式驳岸、水草丛生的湿地水塘、缤纷多彩的野趣花园，以修复生态系统多样性、稳定性和可持续性，重建动植物生境。在碳中和示范方面，项目在修复过程中注重实现碳中和目标，通过植被恢复和其他生态工程手段，有效增加了碳的固存和减少了温室气体的排放。这些与时俱进的各项技术，成功地展现了科学技术在推动城市生态恢复和可持续发展方面的重要作用，全面地恢复和提升了该区域的整体生态系统。

从单一的景观模式转变为系统的统筹生态空间

我们认识到，对于沐春湖、泛春湖项目的环境整治并非仅仅是对于单一场地的景观营建，以水环境治理作为切入点，打造具有高品质的生态环境，重点放在从单一的公园景观模式向系统的统筹生态空间转变，而非仅仅着眼于传统的公园模式和景观空间，这不仅是对自然环境的保护和提升，也是对生态文明建设理念的具体实践。项目紧邻万达广场与高层住宅区，通过多

样的参与性活动空间植入，承接场地周边商业、商办、住宅、地铁站等地块人流，连通城市公共空间，改善区域的生态环境及人居环境。浮在湖面上的木栈道、湿地花海中蜿蜒的小径，引导人们踏入自然之中。通过这种全面水环境综合治理提升，项目不仅美化了环境，还提高了生态系统的健康和功能性，为呈贡区带来了持久而可持续的生态效益。

"四合一"模式：
生态环境、生态人居、生态经济、生态文化

沐春湖、泛春湖项目作为呈贡模式的先行启动窗口，采纳了一种创新的"四合一"模式，即将"生态环境、生态人居、生态经济、生态文化"融为一体。这一模式以生态为先导，不仅关注生态环境的恢复和保护，同时也着眼于改善人居环境、促进智慧农业和丰富地区文化。项目地理位置优越，位于呈贡中央公园发展轴的核心区域，因此承担着提升该片区城市形象和居住环境

生态

上　滨水栈道夜景

的重要使命。在这一框架下,项目团队致力于在城市森林中打造一片生态绿洲,探索一种全新的城市可持续发展模式。这种模式以生态为基底,以水环境治理为核心,以智慧农业为载体,构建了一个多元复合的场景,旨在实现环境的可持续性和社区的综合发展。通过这样的综合治理,项目不仅成为生态保护范例,也促进了生态人居、生态经济和生态文化发展的良好融合,为呈贡区乃至更广泛地区提供了可借鉴的成功模式。

植入运营思路

在沐春湖、泛春湖项目中我们还尝试植入运营思路,目标是实现运营收入最大化,通过引入多样的场地运营项目,提高场地经验适应性运营成本可控化,减少运营维护成本。项目的全生命周期运营管理通过采取一系列智慧化和信息化策略,成功实现运营收入最大化和运营成本可控化的目标。核心策略涵盖了引入多样化的场地运营项目,如休闲娱乐区、科普教育活动和生态旅游,这些项目不仅丰富了访客体验,同时为项目创造了稳定的收入来源。在运维管理方面,项目利用智慧化和信息化系统,包括管网的智能线上运维模式、机械设备的自动化运行和管理,以及水质在线监测系统的智慧提醒保养模式,这些措施不仅大幅提升了运维效率,也显著降低运营成本。此外,为确保水质长期稳定达标,项目运营管理采用智慧系统和人工调控相结合的运行模式,从而实现长治久清的建设目标。综合而言,项目通过将智慧化和信息化技术与多样化运营项目的有效结合,提升了项目的经济效益,确保了生态系统的长期稳定、可持续发展,展示了现代技术在推动城市生态项目中的巨大潜力。

昆明市呈贡区沐春湖、泛春湖项目不仅是一个多方面技术应用的典范,更为城市生态治理提供了有益的参考。项目以水环境治理为切入点,通过构建水下森林系统、建设高效生物滤池、打造人工湿地等措施形成自循环的水生态微环境。同时,运用昆明本土植被,重建多样化的植被群落,修复动植物生境。营造参与性景观空间节点,改善人居环境,为市民提供了一个美丽、健康的自然环境,同时也增强了城市的生态韧性,展示了技术在推动城市生态可持续发展中的重要作用。

上　自然教育科普

中　水陆生态交错带

下　黄昏滨水栈道

　　　　　　　　　　　　　　　　　　　　　　　　　　　生态

上　滨水栈道日景

下　滨水栈道日景鸟瞰

上左 亲水平台　　　　　　　　　　　　　　　　　　上右 植物丛生的湿地花园

下　　自然式驳岸　　　　　　　　　　　　　　　　　中右 多样化的参与性活动空间

可参与的
自然生态，
提升城市能级
激发产业活力

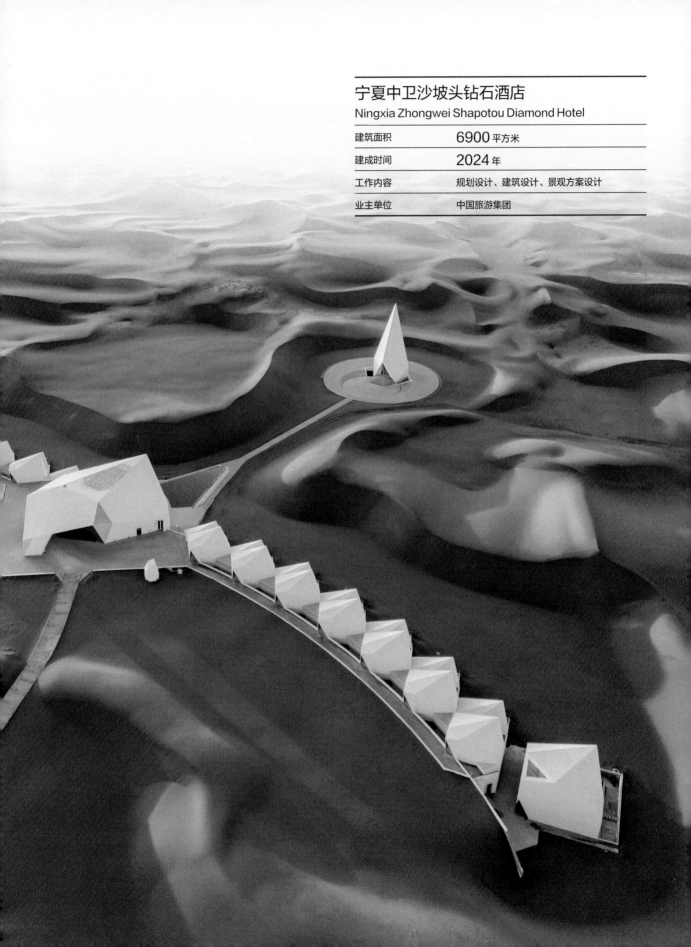

宁夏中卫沙坡头钻石酒店
Ningxia Zhongwei Shapotou Diamond Hotel

建筑面积	**6900** 平方米
建成时间	**2024** 年
工作内容	规划设计、建筑设计、景观方案设计
业主单位	中国旅游集团

上　灿烂星空散落在沙漠中

自然与人文的对话

沙坡头景区星星酒店度假区钻石酒店（以下简称"钻石酒店"），位于宁夏沙坡头国家级自然生态保护区，地处腾格里沙漠的东南缘，现为国家 5A 级旅游景区。这里集大漠、黄河、高山、绿洲于一处，具西北风光之雄奇，兼江南景色之秀美。在这里可以骑骆驼穿越腾格里沙漠，可以乘坐越野车沙海冲浪，咫尺之间可以领略大漠孤烟、长河落日的奇观。著名哲学家康德曾说，世界上有两件东西能震撼人们的心灵：一件是我们心中崇高的道德标准；另一件是我们头顶上灿烂的星空。我们的目标就是在这样的沙漠中设计建造一座以浪漫爱情为主题的酒店，这是一次极为难得的机会，我们希望做的就是让这两件震撼人们心灵的东西在这里结合并呈现。沙漠作为自然的存在本身是有着自己独特属性的。从巨大的昼夜温差、强烈的紫外线与干旱、风沙带来的阻力等来看，沙漠本不是一个适宜人类居住的所在。

沙漠中的挑战与融合

离开现代科技的支撑，人类在沙漠中几乎难以生存。所以，在大漠中营建酒店带给我们一个充满了张力的话题：一面是独一无二的沙漠奇观，一面是严酷的生态条件；一面是人类需要物质生活的基本保障，一面是人类对精神层面的追求超越；一面是沙漠深处的静谧，一面是城市的繁华喧嚣……我们深切地感受到：沙漠的美是独特的，它是空性的、浪漫的、宁静的、神秘的，更是永恒的。而酒店是旅行者的驿站，旅行的目的之一也是获得超乎于日常生活的全新的极致体验。为了让人们获得一种奇观式的、独一无二的难忘体验，我们将沙漠的景色最大限度、全方位地容纳到酒店中来成为整个设计的核心。水石在打造钻石酒店的过程中，充分把控和运用这一系列张力，整合沙漠和城市的角色关系，旨在让自然生态之美得以升华，让城市生活得以无限延伸。

上　酒店日景鸟瞰

下　沙海柔和的曲线和建筑锋利的几何面交融

　　　　　　　　　　　　　　　　　　　　　　　　生态

谢嫒

水石米川工作室主持建筑师

"我们自设计之初，就满怀着对自然的敬畏，小心翼翼，珍视大自然的每一份馈赠，希望在大漠腹地打造出一处融合东方智慧与创新设计的居停空间，与广袤沙漠融合、完美入画的艺术品。"

访 谈
Interview

钻石酒店相对远离城市中心，请问作为主持建筑师如何理解它和城市的相互关系，它能给城市生活带来怎样的特色体验？

谢渡 当我们第一次来到沙漠，立刻被它的广袤与壮阔所震撼。浩瀚的腾格里，像天一样辽阔，让人心生无边的敬畏。夕阳的余晖与璀璨的星空让人感叹大自然的壮美与神秘。在无垠的沙漠漫步，仿佛时空静止一般，让人感悟到一种"空"性——万物无常、无我。我们都被深深地吸引住了，折服于自然的伟大，敬畏之心不由自主地涌现。那一刻，仿佛远离了我们所熟悉的城市……

沙漠的旷远与宁静的确是与城市的烟火气有着截然不同的属性的。我们熟悉的城市和城市中的建筑，往往是更为理性的存在，更多偏向功能、效率与舒适安逸的体验，同时也更强调人与人之间的关系，讨论的是公共性。面对自然，我们首先是尊重与敬畏。在这里，建筑的存在更像是一种媒介，强调人与自然的关系，通过营造一种体验，将一个原始的场地转化为一个与人类连接的场所，通过"人造的建筑"建立起人与自然之间一种更为深刻的联系。这个过程更加依赖感性与直觉。越是远离城市的喧嚣就离真正的自我越近，也更容易让内心深处的能量释放出来。在这里，人们更容易获得精神层面的满足感。人们来到这里，更多地不是为了寻求安逸的体验，而是希望去体验大自然最原始的状态，去寻求一种超乎寻常的极致体验。这些独特的体验与人们的城市生活反差极大，但无疑是人们追求完整人生的一部分。我们希望通过钻石酒店将沙漠中潜在的、自然的能量释放出来，转化成人能够切身体验到的东西，我们通过强化特色反差感和深度体验感，进行城市生活的补充和无限延伸。

钻石酒店非常好地将建筑的内涵外延与沙漠自然景观绝妙地融合在一起，请问它设计的创意灵感源于哪里？又具体运用了哪些策略？

谢渡 创意灵感首先来自于大自然本身，其一，我们完全被这独一无二的沙漠景观给震撼到了！沙漠的美是那么独特，它是空性的、浪漫的、宁静的、神秘的，更是永恒的；其二，宁夏是星星的故乡，沙坡头的夜晚格外静谧，观星是一件延续数千年的浪漫事情，夜空中繁星点点、璀璨夺目。当一颗流星穿过夜空落在地上，就仿佛变成了一颗沙漠中的钻石。创意灵感来自酒店的主题：浪漫爱情。爱情的纯真、极致、浪漫特质让我们联想到"钻石"——璀璨夺目、坚实稳固，却又清澈透明。钻石一词源自希腊语"adamas"，意思是"不可战胜的或不可征服的"。与拉丁语中的"adamare"（热烈地爱）很相似。而钻石是经过琢磨的金刚石，金刚也象征着坚定不移的信仰和坚韧不拔的意志。钻石能够抵御烈火和钢铁，有着超自然的力量，象征着永恒。早在 15 世纪，钻石就已经成为婚姻中忠诚、爱情与承诺的象征。21 世纪，传统在不断改变，但将钻石作为最重要的爱情象征物依然盛行至今。至此，"钻石"这一概念脱颖而出，将沙漠、星空与爱情三大主题完美串联，成为我们设计的起点。

落到具体的设计策略，第一，我们希望最大限度地彰显沙漠景观的显性价值，全方位地容纳到酒店中来成为整个设计的核心。酒店将钻石的内涵外延与沙漠自然景观绝妙地融合在一起，坚毅的钻石酒店屹立在沙漠之中，在流动的沙粒中打磨出钻石的耀眼光芒。白天巧妙地反射出景观中不断变化的光线，夜晚与沙漠上的星空遥相呼应，无论白昼还是黑夜，一静一动，相得益彰。整个外观是一颗拥有 27 个切面的巨大的"钻石"，俯瞰整个酒店，就像落在沙漠中的一串闪闪发光的钻石项链。如果说公区和礼堂是最闪耀的钻石吊坠，那么客房就是串联起整个钻石项链的一颗颗独立的"钻石"。30 间客房在中轴的左右两翼沿螺线展开，通过依次偏转 5°，使每间客房都拥有不同的观沙视角，又通过上下错层，使每间客房拥有独立私享的景观画面。我们利用一切大自然给予我们的资源，比如，巧妙地利用沙丘原有的地形起伏将后勤空间隐藏在一层的地下部分。又如婚礼堂，作为整个钻石酒店最高的也是最重要的精神象征，仅

有 100 多平方米的礼堂仪式空间拥有 27 米多高的星空顶。10
米多高的落地三角形大玻璃正好能将落日的余晖映入室内。这
里是作为婚礼的仪式空间，新人在这里与日月、星辰和沙漠一
同见证和分享爱，以极致自然致敬永恒浪漫。第二，我们着重让
人们获得一种奇观式的、独一无二的深度难忘体验。酒店公区
的主入口门厅设计了一个内嵌的、由 541 个切面组成的钻石形
空间，无数次的镜面反射使其呈现出迷离而璀璨的光泽。置身
其中，仿佛瞬间进入了钻石的内部——钻石之心，我们希望人
们在进入酒店之前先领略到一种超现实的奇幻体验。

酒店的客房也塑造了独特的居住体验，一层与二层客房不同：
一层客房由一条半室外甬道连接，均为套房，拥有独立的起居
会客空间，与钻石形的卧室空间形成良好的动静分区，可满足
不同的使用需求，又能通过露台直达沙漠，获得沉浸式的亲沙
体验；二层客房为独立的钻石形空间，拥有更完整的钻石形象、
更独立的入户体验与更高远的观沙视角。每间客房都拥有独立
的露台泡池和直接朝向景观面的大床和浴缸；在酒店两翼的尽
端有两栋独栋的大套房，这两栋套房可以作为专用的婚礼套房
来使用，可通过沙漠越野车直达入户，配合婚礼堂的仪式空间
制订一套定制化的一站式婚庆服务。一层是起居室和小卧室，
通过一个内部的旋转扶梯可以抵达二层的超大卧室空间。拥有
最私密的入户庭院和独享的景观资源，另外还配备了泡池和独

立的露天景观泳池，二层的浴室还专门设计了一个通过天窗可
以沐浴星空的浴缸，力求提供极致浪漫的体验。

**钻石酒店建成后的环境氛围，给人留下非常深刻的印象，能否
谈谈如何营造融合这种极其独特的整体效果？如何将自然生
态之美升华？**

谢湲　建成之后的效果其实比预期的还要好，这里所指的并不
是建筑技术完成度层面的好，而是指建筑与自然二者之间的关
系处理得相得益彰，建筑置于环境中表现出的那种微妙的戏剧
张力——沙海柔和的曲线与建筑锋利的几何面形成一种交相
呼应的关系，透过雕塑感的建筑形体，我们又得以捕捉到一天
中不同时段内的天光呈现出的不同状态。整个建筑采用白色为
主色调体现钻石般纯净清澈的特质，考虑到沙漠中强烈的光环
境，选择了带有一定灰度的白色。表皮的设计采用了镶嵌大大
小小的三角形灯的方式体现机理的变化，每个三角灯具都是一
个特制的灯盒，内部的侧壁处理成镜面，可以将光线进行无限
次反射，形成"深渊镜"的效果。在微观尺度上，可呈现一种近
似万花筒的丰富变化；在中观尺度上，通过两种规格的疏密变
化向角部汇聚，形成"钻石"棱角处的"高光"；在宏观尺度上，通
过控制夜间的照明控制，形成类似呼吸般交替闪烁的状态，如
夜空中闪烁的璀璨繁星。无论是公区、客房还是婚礼堂，都采用

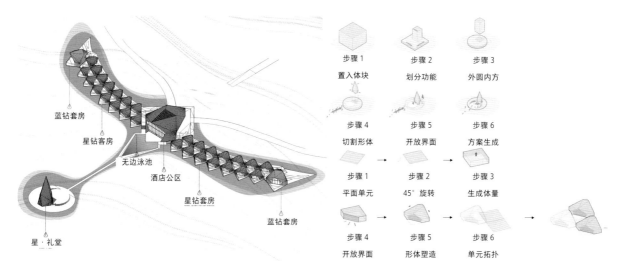

步骤 1　　　　步骤 2　　　　步骤 3
置入体块　　　划分功能　　　外圆内方

步骤 4　　　　步骤 5　　　　步骤 6
切割形体　　　开放界面　　　方案生成

步骤 1　　　　步骤 2　　　　步骤 3
平面单元　　　45°旋转　　　生成体量

步骤 4　　　　步骤 5　　　　步骤 6
开放界面　　　形体塑造　　　单元拓扑

蓝钻套房
星钻客房
无边泳池
酒店公区
星钻套房
蓝钻套房
星·礼堂

上　功能及体块分析　　　　　　　　　　　　下　礼堂人视日景

了这种表皮设计的语言,形成高度统一的母题。为了表达对大自然的敬畏,我们设计了一个入夜前的"点亮仪式"。通过对照明的控制,让所有星光灯开始有规律和节奏地闪烁,再用线性光去模拟发射和点亮的过程——从泳池两侧经由长长的甬道最终向婚礼堂的最高点发射,所有的灯在这个瞬间达到最亮、最绚烂的状态,以这样一种特殊的仪式感开启入夜的篇章。

著名哲学家康德曾说,世界上有两件东西能震撼人们的心灵:一件是我们心中崇高的道德标准;另一件是我们头顶上灿烂的星空。我们要做的就是让这两件震撼人们心灵的东西在这里融合呈现。我们自设计之初,就满怀着对自然的敬畏,小心翼翼,珍视大自然的每一份馈赠,希望打造出一处融合东方智慧与创新设计的居停空间,与广袤沙漠融合、完美入画的艺术品。

上　礼堂日景鸟瞰

下　人类工程与自然环境和谐共存

上右　客房日景半鸟瞰

中右　秩序感的客房排列

上　礼堂日景

下左 客房夜景半鸟瞰

中左 客房夜景

下右 酒店公区主入口

生态

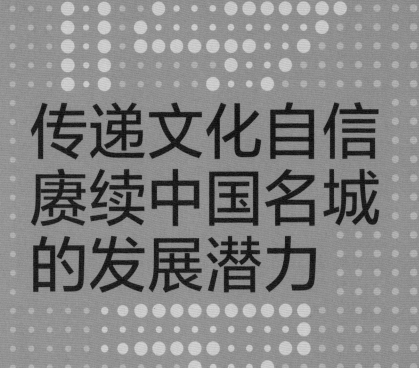

传递文化自信
赓续中国名城
的发展潜力

滁

宜

周口

具有地方文化特色的
周口关帝庙(山陕会馆)建成

1852

苏州

老竹辉成为一代苏州人
城市生活的记忆符号

山城水相织的
各局最终成形

1383

原料产地向城市
间的自驱力转型

2020

1990

1571

"安徽第一商业街"
倒扒狮街立牌建坊

1921

安庆

中国共产党第一次全国代表大会
在浙江嘉兴南湖召开

嘉兴

修旧如故，
化古为新，
保护利用

探索城市更新与保护，传承融合发展新路径

Explore Urban Renewal and Protection, Inherit New Paths of Integrated Development

历史文化遗产是一个民族文明和传统精神的灵魂和载体。党的二十大以来，对于历史文化的保护传承逐渐上升为国家意识和法治理念。在城乡遗产保护传承的系统工程中，水石不仅需要扮演"调查者"和"研究者"的角色，更需要利用专业技能与价值理念，承担"创新者"和"开拓者"的职能，积极探索城乡遗产创造性转化与创新性发展的方法，使其得到科学保护与合理利用，激发出更大的势能。

Historical and cultural heritage is the soul and carrier of a nation's civilization and traditional spirit. Since the 20th CPC National Congress, the protection and inheritance of historical culture have gradually risen to the level of national consciousness and the concept of the rule of law. In the systematic project of urban and rural heritage protection and inheritance, SHUISHI not only needs to play the role of "investigator" and "researcher", but also needs to use professional skills and values to assume the functions of "innovator" and "pioneer", actively explore methods for the creative transformation and innovative development of urban and rural heritage, so that it can be scientifically protected and reasonably utilized, and stimulate greater potential energy.

"修旧如故"建筑遗产保护修缮

历史文化遗产是人类文明不可缺少的重要组成部分。但近20年来，随着我国经济持续高速的发展，城市建设速度的加快和旧城改造规模的扩大，对建筑遗产在内的诸多文化遗产保护带来了很大冲击。与此同时，文物建筑还面临着年老失修和自然损毁的挑战，建筑遗产的保护修缮成为新时代历史文化遗产保护传承的重要组成部分。对公众而言，建筑遗产与文物建筑是某一地区历史文化的浓缩，是市民文化与情感记忆的物质载体，承担着广泛的遗产教育和文化传播的社会功能。**面对建筑遗产保护修缮的问题，水石坚持以延续文物建筑的生命为最高目标，使文物建筑延年益寿，发挥更大的社会文化价值。**"修旧如故"是水石在建筑遗产保护领域一以贯之的坚守，这种修缮理念讲求尊重各时代在文物建筑上的留存，**不以追求风格的统一及形式上的仿古为修缮目的，而是真正保持原有建筑的艺术和历史见证的真实性，延续建筑遗产历史与文化的生命。**

1. 以审慎态度延续文物建筑的生命

文物建筑的保护修缮是一项系统宏伟的工程，保护和保存是这项工程的首要保证，也是评估修缮工程质量的关键指标。文物建筑的修复程序复杂，过程考究，要求万无一失。因此，**修缮工程考验的不仅是修复者对任何细节的谨慎把控，更重要的是对历史的态度和理解。**在20世纪70年代苏州名刹虎丘塔的维修加固中，面对塔体倾斜、塔身损坏的紧急情况，水石紧密联合设计团队，通过勘察测绘和不断摸索论证，最终完成了抢险加固工程，避免了虎丘塔潜在的倒塌风险，使其保持稳定并继续发挥文化生命。虎丘塔修缮工程的背后体现了水石注重考据历史资料，审慎对待修复工艺的态度，这种细致的态度不仅体现了一个成熟团队对知识、经验与技术的灵活应用，也紧密贴合了新时期文物工作方针的要义，即坚持保护第一和价值挖掘。

对于虎丘塔这样的建筑遗产，修缮最重要的目的在于抢救性保护，延续文物的生命周期。相较而言，苏州瑞光寺修缮工程更着眼于在保护修缮的基础上再现文物建筑的审美和历史价值。修缮工程历时10多年，团队以更长时段的历史研究以及工艺探索解决了修复难题，为江南地区保留和再现了在建筑史与技术史上独具价值的楼阁砖木结构古塔。**在文物建筑修缮工程中注重阐释文物建筑的核心价值，保护传承文物建筑的艺术真实性，不仅有利于社会公众构筑文化认同的纽带，同时也为整个社会延续根源深厚的文化基因。**

传承

左　苏州云岩寺塔"虎丘塔"文物修缮　　　　　　　　右　宾兴馆保护勘察修缮整治

2. 以创新思维重塑历史空间的特性

历史建筑的空间格局与物质遗存经历了广泛的社会变革与功能重组，其当前的保存现状并非完全遵从历史的格局和秩序。因此，**如何在当代遗存中实现对建筑遗存的历史意向的准确解码和阐释，是文物建筑修缮整治面临的核心难点**。在广东惠州宾兴馆的修缮设计中，水石从当前平面勘测出发，一边梳理建筑的历史沿革和区域社会文化背景，一边注重不同功能空间边界的再确认，通过二者进行古今空间的叠合，再通过排除后期扰动，最终复原修缮了具有地方建造传统的科考宾馆。

修缮设计重现了具有历史与艺术价值的空间格局与建构细节，遵从了让文物活起来的修复目标，在精美的灰塑、碑刻和天井空间之中，我们似乎可以一窥当年科考宾馆使用与营业的历史场景。与此同时，宾兴馆的修缮设计也启发我们重新思考历史建筑修缮整治中历史与当下的合理联结。一方面，挖掘历史的层累性是确定修缮设计的根本依据；另一方面，文物建筑的修缮要推陈出新，而非落入一味仿古复原的窠臼。经验告诉我们，修缮设计的关键在于对建筑功能空间变迁与演绎的理解，顺着这些具有历史意趣的节点可以抵达当时的社会情境，透物见人、透物见史。简单来说，历史建筑的修缮整治如同一件文物的考古出土，设计者必须不断拂去其表面沾染的尘土，以重现文物的原貌。在这个过程中，要求设计师具有创新性思维和扎实的专业素养，大胆摒除后期干扰，冷静论证，才能揭示并传承建筑空间内潜藏的历史意涵和文化特性，更好地回应当代访客的文化和精神需求。

3. 以修促用复原场景的活态功能

对建筑遗产的保护修缮源于对历史的珍重，反映了对于过去的一种怀旧情绪。尤其是宗教建筑这样的遗产，建筑本体不仅见证了中外文化的糅合交融，也是信仰功能持续传承的历史空间。对于类似的建筑遗产，修缮更着眼于"以修促用"的设计理念，**通过合理修缮，使建筑遗产的原初功能继续发挥作用，通过场景复原促进历史空间与当代群体的对话**。

在江西景德镇天主堂的修复中，我们很难从现存的场景窥知过去的仪式空间与信仰活动，史料匮缺、结构病损以及空间改动等问题都成为修缮方案中的巨大挑战。因此，基于恢复场景的使用功能与完整空间，我们结合了口述史、结构勘测以及材料病理学的方法，整治区域环境并增加了必要的基础设施，为场所带来了新的活力。复原后的建筑尽可能地兼顾了"历史性"和"活态性"两个特质，这种修缮理念在为建筑使用群体提供理想的居住和功能环境的同时，也加强了遗产社区的凝聚力和城市文化旅游的吸引力，使修缮活动成为了具有文化传承和当代意义的社会行为。

"化古为新" 传统建筑营造再创新

如果说建筑遗产是历史记忆的符号系统，强调任何历史"事实"都必须通过后世代的不断追溯和回忆被唤起，并融入当下。**作为一种特殊的符号系统，建筑遗产唤起历史记忆不仅是为了帮助公众返回过去，也是回应时代变化所带来的挑战和危机，加**

左　景德镇天主教堂保护修缮　　　　　　　　　　　右　苏州博物馆宋画斋传统建筑复原

速历史文化与现代生活融为一体。在传统建筑营造领域，"化古为新"的理念强调任何针对建筑遗产的改造和利用措施，都要根植过去，立足现在，指向未来，**这也是对新时代的文物工作方针中"有效利用，让文物活起来"的生动诠释**。

1. 以公众展示助力历史情境的复原

建筑遗产是历史的产物，蕴含着人类的技术思想、价值观念、审美特性等无形的人类价值和智慧。对于当代社会而言，建筑遗产被社会集体所共有，其中所蕴含的文化内涵与历史，也自然成为发挥社会功能和弘扬时代精神的重要载体。

从文物保护的角度来看，"真实性"和"完整性"是文物建筑修缮、重建和复原工程中必须时刻注意的基本原则。但以恢复历史情境为旨的仿古建筑设计并不追求和还原初建状态，更在于对不同历史时期叠压形成的物质遗存的真实状态进行展示性复原。在寒山寺普明宝塔及塔院设计和苏博宋画斋营造中，建筑复原经历了严谨的资料考证和工艺选择，修复并弥补了特殊历史空间的完整性。复原建筑如同一部反映设计意匠与建造传统的教科书，为公众提供了一个欣赏、参考和学习的机会。

对于在历史发展和社会变革中业已消失的重要历史遗产，展示复原具有重要价值。从更广泛的意义层面来看，基于为公众提供教育、审美和艺术价值的文物重建，其真实性已经不在具体的一砖一石，而是在于还原和展示特定历史时期的技术水平与审美意趣。此外，遵从历史意向和实物证据的复原重建本身就是一次有价值的阐释活动，通过调动公众的历史想象，表达并刺激其对历史象征物的审美和纪念，能够强化我们族群之间共有、共享的文化基因。

2. "旧瓶装新酒"，营造一种新旧共生的和谐氛围

在我国绝大多数普通乡村，仍然保留有数量众多、体量完好的民居古建筑，但其原有功能随着时间推移逐渐丧失和淘汰，随之面临的凋敝和消失几乎成为一种必然趋势。因此，如何让这些传统建筑继续葆有文化生命力，在彰显文化传统的同时发挥全新的时代功能，是传统建筑营造更新领域必须直面的问题。

就传统民居建筑而言，其既是不同时代生活方式和集体记忆的见证，也是有效联结历史文脉与当代社会需求的文化资源。"新旧结合"的设计理念巧妙地巩固了建筑功能与其文化价值之间的深厚关联，通过修复建筑的原始外观唤醒建筑的象征意义，并创新性地植入符合当下生活需求和精神需要的功能业态。这也恰好说明传统建筑的营造更新并不是一味地融入仿旧，而是通过旧与新的重叠，赋予建筑新的语言，从设计到功能，再到受众与访客。

我们认为，**当代乡村中古村落及其传统民居是中华民族历代群体生存智慧和生活哲学的重要彰显。它应该在表达村民的传统生活的同时释放更多的活力，使建筑本体成为重塑村落场所感的一部分，并不断迭代发展下去**。这种思考开始启发我们在传统建筑营造更新领域的推进。以上海美丽古民居酒店为例，我

左　郑州长安古寨传统民居复原　　　　　　　　右　上海石库门传统建筑设计

们将原本弃置荒野的传统民居遗构收集整理后整体异地修缮保护，并将其展示出来，作为新业态酒店空间的装饰体系，完成一种时空的转化与文化的延续。而在郑州长安古寨的修缮设计中，团队更深入地思考了在保持村落肌理和空间特征相对完整的情况下如何植入当代功能。设计强调对历史场景的恢复以及对传统文化的重释，以传统营造技术的现代化应用与景观片段的修复，增加游客体验的独特感和文化浓度，从而将文化主题进行更纯粹地呈现。简而言之，新旧共生的更新理念，营造了一种兼具历史意向与现代品位的空间氛围，使到访者能从新旧意向的比对中回归传统，品味经典，获取一种切实的文化参与感以及高于历史场景本身的现代服务体验，进一步提高审美品位与生活质量。

3. "空间再造"，历史环境的传承与新生

在当前的时代背景中，大批量新建筑的建成正在缓慢打破城市历史积淀的肌理结构与空间连续性，造成城市空间层面的文化失语与记忆断层。因此，在面向未来的城市营造中，设计者尤其需要注意保留和恢复更多的历史意象与文化记忆，以修补弥

合城市空间中出现的文化断裂。在传统建筑设计营造领域，团队认为只有将恢复建筑历史特征与空间格局作为设计依据，才能够使新功能与历史元素在形式与体量上和谐相融，现代社区的物质性与真实记忆才可以随着营造策略一直延续下去。上海石库门"公元1860"项目中，我们尝试将现代社区营造与地方特色建筑形式融合，通过空间、视觉、非物质和功能上的历史复原，表达和传承地方性的居住文化和精神内涵。通过复原老建筑历史细节与肌理格局，设计充分表达了对石库门建筑历史价值与工艺形制的尊重。

与此同时，象征着上海市民精神的海派文化也被隐喻在空间格局和建筑结构中，通过建筑语言的转译，创新性地融入新时代人们的生活居住空间。**存量时代下的城乡遗产保护更新，除了对于既有建筑的修缮与活化，还可以在恰当的设计理念的指导下，以现代技术的应用寻求历史环境的再生，促成历史意向与现代需求的融合，进而展示并传承具有价值的文化精髓。这对于城市空间与城市景观来说，既是一种与时俱进的恢复和修复，也是一种文化空间的新生。**

上　苏州竹辉饭店改造

"保护利用"历史文化街区更新

从城乡规划的历史和美学角度看,历史文化街区最核心、最有价值的遗产要素并不是单体建筑遗产,而是历史时期城乡建设过程遗留的物质遗存与其内外自然环境的构成关系,如历史文化街区的用地划分方式、街巷格局、肌理,以及天际线、全景等。因而针对历史文化街区的更新利用,更强调对一种整体空间和综合关系的保护,使其在功能重塑和空间营造中创造并传承社会文化价值。而所谓的保护利用也不是将历史文化遗存束之高阁或者冷冻切片,相反,**让历史文化遗存走进日常生活,将地方性知识和在地文化融入保护设计以及在街区更新充分尊重社区居民的需求,才是拓展保护传承路径的最好方式。**

1. 在地文化的融合创新

与现代以来全球化趋势下越来越雷同的城乡建设模式及其形态不同,每个地方的城乡建设都曾受制于不同的地理、气候、地方性建材和生活生产习俗,从而塑造出了相当不同的城乡形态和街区模式。

苏州地处江南腹地,古城的历史文化街区属于典型的江南水乡文化辐射区,其核心的历史文化价值也凝聚在其特殊的商贸格局与街巷肌理之中。在苏州竹辉饭店项目中,团队首先考虑的便是从宏观上解决历史文脉和空间肌理的延续性,通过化整为零、肌理织补的设计策略,从图底关系上延续了苏州古城传统尺度的街巷空间。其次,在承嬗历史空间格局的基础上,我们进一步通过传统建筑的功能转化与人文景观的营造,向公众传递独特的艺术品位与深层次的文化价值;我们尤其注意到竹辉饭店对于城市形象和时代记忆的重要意义,并通过对苏州园林造园置景的借鉴,营造了具有姑苏文化的本地场景,延续独特的城市与市民记忆。

无论是单体建筑还是街巷格局,其最终是要表达文化,一旦它以某种方式表达了我们对于文化的理解,自然而然就会变成文化传承的一部分。竹辉项目强调了在当代历史文化街区保护利用中建立起在地文化的系统性研究的必要性,进而通过建筑语汇转译与形态建构,恢复具有在地文化的历史场景氛围,延续城市的文化底蕴和历史文脉。

左　滁州老城区四牌楼街保护更新　　　　　　　　　　　　右　滁州老城区历史文化名城保护更新

2. 以人居环境改善，带动老区活力复兴

城市的历史，来自生活于此的每一代人记忆的叠加。经过漫长的历史沉淀、拥有不同时期文化类型的历史文化街区则是城市记忆的标志场景，它记录着城市的演进轨迹，反映出社会文化生活构成的多元性，是城市文脉最形象、最生动的外在表现。因而，历史文化街区的保护更新需要建立在对其空间格局形成过程的全面理解，重点关注街区内的生活群体与生活场景。滁州老城区历史文化街区的保护更新设计着眼于传承其独特的"山—城—水"营城格局，以人居环境更新和基础设施提升为出发点，复兴古城的生活场景与活力空间。改造设计由内及外，在延续原有肌理的同时，进行现代化改造与配套服务设施建设，重新组织生活功能，以公共空间的再造为当地居民的日常生活提供多样性空间，最大限度地发挥积极作用。**这种保护更新设计提供了当下城市更新的新思路，即以人居环境的改善为出发点，以局部建筑的微改造和功能提升为重点。尤为重要的是，更新策略中开始注重对人身体和生活的关心。**以宜人且温和的修缮手段，启蒙、呼吁并唤醒当地人的文化自觉，使他们成为这些历史空间的主人，带动古城社区的生活发展与活力复兴。

3. 实现保护与开发的双重平衡

党的十九大以来，政府相继出台了多部法律法规，强调在城乡建设中系统保护、利用、传承好历史文化遗产。**这样的时代背景给新一轮城乡建设提出了全新的要求，意味着加强历史文化保护与传承将成为城市更新行动的一项重要任务。**然而，历史文化街区为代表的遗产是否可以跳出被一味被保护的定位，以更

有机、更积极的姿态参与到城市更新中来，并为我们的城市带来新的活力？这需要参与城市更新保护的设计者从更具体而微的角度进行思考与创新。在安庆古城的城市设计中，我们注重保留、修缮有历史价值的构件及建筑实体，重塑古城特色的街巷格局及空间体系，延续人们对古城的历史记忆，发掘场地文脉与当下之间的关系。设计将古城原有的人文元素如民国街巷和传统街巷等融入现代社会的语境下，使保留修缮后的历史街区成为不同时代的文化元素与城市记忆的展示空间。**与此同时，方案在保留历史外观、再现文化场景的前提下，对已经失去活力的历史建筑赋予新的生命形式，通过规划指引与游览路径设计，有效激发起街区生命力，实现保护与开发的双重平衡。**

如果说上述的历史文化街区属于城市体系和法定概念，有着明确的评估方法和登录原则。那么类似乌龙古渔村的保护整治则启发我们扩大对城乡遗产保护和历史文化街区的理解。因为从城乡遗产保护的动态性视野来看，这些传统村落的地域环境、人文氛围和建筑景观等所蕴含的历史文化因素，仍然是值得被传承和珍视的保护对象。项目整体规划基于历史文化保护传承、自然资源保护和当代生活功能需求，最终营造出一个闲适、自然可互动的田园社区，并通过多方协同参与使古村落保护与利用迈入可持续发展的良性轨道。城市更新与街区保护需要创新思维和利益兼顾，要注意保护与发展的统筹协调。**在城乡文化保护传承的视野下，我们要高度重视历史文化保护，要突出地方特色，注重文明传承、文化延续，让城市留下记忆，让人们记住乡愁。**

上　安庆老城区街区主入口牌坊

下　安庆老城区倒扒狮街

传承

要保护历史，
也要再利用；
要风貌修复，
也要场景营造

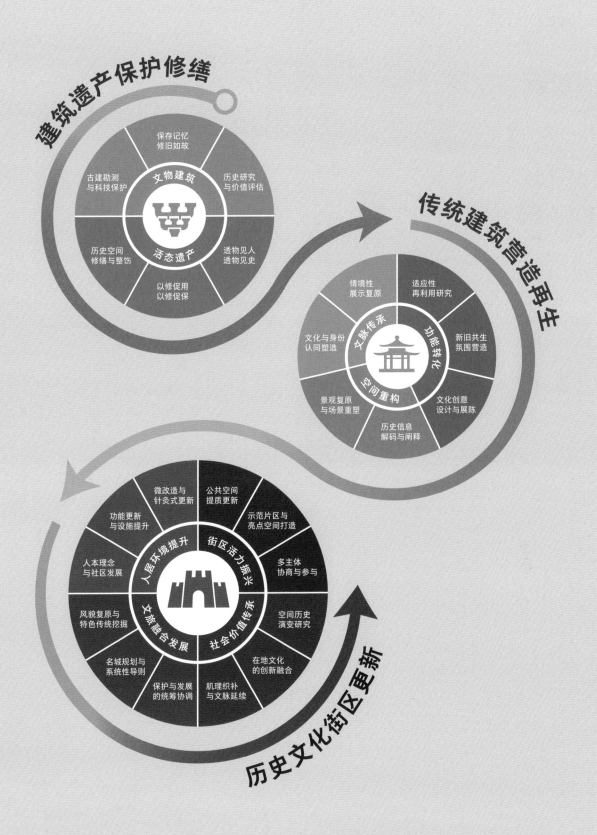

建筑遗产保护修缮

保存记忆
修旧如故

古建勘测
与科技保护

文物建筑

历史研究
与价值评估

历史空间
修缮与整饬

活态遗产

透物见人
透物见史

以修促用
以修促保

传统建筑营造再生

情境性
展示复原

适应性
再利用研究

文化与身份
认同塑造

文脉传承

功能转化

新旧共生
氛围营造

景观复原
与场景重塑

空间重构

文化创意
设计与展陈

历史信息
解码与阐释

微改造与
针灸式更新

公共空间
提质更新

功能更新
与设施提升

示范片区与
亮点空间打造

人本理念
与社区发展

人居环境提升

街区活力振兴

多主体
协商与参与

风貌复原与
特色传统挖掘

文旅融合发展

社会价值传承

空间历史
演变研究

名城规划与
系统性导则

在地文化
的创新融合

保护与发展
的统筹协调

肌理织补
与文脉延续

历史文化街区更新

沈旸
东南大学建筑学院教授、博导

重视文化发展是世界上绝大多数民族或国家凝聚族群认同、民族认同与构建丰富精神世界的必由之径。想要真正理解历史文化保护传承对于我们国家强盛和立于世界民族之林的重要意义，我觉得仍然需要全社会各个领域的专才发出声音，作出表率。

沈华
苏州水石建筑设计有限公司董事长
苏州市东南文物古建筑研究所所长

我认为历史文化保护传承的意义实则应是唤起基层工作者对历史文化遗产的敬畏之心，同时借助社会各层级的力量帮助这些工人增进对自身工作意义的理解和感情，切实提高他们的文物保护意识。长远而言，提升基层文保工作者的理念意识和修复价值观，既是历史文化保护传承的意义所在，也是其目的、手段和方法。

鞠德东
中国城市规划设计研究院名城院院长

简单来说，从单一到全面，从关注物到关注人，新时期历史保护传承的目标更强调"见人见物见生活，留形留神留魂"。既要关注其物质形态的保护，也要关注其文化内涵的传承；既要关注历史文化遗产本身，也要关注其与现代人生活的融合；既要保留历史文化遗产的形态和神韵，也要延续其内在的精神和价值。

丁蜀的城市更新的重点并不是基础设施的改造，而是文化基因的书写与传承。丁蜀这座城市应当由建筑师和艺术家共同参与其建设与发展，要充分发挥丁蜀的民智民力，利用民众的治理智慧和力量推动城市发展。

伍震球
宜兴市丁蜀镇党委副书记、镇长

"城市特质"始终是我们设计师需要敬畏和回应的极为重要的要素，尤其在中国的城市发展经历了相对粗放的一个时期之后，这样的特质显得尤为可贵。而文化的传承无疑是这些特质中的"灵魂"与"内核"，对城市的空间生长、人们的生活方式等都有着深远的影响。

金戈
水石合伙人
卓时水石总经理

存量更新的最终目标还是基于保护的活化利用，以用促保，让历史文化和现代生活融为一体，实现永续传承，运营时代要求从"一锤子买卖"到"细水长流"，设计师在方案阶段需要具备运营思维，从策划规划层面就考虑未来运营方式和运营效率，从项目全生命周期进行综合考虑。

辛磊
水石技术研发中心
X7 创研室负责人

访 谈
Interview

"传承"可以是一个被普遍讨论的话题,既可以关联社会对于传统文化的认知,也可以深入每一个相关领域从业者的日常研究工作,同时也是当前城市更新绕不开的价值观。我们邀请学者、专家、城市管理者、设计师与建造技艺的传人,带着批判与展望的态度,寻找广泛的认同和独特的理解。

"Inheritance" can be a widely discussed topic, which is related to society's understanding of traditional culture, and can also go deep into the daily research work of practitioners in each related field. It is also a value that cannot be avoided in current urban renewal. We invite scholars, experts, urban managers, designers and inheritors of construction skills to seek broad recognition and unique understanding with a critical and prospective attitude.

历史文化的保护传承已成为一个具有时代性和辩证性的议题。在此背景下,设计师、学者以及城市管理者都在经历工作思维与设计理念的"破"与"立"。各位能否结合自身领域,谈谈在当下城市更新和城乡建设的大环境中,对历史文化保护传承意义的理解?

沈旸 于个人而言,我从读书到工作一直在做这样的事情,兴趣爱好是最基本的出发点。就社会背景而论,历史文化保护传承已经成为时下的热点问题和显学概念,是必须面对的核心议题。在社会转型的浩荡洪流中,我以前的兴趣爱好能够与当下实现良好结合并发挥效用,这实属幸运,亦是探讨意义的一个基本前提。

我认为要理解历史文化保护传承的意义,国家的大政方针,包括习近平总书记的数次重要讲话精神,已对此有了提炼与强调。若从个人经验出发,我觉得应该对"文化"进行词义解释与意义辨认。词典和百科全书中对"文化"的解释很清楚,文化即一切精神财富的总和。因此,重视文化发展是世界上绝大多数民族与国家凝聚族群认同、民族认同与构建丰富精神世界的必由之径。**我们今日之所以探讨历史文化保护传承,恰恰是因我们的国家和社会已经走到了这样一个历史关口,不得不回应历史和文化对于社会发展的意义。**

同时,我认为大多数人并不理解大力弘扬历史文化保护传承的原因,也较少追问背后的逻辑和意义。想要真正理解历史文化保护传承对于我们国家强盛和立于世界民族之林的重要意义,我觉得仍然需要全社会各个领域的专才发出声音,作出表率。从学者或教师的角度出发,**我认为一方面我们要积极参与实践,拿出可行、有效的历史文化保护传承案例与示范;另一方面我们应与设计师、城市管理者一同,自觉肩负起重要的责任担当,以身作则并亲身示范,通过实际行动让社会大众意识到历史保护传承的意义所在。**

沈华 我一直在遗产保护领域从事实际工程的落地工作,包括文物建筑保护修缮到历史街区的复原设计。但在这个过程中,**纠结与问题往往比意义更早地显现出来,其中最核心的问题就是价值评估。**一方面,由于价值判断存在主体性差异,加之遗产保护本身缺乏一个刚性标准,这实际上产生了一个意义颇为含糊的操作空间。尽管如今会有各个层级的专家会议提供指导性意见,但是对于基层工作者而言,在各类方向不同的要求和意见中分辨并权衡正确的方向,着实令人苦恼。另一方面,这种价值判断的不确定性会直接给施工落地带来麻烦。换言之,无论前期的项目设计、策略或方法多么高级与新颖,从施工角度来看,最后的遗产保护工作还是落在一个个手拿泥刀、铲刀的工人身上。

在今天,历史保护传承已经上升为国家理念和法治工作,也存在大的理念框架和逻辑概念,比如,名城规划就有宏观的肌理控制、风貌规定。**但我始终认为历史文化遗产的一部分核心价值是在于其具体工艺和结构细节。而这些具体细节的保护传**

左　修水通远门遗址公园保护更新　　　　　　　　　　　右　修水通远门遗址公园沿街环境整治设计

承,最终取决于实际操作的匠人能否凭借自身的技艺去践行全新的保护理念。因此,我认为历史文化保护传承的意义实则应是唤起这些基层工作者对历史文化遗产的敬畏之心,同时借助社会各层级的力量帮助这些工人增进对自身工作意义的理解和感情,切实提高他们的文物保护意识。例如,我所在的苏州香山帮协会一直颇为关注后继工匠的培养和技艺传承,尽管大家都认为存在困难,但仍在坚持探讨传承的方式和技术。长远而言,提升基层文保工作者的理念意识和修复价值观,既是历史文化保护传承的意义所在,也是其目的、手段和方法。

鞠德东　首先,我想明确的是,历史文化的保护并不是一以贯之的传统,原来大家可能不太重视。举例来说,中国的名城制度已建立 40 多年,我们经历了从不太重视历史文化到现在越来越重视的过程,直到近几年才把历史文化保护提升到文明传承的高度。过去 40 多年的名城保护,虽保护了不少,但也消失了许多。因此,在当前背景下讨论历史文化遗产的保护传承,具有更大的紧迫性和必要性。其次,从中国今天社会经济的发展现状出发,我们需要更多地在国际上彰显自己的价值观和文化理念。依靠什么? 其实就是我们常说的"讲好中国故事,传承中华文明"。**而悠久的历史文化、灿烂的中华文明如何传承? 其实是需要一个个历史城市、历史街区和历史建筑,换句话说,需要依托实物载体。**文明传承不能仅靠历史典籍中的文字记述,也不能只有观点而没有证据。至于具体的意义,从我个人的工作经验来看,有以下三点。

第一,城市特色的塑造。我们如今常强调城市特色,然而,究竟什么才是一座城市的特色,一座城市与另一座城市的核心区别何在? 历史文化保护传承具有重要意义,因为一座城市最大的特色是源于其数百上千年间持续积淀的历史环境、历史建筑以及城市与自然的整体关系。历史城区、历史地段无疑会成为当今城市建设中塑造城市特色、延续城市风貌的核心区域,亦会成为抵御同质化建设、塑造城市核心竞争力的战略阵地。

第二,延续传统民间智慧。我们有诸多优秀的传统民间智慧亟待保护与传承。例如,现今提及的"海绵城市"或"生态城市"概念,事实上,回顾历史上赣州福寿沟的防洪排涝系统,其地下空间与管网建设已极为先进且富有智慧。再如,城市与环境一体化,我们历史上的城市地方景观系统,无论是八景还是十六景,均彰显出当时的城市极具文化意识和情感温度,是时空一体的景观建设与家园营造。然而,时至当下城乡建设,我们对于老祖宗诸多优良的理念与做法并未良好地继承与弘扬。故而,在现今社会发展背景下,历史保护传承的意义还在于合理延续部分传统民间智慧,并将其应用于新的城市更新和城乡建设之中。

第三,城市的高质量发展。正如习近平总书记在 2015 年中央城市工作会议中指出:"城市发展需要依靠改革、科技、文化三轮驱动,增强城市持续发展能力。"文化作为最重要和最持久的三大动力之一,对当前的城市发展的转型和城乡建设的工作具有特殊意义,而历史文化的保护传承与弘扬又是文化建设中非常核心的工作目标。

伍震球　丁蜀镇有着独一无二的紫砂产业资源。紫砂是丁蜀建城发源的原因，也是千百年来这里百姓安居乐业的产业基础。因此对于传承的意义，作为传统产业小镇的丁蜀，或许有着别样的理解。在其他地方，文化传承或许由前辈交予后辈，继而更多地仰仗政府或机构去组织延续。**然而在丁蜀镇，文化传承是自发的、独立的，无须政府的直接介入或引领，却能自然而然地在民间流传与发展，所以丁蜀镇的更新势必与传统产业的保护及传承紧密相连。**尤其在推进城市更新和保护活化利用的进程中，我们深刻认识到丁蜀的城市建设与文化保护是独一无二的。陶瓷文化作为丁蜀的灵魂，是活态传承的。换言之，陶瓷文化的市场化程度很高，极具活力，能够持续自发地传承这种文化基因。故而，我们从一开始就没考虑推倒再建的开发模式，反之，我们想到的是将丁蜀特有的紫砂产业和陶瓷文化作为资源与优势。城镇的主角就是以陶为生的老百姓，我们的历史文化空间就是他们的生活空间，所以我们保护区不设围墙，也不迁人。以丁蜀历史最悠久的古南街为例，千百年来这条街一直是本地紫砂制作艺人的聚集地。从这条街上不仅走出了几代陶艺大师，而且直至今日，它仍然是镇上紫砂制作工坊最密集的一条街。倘若我们把这条街上的居民都安置他处，对这里进行翻新改造，那无异于抽去了丁蜀镇的灵魂，再耗费巨资去修缮一条空的古街，对丁蜀镇而言将毫无意义。

随着时间的推移，城市更新和历史文化保护的理念持续深化和演变，后来我们又提出"百馆千店，万坊兴城"的概念，这实际上是一个社会与文化双重属性的工程，而不是一个建筑工程。因为我们逐渐意识到，**在城市更新改造的过程中仅仅关注物理环境的改善或技术的引入是不够的，还需要将生活、生产、文化和城市作为一个整体来考量，实现它们的有机融合。**而所谓的城市更新和历史文化传承，实则为同一事物的一体两面，不可分割。**如果城市建设离开了文化传承，我认为城市更新的内涵就会消失，城市发展的核心价值观也将站不住脚。**

金戈　作为建筑师，尺度多样、类型多元是我从业经历中所接触项目的一大特点。我们参与过不少城市设计和片区更新规划，也大量参与了城市开发和公共建筑的单体设计，所以既有机会从更宏观的角度看待城市更新背景下文化传承对一个城市的意义，也能从中观和微观的层面开展一些设计实践。"城市特质"始终是我们设计师需要敬畏和回应的极为重要的要素，尤其是在中国的城市发展经历了相对粗放的一个时期之后，这样的特质显得尤为可贵。而文化的传承无疑是这些特质中的"灵魂"与"内核"对城市的空间生长、人们的生活方式等都有着深远的影响。以历史文化的保护和传承作为原则和线索，在文脉更新基础上的城市开发与建设，能够始终让城市的生命力得以有机延续，我想这也是所谓"文化自信"的价值和意义所在。当然，我们往往更容易直观感知和体会到的是"载体"，比如丁蜀的特色水系、龙窑、蜀山，安庆的立体开放街区、倒趴狮牌坊，周口的关帝庙、市集，以及这些"载体"所能产生的城市活力，也就是生活内容。然而，当我们去找寻这些特质空间背后的成因，实则是一个城市特有的历史文化，城市的文化基因、文脉如何传承，并且和现代生活方式融合发展，我想这是设计师、城市管理者、城市使用者需要共同努力回答好的课题。因此，**我理解文化传承在今天更具意义，也是必须坚持的一个原则**。让中国的每座城市发展都有"自身气质"，避免千城一面，使每个场所都拥有精神属性，再加上城市里的"人"，这样才是真正有温度的城市空间。

辛磊 我主要从事文旅度假和城市更新相关领域的设计实践，我们近些年的项目场地大多位于城市历史风貌区域、特色文化风貌区域，或文化与自然遗产的辐射范围之内。这几年在项目实践中，始终坚持对本地文化的挖掘、保护和传承。随着城市发展从增量时代转变为存量更新时代，对城市文脉的延续和传承的要求还在提高，城市文脉如何融入现代生活，或者说如何在日常生活中活化城市文化，是我们在设计实践中持续探索的问题。为何历史文化的保护传承如此重要，个人从以下两个方面来理解。

首先是自上而下，历史文化的保护传承被提升到"保护好中华民族精神生生不息的根脉"的高度，保护传承好城乡历史文化成为全民共识并上升到国家意志。对各地城市管理者而言，立足本地历史文化传统的城市文脉传承，打造每个城市独有的文化IP，成为避免千城一面、展现城市软实力的重要方式，同时也成为提升人民生活品质、满足老百姓精神文化需求的重要抓手。以上海为例，上海拥有丰富的城市肌理和历史风貌文化资源，中心城区成片旧区改造已进入攻坚阶段，在虹口、黄浦等旧改大区，大批里弄完成居民动迁和房屋征收，旧改地块和历史风貌区高度叠合，处理好历史建筑和旧区改造的关系，实现风貌保护和民生改善的双赢，是当下上海活化利用历史文化遗产、提升城市发展能级、推动高质量发展的必由之路。

其次是自下而上，"万物有所生，而独知守其根"，城市历史文化是人们集体记忆的载体，感受一座城市并建立对这座城市的热爱往往始于对城市文化的感知。随着经济的发展，越来越多的公共空间营造需要站在使用者需求的角度，挖掘城市深层历史脉络，唤醒一些集体记忆，使人与城市文化、城市历史记忆建立更牢固的连接，满足不断提升的文化体验和精神需求。**很多时候，需要设计师有更强的共情能力，跳出设计师的身份，以城市居民、空间使用者的视角去感受家人休闲、孩子活动、文化体验等更日常性的内容，从而对城市文化建立更深刻的理解。**

从增量发展到存量更新，城市发展的转型推动着历史保护理念与方法的同步更新。具体而言，各位分别从事和实践着不同空间尺度的保护更新与改造利用工作。若从结果来看，需要树立何种符合新时代保护传承的设计目标？需要通过怎样的过程和手段实现这一目标？

沈旸 从整个行业现状来看，我觉得目前在城市更新或城乡建设中加强历史文化保护传承工作所遇到的最大的问题是理论储备和设计手段严重不足，难以跟上社会风向的转变。为什么这么说？比如，在一块空地上要建仿古一条街，或许大家能很快完成，但背后对于尺度观感、居民诉求和文化意义的关注可能不够。实际上，习近平总书记说的"绣花功夫"并非只是一句口号，它更精准地指出了城市更新工作中所面临的尺度、技术、时间、精力和人力等问题。例如，我们跟东南大学建筑设计研究院总建筑师韩冬青老师现在讨论城市更新项目时，韩老师的一个重要要求就是要精确到厘米级别，因为我们所面对的绝大多数是既有的改造和使用案例，如果不精确到厘米级别，或者不考虑在"螺蛳壳里做道场"的空间操作，就很难去应对中国传统城市具有的这种复杂度和高密度。

此外，在城市更新中，我相信绝大多数建筑师其实缺乏一个很重要的认知，即"城市建筑学"的概念。**任何一个存量更新的问题，首先是一个城市问题。**比如，我们现在有一块设计用地，占地可能在三四千平方米，但是我们实际研究时，其实是上升到它的街区范围与周边的道路，水系，甚至是城市整体的发展范围。换言之，如果不扩大研究范围，或者不扩大到整个城市的历史发展脉络，就很难理解存量更新对象与历史城市之间的勾连关系，设计方案也只可能是缺乏联系、缺乏系统性观察而产生的孤立产物。前面提到的社会风向的转变其实对于我们这个行业提出了更高的要求，但恰恰就是在过程和手段中间出现了断层。绝大多数的建筑师或规划师缺乏中观层面的城市研究思维与设计理念，导致我们很难很好地平衡和把握"从上往下规划"和"从下往上设计"之间的结合度。

因此，**在城市更新中我们究竟要树立怎样的设计目标，这个话题其实就回到了"人"的问题。**首先，为什么会从增量发展到存量更新，这其实是全世界所有国家和历史城市发展的必经道路。因为不可能无限制地去发展与拓新，必须面对过去人类所留下的物质遗产。其次，在存量更新的大环境中，绝大多数的东西其实都与老百姓生活息息相关。所以如果我们的存量更新不能有效地解决百姓生活、提高人居环境，那所谓的存量更新、历史保护其实就是换了副面孔的改造设计。好像大家现在做更新时，想来想去都是书店、咖啡馆、文化馆等，但有没有想过会有多少人群来使用它，并让它真正活化下去？换句话说，如果没有人使用，就算更新了，也很快会衰亡。

我认为存量更新中一个非常重要的设计目标是如何把老的物质载体合理适用于今天新的生活诉求。这是一个非常难解决的问题，这也为什么很多研究课题都会专注于市政管线、结构加固或者设备一体化的问题，其实都是为了满足符合新时代保护传承的设计目标，才能够落地。如果一个设计不落地、不改善人居环境，我觉得也是毫无意义的。

沈华　我们水石古建从既往的文物建筑修缮到如今走向街区更新和城市社区更新，不仅面临着设计对象的尺度变化，其实更经历了工作内容和设计目标的转化。具体而言，原来的工作性质相对单一、体量较小，很多时候是面对一个文物建筑的本体，所以我们的工作目标是保存其真实的历史信息，延续其文物生命。在这一目标导向或价值驱动下，自然要求团队进行整体协作与专业分工，共同进行细致深入的历史资料考证和修复理论研究，最后在严谨的价值判断基础上审慎选取修缮技艺，制定保护方案。但近几年所做的项目中，历史建筑的修缮工作已经不再是单一的工作，而是涉及街区、社区和城市更新的多个层面。在保护过程中，**需要转变既有的思路和理念，从单纯的保护建筑转向更广泛的利用和更新。同时，价值判断和传承目标也发生了变化，不再局限于建筑本体，而是涉及整个街区、社区和城市的更新。**

首先，从工作方法上讲，我们不太需要像之前做单体文物建筑那样紧盯着一个建筑，对其进行历史沿革、细部构造和价值分析，并为其选取恰当的修复技术。当然，历史沿革梳理和价值判断作为重要的工作手段依然重要，只不过涉及对象从单体建筑迁移到了组成体系更复杂、风貌特征更多元、活化利用强度更大的历史空间上。

其次，从设计目标上看，这些历史地段和街区的保护更新利用已不仅是单体建筑的修缮展示和生命延续，而是有着与城市整体动态发展布局更为契合的宏观考虑。从结果来看，这些保护更新工程往往需要植入一些崭新的业态，这就要求设计者在业态管理和经营策略上有综合性的考虑。因此，这方面的工作者实际上需要更多的经验和更多元化的知识结构来判断和处理一些复杂关系，尤其像产权归属、居民发展权益等焦点问题。

鞠德东　符合新时代保护传承的设计目标，宏观上涵盖了两个重要方面：一方面，从保护的范围与对象来看，新时代的设计目标更加全面和广泛。这不仅限于对古建筑的单一保护，还扩展到街区乃至整个城市的保护。过去，我们可能更侧重于保护那些状况良好的建筑，但如今我们认识到，即使是一般性的历史建筑，也承载着丰富的历史文化信息，应纳入保护传承体系，实现"应保尽保"。**这种保护范围的扩大，体现了我们对历史文化遗产价值的全面认识和尊重。**另一方面，从传承的内容与重点来看，新时代的设计目标更加注重从静态到动态、从物到人的内涵提升。历史城市不再被简单地视为静态的文物建筑，而是充满生命力的活态遗产。**这要求我们在保护历史文化遗产的同时，也要关注社区的发展和人们的生活问题，让历史文化遗产与现代生活相融合。**简单来说，从单一到全面，从关注物到关注人，新时期历史保护传承的目标更强调"见人见物见生活，留形留神留魂"。既要关注其物质形态的保护，也要关注其文化内涵的传承；既要关注历史文化遗产本身，也要关注其与现代人生活的融合；既要保留历史文化遗产的形态和神韵，也要延续其内在的精神和价值。

在未来的历史保护传承领域中，从中微观层面来看，无论针对单体建筑还是街区层面的设计目标，可以归纳出以下三个层级的内容。第一，有传承又有创新。对于设计师而言，设计中平衡好"守正"和"创新"的关系，是历史文化保护传承的关键要素。我关注到水石大量的城市更新案例也在思考这些问题。我经常列举贝聿铭的苏州博物馆、李兴刚的绩溪博物馆等类似案例，其实是想说明衡量一个设计是否达到新时代保护传承的目标，应该看它能否从传统做法中创新，能否体现城市的文脉与历史。第二，激发城市活力。无论是单体建筑、历史街区还是历史地段，保护传承的根本目的是提升城市功能、激发城市活力，促进城市可持续发展。在未来城市，历史建筑和街区的保护传承应当焕发出新的生机和活力，为城市功能完善和品质提升作

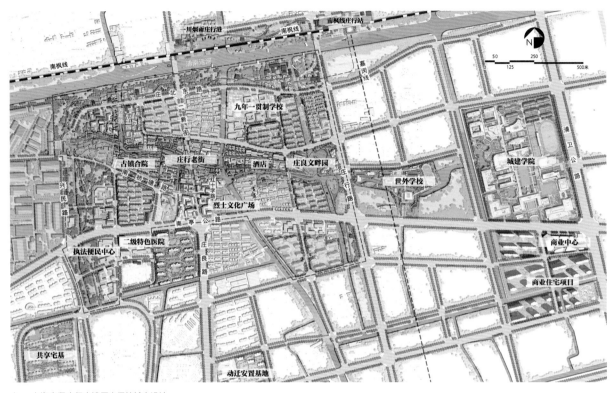

上　上海奉贤庄行古镇历史保护城市设计

出更大贡献。第三,让群众和老百姓都满意。正如习近平总书记所说:"人民城市人民建,人民城市为人民",城市建设和发展的核心在于服务于人民,满足人民的需求。在城市更新和遗产保护的过程中,这一原则同样适用。在社区层面,这一原则更为重要。一个社区的设计如果只是为了满足设计师或少数人的审美和需求,而忽略了大多数居民的意见和利益,这样的设计很难被称为好的设计。

因此,回到设计手段或实现路径层面。首先,我们必须要全过程、全方位、多途径地征求居民意见。**从项目的规划、设计、实施到反馈,每一个环节都需要广泛征求居民的意见,让尽可能多的居民能够表达自己的诉求和期望。**其次,应当积极寻求更多元的社会群体参与。除居民外,高校教师、居委会干部、各领域专家以及管理者等都是重要的利益相关者。应有效建立起统筹协商机制,让更多的人参与到设计过程中,找到一个大多数人都能接受的最佳方案。这样的方案虽然不是最完美的,却是最

能体现各方利益的"最大公约数"。同时,这种过程也能增强社区的凝聚力和归属感。总之,**在新时代的历史文化保护传承中,宏观目标要达到"见人见物见生活,留形留神留魂"。中微观目标要达到"守正"与"创新"相结合,激发城市活力与品质的提升,真正满足人民的需求和期望,赢得更多人的满意和支持。**

伍震球　当一个城市面临文化传承和更新发展问题时,人们通常会采取两种态度。一种是主张西医式的手术,即拆了再建,期待立竿见影的效果;另一种是采用中医式的调理,从城市问题的本源出发,用保护与调整的方式去培养符合地域特征的再生能力。人们通常认为前者见效快,后者慢,但事实上前者很容易造成对城市文脉断层式的破坏,而后者在一定时间的培育期之后可以从传统中发展出蓬勃的生命力,取得更好的效果。对丁蜀镇这样的历史文化地区来说,后者更为适用。从丁蜀镇城市更新与文化保护传承的结果来看,过去几年,无论是前墅龙窑、古南街,还是我们推出的其他项目,都取得了显著的示范性成

果,展现了丁蜀发展从无到有的发展变化过程。为什么项目会取得成功?归根结底,还是因为丁蜀紧紧抓住了自身文化的传承。换言之,**丁蜀的城市更新的重点并不是基础设施的改造,而是文化基因的书写与传承。**而从城市更新的设计目标来看,丁蜀未来可以要做"丁蜀的丁蜀,宜兴的丁蜀,世界的丁蜀"。做"丁蜀的丁蜀",就是把这里变成一片服务于当地现代城市生活方式的土地,让百姓安居乐业,工作生活更舒适。做"宜兴的丁蜀",就是要将丁蜀镇打造成宜兴的一张名片,打造基于陶文化和陶式生活的特色城区。其中包括保护与发展传统紫砂制作,对紫砂文化进行活化展示。最后,做"世界的丁蜀",是因为我们看到了地域文化走向世界的潜力。

从设计过程或手段来看,我一直坚持一个观点,**即丁蜀这座城市应当由建筑师和艺术家共同参与其建设与发展,要充分发挥丁蜀的民智民力,利用民众的治理智慧和力量推动城市发展。**所以我们在与东南大学和与水石设计团队的合作中,提出以鼓励公众参与为核心的"蜀山模式"。这个模式的核心是通过一系列政策引导,在城市更新过程中培育群众的自我觉醒与主动参与。我们发现通过引导而产生的民间的"更新",比快速粉刷立面带来的"簇新"具有更多的内在生长力,它源自丁蜀镇人内心对城市历史文化的认同,随着时间与空间的变化,不断成长,历久弥新。这种认同让传统街区重新回到当地人的视野中,蜀山片区重新成为丁蜀镇,甚至是周边地区居民心中的文化与产业中心。

金戈 其实我理解保护和传承是两个需要讨论的点,实践过程中存在相互的制约与平衡。很多项目实践过程中,都有谁先谁后、孰轻孰重的争论。我其实比较反对为了保护而保护,当然在一段时间城市发展的逐利时期,红线和原则的设定会起到社会对底线的坚守作用,这也是一个手段;而在传承的过程中,又有很多"失真"的规划和项目,最后只有其表而没有里,其实是让人很惋惜的,说得深刻一点,就真变成"破坏性保护"了。

"在发展中保护,在保护中发展。"其实仔细想想,要做到和做好是非常不容易的。**有价值的文化和建筑空间,要将历史上的"生态逻辑",融入当代生活,又不丢失文化的在地性,这样才是我们坚持的"活态"更新和"有机"更新,也是我们在诸多更新项目中坚持的设计目标。**从早期的丁蜀蜀山片区的更新规划到

安庆古城核心区的城市更新,包括上海泗泾古镇、庄行老街片区的更新规划,我们有三个主要的设计原则:一是充分尊重在地居民的生活方式;二是政府、市场和社会的三方平衡;三是动态更新。在这些理念的落地过程中,也得到了政府、企业和社会的认同和支持。在大量对于存量项目的研究和实践中,我们需要一个机制设计,这包括了以下维度:一是参与者机制,能统筹政府管理部门、成体系的设计团队、社会力量、运营和建设单位;二是完善的规则制定机制,包括文保的认定、设计审查、与时俱进的规范和条例的更新与支持。从国家到省市,也都在逐步完善这一流程和体系,有些城市走在前面一些,比如上海;有些城市积极和开放一些,比如当时我们安庆项目的评审,很多国家和安徽省的专家大师,还是给予了很多开放的理念支持的。**也希望从业设计师能有机会多参与、多实践、多总结,这样不光是单一项目,未来可以形成文化更新保护传承的联动机制,真正有效、有生命力地把文化传承融入城市建设和发展中。**

辛磊 存量更新时代,设计师不仅面临历史保护理念与方法的同步更新,也面临理论认知和知识储备、价值观的同步更新,保护传承的设计目标需要立足解决多维度的综合性问题。对设计师本身的综合素养要求更高,在这个过程中需要植根传统文化沃土、尊重和理解不同的地域文化和生活方式,避免设计上的歧视、偏见或过度自我,结合工作实践个人觉得可以从以下方面入手。

一是坚持立足城市设计的视角。立足城市文化,关注城市尺度和城市风貌,跳出设计场地整体思考城市空间和人的日常活动。前几年,我们在苏州古城的竹辉饭店改造项目中,通过城市设计思考较好的实现了对古城城市肌理的正向织补,同时创造了一系列苏州文化特色的体验式空间,实现了多方利益共赢,同时产生了相当积极的社会反馈。

二是延长设计服务链条。存量更新时代面临很多新问题,相比传统房地产开发项目往往更加复杂,要求的能力也会更加综合,规划到位、关系协调、专业运作、资源整合等缺一不可,设计服务链不仅要求提供设计服务,还包含了基于设计服务的前后端服务延伸。前期包含了基于业主需求的各种资源整合,后期实施阶段还通常包含了一定的设计管理服务等,需要协调方方面面。过去一些传统做法在这类城市更新中并不适用,企业和

左　连城老城区历史文化名城保护更新

右　从连城文川桥窗口望向老城建筑

设计师都面临转型的压力，当然城市更新也急需建立一套新的标准和做法，并固化下来，以便实现规模化发展。

三是设计支撑后续长效运营。 存量更新的最终目标还是基于保护的活化利用，以用促保，让历史文化和现代生活融为一体，实现永续传承，运营时代要求从"一锤子买卖"到"细水长流"，设计师在方案阶段需要具备运营思维，从策划规划层面考虑未来的运营方式和运营效率，从项目全生命周期进行综合考虑。

四是发挥多年积淀下来的"水石经验"。 公司在过去 25 年服务传统地产的过程中积累了大量经验，再加上我们多年来在保护更新、存量更新领域的持续探索和品牌价值等，可以说"工具箱"内容丰富，如多专业协调配合的一体化设计、从策划规划到落地的全过程设计、立面的精细化设计、综合研发能力等，这些特色在面对更复杂的存量更新新形势时，同样是我们的优势。

从历史文化保护传承的愿景与展望来看，各位目前最关心、最感兴趣，或者说最想突破一些发展与研究方向是什么？

沈旸 从发展和研究方向角度，我仍想努力贯彻韩冬青老师所说的"城市建筑学"的目标手段或方式，认识到城市和建筑是相互渗透、互动和整合的，并且能够融合规划、城市设计和建筑学等多元理念，**以城市研究的眼光去看待存量更新，最终目的是要做一个让人居住舒适的城市更新。** 我理解所谓的突破性尝试在于当前大量存量更新没有既定任务书。这要求从一开始的

历史判断和价值评估，就做出适应未来更新方向的有效策划，进而指导具体的城市更新实践。从我自己的工作流程来看，基本上先从策划研究开始，得到城市管理者认可后，再在此基础上切片分块，安排更多设计者共同推进与完善项目。此外，城市存量更新中还存在一个很大的问题，也是水石在具体实践中经常遇到的问题，即文物系统和住建系统之间的纠葛。然而，我们大多数设计师在转向城市更新或历史文化保护传承方向时，并不太了解其中的权责关系和复杂机制。当设计师面对文物建筑时，不清楚其保护底线和可操控范围。例如，在南京城墙边开发住宅或者建造一些公益性建筑时，如何既满足该地块的规划要求，又不触碰文物保护底线，甚至获得文物和住建系统的认可，这样综合且复杂的问题需要设计者既了解住建部门的要求，又理解文物保护的基本措施。因此，**对于设计师和文保基层工作者来说，必须不断完善自己的知识结构和理论储备，以有效应对城市更新中的复杂问题，适应社会风向的转变。**

沈华 首先，**我认为应当是技术手段的突破，希望有更多科技手段能够介入城市更新和历史建筑保护的过程中。** 通过大量项目经验积累，我深刻体会到在存量更新或历史保护传承工作的过程中，各类技术手段的局限性。尽管如今已尝试运用多种技术手段，如勘察、测绘、三维扫描、无人机和倾斜摄影等，想要在城市更新和历史建筑保护中取得理想效果。这些技术虽听起来先进，但实际操作中仍面临不少挑战，其信息采集的深度和精确度往往难以满足预期。因此，仍需大量人力投入，一站一站、一事一议地进行摸排、研究和调研。所以，在技术手段方面，我

左　上海泗泾古镇运营管理中心庭院　　　　　　　　　　　　右　上海泗泾古镇运营管理檐下通廊

认为还有很大的提升空间。如果能运用更加先进和精准的技术手段采集城市数据，后期信息保存和更新工作就能基于更丰富、更详细的数据进行，这将对历史空间保护以及生活方式传承产生极大帮助。

其次，通过切实的行动方案提升转变城市管理者的城市更新思路和文物保护意识，寻求同维度的对话与沟通。我们的项目大多涉及与城市管理者的沟通，能否与执行者达成一种理念共识是项目能否顺利推进和落地的关键。但实际沟通交流中，我们常发现我们的视角和维度并不一致。许多城市管理者对于城市更新和历史街区的保护更新理解可能还停留在"穿衣戴帽"和"涂脂抹粉"的浅层次，这与当代城市更新和历史保护的理念和实践相去甚远。若他们能更深入理解和接受现代城市更新和历史保护的理念和方法，将对历史街区保护和城市可持续发展产生更大推动力。**我们必须通过扎实的前期研究和切实可行的方案阐释，努力转化管理者的文保意识与更新思维，提升同维度对话的可能性，推动历史文化保护传承工程项目的落地。**

鞠德东　我最关心、最感兴趣，或者说最希望突破的方向包括以下方面的内容。**一是多专业的融合和新技术的赋能。**从专业合作的角度来看，跨专业的融合已成为我们推进工作的关键方式之一。在实际操作中，我们不断探索并优化这种融合模式，确保不同专业之间能够高效协作，共同推动项目进展。此外，我们注意到新技术正在为城市更新和历史保护等领域带来革命性的变化。在"十四五"的一些项目中，我们也开始尝试利用一些

新技术进行展示和利用，这个过程不仅十分有趣，也为城市的可持续发展贡献了更多创新思路和方法。

二是社区或建筑的宜居性提升。当前我们面临的一大挑战就是在历史建筑保护的同时，确保居住者的舒适度和生活质量。传统的修缮方式往往缺乏对现代生活需求的深入考虑，例如隔音、采光等问题。以历史建筑为例，仅仅修复外观是远远不够的，我们还需要关注其内部设施和功能，确保它们既能满足现代生活的需求，又能保留历史文化的魅力。换言之，我们不能让生活在保护区内的居民理所应当地忍受较差的生活条件，至少也应该让他们享有体面、舒适的居住环境。

三是将各类历史文化资源活化利用，并与现代运营模式相结合。面对丰富的历史文化资源，我们既不想轻易拆除，但在保护之后又不知道如何有效地利用，这是我们一直困惑的问题。南京小西湖的案例很成功，但中国大多数街区没有如此优越的IP和城市经济条件。所以，我认为未来一个重要的方向应该是探索将历史文化资源与现代运营模式相结合的方式方法。

四是平衡保护与发展的关系。前面我们谈了建筑、街区或社区，但对于老城或专业上讲的历史城区这样一个面积更大、更加复合多元、活态化的城市遗产，到底应该如何保护。对这样的遗产，保护策略显然不能简单地采用街区保护那种严格的方式，但全部拆除或一味追求像无锡、南京这样高强、高密的建设，可能也并不适合。对于众多老城区域，包括我们现在正在关注的

上　滁州老城区历史文化名城保护更新

兴义等非名城地区,如何平衡保护与发展,确实是一个亟待探索的理论和方法问题。这不仅是对于未来城市规划和建筑设计的挑战,更是对我们如何传承和发扬城市历史文化的深思。

伍震球　过去,我们讲城市的发展模式,特别是运营城市,其逻辑非常清楚,就是依赖政府投资基础设施,优化环境,提高配套设施水平,进而推动周边土地增值,实现城市建设与税收增长,其核心内涵与手段就是房地产。但这两年形势急剧变化,全国范围内这种模式已经慢慢失灵,当然包括丁蜀主城区在内。在这种形势下,地方政府和个人能力非常有限,很大程度上仍然取决于大环境的变化。但是,丁蜀恰恰走了另外一条路,**注重历史文化保护和社会公益性的项目。如今看来,这些项目反而成为了丁蜀民生、经济和文化发展的增量和主要支撑点,为丁蜀未来发展赢得了时间和空间。**这种项目的成功让我感受到文化是城市发展的核心竞争力。在未来城市建设中,若能调整思路,将一些空间与历史文化进行很好的融合衔接,释放空间的历史文化价值,我想城市可持续发展的生命力还是很强的。从国际视角也能理解文化引领对城市发展的作用。为何全球石油城市

那么多,但只有迪拜等地发展得非常好。其实它有一个转型过程,对文旅产业做了大量投入,所以能够在全世界经济下行的同时实现产业经济快速增长和城市繁荣。从全国范围来看,像丁蜀镇这样能将历史文化与现代城市发展相结合的成功案例,其实也为中国众多具有历史文化底蕴且规模适中的县镇、乡镇提供了一个样本的示范性和引领性。

因此,面向丁蜀镇的未来发展,我们需要在过去"一山一水""山水相依,人陶共生"的发展理念上继续强化理论创新和理念突破。**从实施角度讲,就是要在原基础上"打通最后一公里",实现对空间的再梳理,让其整合得更紧密,能不断适应新时代的发展要求。**第一,继续拓展空间,整合资源,提高土地利用效率。第二,继续让原先的好经验发挥作用,转化为实际成效。第三,注重民生、生态和地域文化等方面的整体衔接和协调发展。实际上,东南大学和水石团队近年来一直在丁蜀做这些事,我认为不是乌托邦式的实践,而是一个很接地气的实践,它能很好地去证实生态、民生、产业和文化相结合的城市更新与历史保护传承模式,具有永续的生命力。

左　周口关帝庙广场钟鼓楼

右　周口关帝庙街区场景

金戈　有两个层面我个人比较感兴趣且愿意实践。一是技术层面。新技术创新对城市更新项目的助力，包括软件和硬件。随着科技的进步，对历史建筑设计的还原度、建造方式，尤其是在复杂城市开发项目中的保护利用，想必会有诸多突破，这也让我们有机会更精细化地达成诸多微观空间层面的保护传承。以前历史建筑的保留，特别是原址保留会成为制约的问题，相信在将来都可以解决，同时材料技术的发展，也让建筑质感有更细腻的可能，着实令人欣喜。

二是类型层面。中国的城市化发展到今天，存在着大批上一时期的老旧社区，依旧解决了大量人口的居住问题，且不乏众多老年人口。社区、街区、密度、尺度以及生活的烟火气，皆代表了城市发展一个典型，很多社区都位于城市相对核心地区，随着人们对生活品质改善需求的提升，又面临无法像过去那样粗暴地大拆大建的综合性难题，这一类型的社区更新是一个极具意义且真实有价值的课题。**如何在更新的同时，既解决生活品质的诉求，又能保留原先尤为珍贵的"烟火气"，这也是我们所探讨的文化传承的意义所在。**

辛磊　历史文化保护传承是目前我们设计实践的重要内容，当下城市发展告别大拆大建，不破坏传统风貌、弘扬历史文化已经成为社会共识。今后各个城市的城市更新会陆续进入深水区，面临诸多新问题、新模式和新的解题思路。依靠单体建筑的更新经验难以解决历史风貌片区更新的所有问题，以往点状更新导致了历史文化风貌不协调、新旧形象不融合等一系列问题，未来的一个趋势是更多的设计实践需要整体统筹，与城市融合、各方协调，研究确定更新定位、协调复杂的权属关系、各方利益的平衡、全周期管理和服务等。从近期的周口关帝庙保护更新等几个存量更新项目中，我们已经发现了一些趋势，或许是我们未来构筑新的护城河的着力点——**凭借专业化的能力统筹各方推进项目的可持续落地实施，协调促进资源的统筹协调，以更高的参与度化解城市更新项目中面临的困难和挑战。**当然，这对设计方的能力要求更高，需要多元专业水平的多维度思考，还需要一定的资源统筹能力、与政府沟通协作能力、综合业务协调能力等，以保障项目整体方案的可实施性。

旧街区装进
新功能，
商业文明让
老城活力回归

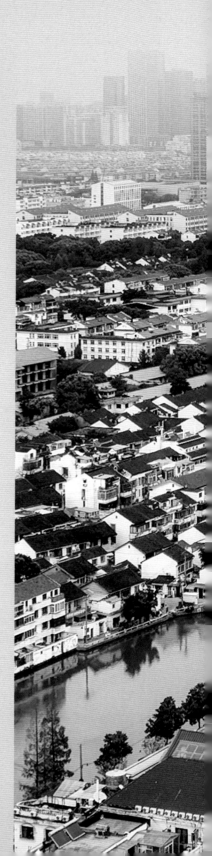

苏州竹辉饭店改造
Renovation of Suzhou Bamboo Grove Hotel

占地面积	43000 平方米
建筑面积	61000 平方米
古建景点	2090 平方米
建筑功能	酒店、商业、公共服务设施、配套、办公
建成时间	2022 年
工作内容	建筑设计、古建设计、景观设计、导视设计
业主单位	中海发展（苏州）有限公司

上　苏州竹辉饭店总平面

缘起：一座老竹辉的风华

苏州竹辉饭店改造更新项目位于江苏省苏州市姑苏街道、古城东南角，项目整体占地面积 4.3 万平方米，总建筑面积 6.1 万平方米。原竹辉饭店于 1990 年 11 月正式开业，其设计提炼了苏州建筑的写意手法，结合当时与国际接轨的高服务品质，逐渐成为苏州老牌饭店的象征，承载了苏州人难以忘却的美好记忆。可以说"一座老竹辉，半部苏州酒店史"，它记录了一个时代的风华。因设备设施老化，酒店于 2013 年暂停营业，自此，新竹辉酒店一直是苏州人心底的期盼。水石从设计伊始的思考便是在城市更新中如何保护并延续苏州的古城意韵，如何在注入新时代特色的同时延续竹辉饭店的特色历史记忆。

织补古城肌理，延续城市文脉

老竹辉饭店的设计，在酒店级别和配套功能上在很长时间内堪称苏州酒店的标杆，其建筑立面、内部景观设计及其空间都体现出苏州文化特色。然而，由于时代限制，大体量的老竹辉饭店和其周边的苏州古城城市肌理欠协调，建筑尺度明显过大，借由这次城市更新的机会，团队希望对古城城市肌理进行织补。

透过对苏州古城营造格局的理解分析，新竹辉饭店在图底关系上延续了周边苏州古城高密度、小体量的特色，以化整为零的布局诠释呈现传统尺度的街巷秩序，建筑形体保持低隐的姿态，以大隐于市的手法，融入整体历史片区。

再现古城街巷空间，延续江南水乡风韵

在总体规划上，传承苏州城市文脉，再现古城街巷空间，形成"主街—次街—巷道—广场"的多层次空间；规划结构则沿用了江南水乡常见的"十"字轴线。东西向横轴为水轴，水轴为商业和酒店的相接界面，延续了老竹辉饭店和苏州园林以水为隔、隔而不离的布局方式——老竹辉饭店为公区与客房隔水相印，新竹辉饭店为酒店与商业隔水而临。轴线西段结合酒店中心水景设计，以水为引，穿亭流榭；轴线东段则结合酒店的枕水客房，再现河街相邻的苏式生活空间。南北向纵轴为酒店的礼仪轴线，完成旅者从繁杂城市到山水隐世中的心境转换。轴线从竹辉路口的入口广场开始，经过融合建筑文化与都市生活的"行馆"、古典建筑文化与时代风尚新旧融合的"朗轩"，并经过一道苏式门楼之后进入酒店入口前院"樟庭"。樟庭正对的三进

上　居住体验与室外园林、水景无界相融

合院式酒店公区包含了酒店大堂和全日餐厅,轴线最北侧为融合美食体验的"半庭",从这里出去走过南园桥步行五六分钟便可直达网师园、十全街等景点。"道莫便于捷,而妙于迂",酒店内部通过狭长迂回的巷道空间将建筑、植物、景观紧密结合,形成"引路得景"的效果。同时通过巷道内的视线规划,丰富空间的视觉感。酒店动线有"山重水复疑无路,柳暗花明又一村"的空间感,在小空间内装入大乾坤,这也是中国古典园林的空间艺术魅力。

传承历史风貌,融合新旧建筑
新竹辉饭店的建筑风貌力求在本质层面提炼苏州在地建筑的文化特色,在此基础上寻求传统和现代设计的平衡。在酒店客房和宴会厅区域力求做到"中而新""苏而新"。酒店客房立面融合古今,所有客房都跟户外环境有着紧密的关联,将客房的居住体验与室外园林、水景无界相融。宴会厅部分则利用建筑沿南园河展开面长的特色,将苏州古城内参差错落的坡屋顶转译成连绵不断的坡顶。在酒店大堂、全日餐厅和大堂场地等重要空间节点和对景建筑上,采用原汁原味苏式古建,并在大堂吧

借景酒店的亭湖景观,如同船舫停靠在滴翠韵碧的绿波之畔,纳竹辉湖景,收四时烂漫。

保留竹辉记忆,营造在地场景
水是苏州的灵,湖石便是苏州的魂。项目中心"亭湖"景观取意山、水并融合了酒店大堂吧、酒店中心水景和商业外摆空间,按照苏州造园手法进行整体打造。假山与古亭的相映出现不仅是对苏州园林中空间造景的借鉴,更是老竹辉记忆的延续,"亭湖"中心对假山和四角亭景观进行了再现——通过对老竹辉饭店西池中假山太湖石的再利用,以及四角亭的复建,保留苏州人对竹辉的历史记忆。同时,团队关注到过去苏州人在老竹辉的生活方式以及由此形成的丰富集体记忆,在新竹辉中将过去的生活场景转换成体验节点,融入更具生活体验感的新"竹辉生活",提炼为"竹辉八景",让来这里的市民和游客感受苏州古城的新生。

传承

上 水庭院与大堂吧

下左 水中四角亭倒影

下右 四角亭夜景

上左 水街日景

中左 四角亭的复建

上右 水街景观

下 枕水客房

整体保护
历史街区，
延续
民族文化根基

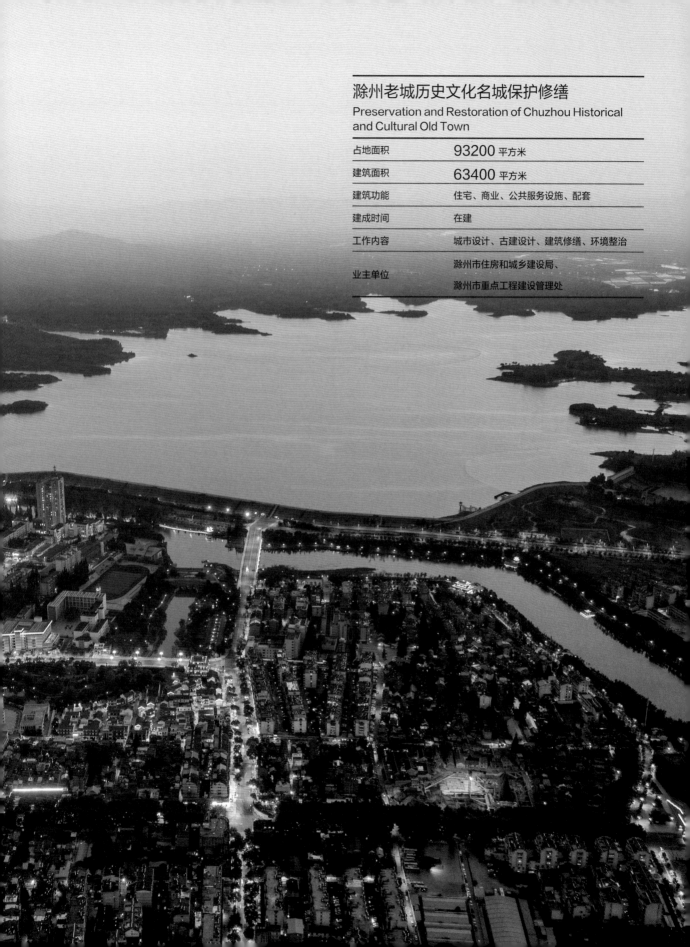

滁州老城历史文化名城保护修缮
Preservation and Restoration of Chuzhou Historical
and Cultural Old Town

占地面积	**93200** 平方米
建筑面积	**63400** 平方米
建筑功能	住宅、商业、公共服务设施、配套
建成时间	在建
工作内容	城市设计、古建设计、建筑修缮、环境整治
业主单位	滁州市住房和城乡建设局、 滁州市重点工程建设管理处

上　整体鸟瞰模型

滁州："山一水一城"的理想营城模式

滁州是安徽省最年轻的省级历史文化名城，山川环绕，"双水、双关、双瓮"的明清城池格局保存至今，自然风光秀丽，琅琊山、滁州城、清流河三者相互融合，是山、城、水交织的人居和谐典范。但是近年来，滁州市的城市建设发展迅速，古城周边的城市建设与传统风貌不相符合，更新建设并未彰显古城独特的营建理念和建造艺术，因此在保护规划的基础上提出可实施的方案迫在眉睫。滁州老城区保护修缮项目共分两个区块，北大街历史文化街区与金刚巷历史文化街区。两片街区保留着相对完整的滁州古城历史风貌、街巷系统和成片的传统民居群落，以巷道为主干，路网布局呈棋盘式格局，院落鳞次栉比，瓦房横纵排开。项目基于文化传承、城市功能提升和居民需求的升级，为古城历史街区赋予居住、商业和文旅配套设施，重新焕发活力，打造宜居宜业宜游的综合片区，体现滁州历史文化名城特点与人文特色。

改善人居环境，复兴街区活力

根据保护规划总的功能定位，将滁州打造成以居住功能为主，兼有文化展示、旅游服务的综合型古城。以居住为主，首先需要提高古城内的人口密度，政府采取就地安置和就近安置的策略，并制定一系列的优惠政策，使意愿回迁的人口得到很好的

保障。给愿意在街区生活的居民提供良好的生活环境，提升公共服务与市政服务等级，吸引更多的人在古城生活，提升古城活力。

团队根据每户居民的实际情况，实行一户一案，为每户居民解决实际问题。整合优化出 80～100 平方米的主力居住户型，考虑到部分家庭人口相对较少，还推出 40～60 平方米的特殊户型，满足不同家庭的需求。针对老城区厨、卫、采光困难等问题，推出了"厨储卫浴，光晒停绿"八字方针，拆除原有私搭乱建的厨房、卫生间等附属建筑，腾退出一定的空间，增设口袋公园及小型集散空间，满足居民的停留、绿化等需求。利用原有建筑肌理，合理划分户型，补配厨房、卫生间等必要的功能用房，并集中布置污水净化设备或化粪池，解决生活排污等问题。通过一系列的惠民实施策略，既能很好的保留城市肌理和建筑特色，又能吸引更多的居民生活在老城区，使老城区的生活气息更加浓郁。

焕活街区空间，打造宜居宜游老城

历史街区作为世代居民生活的场景与记忆的延续，更新项目首先需要保留街区的居住功能，保护街区的生活延续性。团队以邻里中心建设带动活力复兴、提升居民幸福感为出发点，通过增加公共服务设施、社区公园绿地和小型开敞空间，完善街区

上　滁州老城区鸟瞰

功能。同时注意分类管控与特色引导，提出不同街巷空间街区的商业引导策略，提升街区整体品质。为了规避"千城一面"的同质化，滁州古城既不应只有居住功能，也不能完全作为一个商业景区，而应成为兼具传统生活、文化展示和旅游服务的多元业态。设计因此有意考虑了与古城旅游体系的衔接，同时统筹周边地块满足配建需求，实现交通优化。一方面，实现街区内部的慢行化；另一方面，完善外围地块的公共交通功能，满足片区旅游需求。项目采取"塑造风貌"和"增白留绿"的设计策略，拆除违建、风貌不协调的建筑，构建起"街巷＋口袋公园＋内院"的开敞空间网络。在院落内部布置景观植被，形成丰富开放的公共活动空间，打造滁州老城区整体鱼骨网络景观结构和特色寻忆游径，提升老城区街区活力，宜居且宜游。

提升示范片区，塑造亮点空间

历史文化街区是滁州名城价值的重要承载，是古城传统生活的写照。团队选择北大街和金刚巷内两处片区重点打造为示范区，使其成为展示古城形象的重要窗口。北大街示范片区为古城北门户，整体由三边历史街巷围合，西南角为文物保护单位章益故居，片区内古树古井密布。改造结合片区现状特征和历史地位，确立了塑造传统人居典范和构建古城邻里之家的功能定位。进而采用织补古城肌理的设计手法，对西部传统民居片区进行微更新和改造，将东部改造为社区服务片区，满足街道管理和居民生活实际需求，补充各级街道设施，综合提升片区居住品质，吸引原住民的回流。而金刚巷示范片区作为文脉、历史地标交汇地和历史上的商业中心，修缮设计将其功能定位为特色商行旺铺，民国特色街坊。从设计策略上，改造通过整体打造"内城河—历史文化街区—南谯北路—北门户"的特色序列空间和景观视廊，通过肌理修复与建筑修缮，传承特色商业文化，并进一步结合场地特色，采取差异化的设计手法。在吴棠故居北地块，修缮历史建筑，再现中心街民国风情；中部地区进行住区环境的微更新与修复，再现历史氛围，对于南部金刚巷35号、37号、39号历史建筑，将其融入现代功能，植入多元业态，提升社区活力。与此同时，塑造街区南入口，呼应四牌楼的历史信息。

示范片区的设计希望引导人们对街区文化的保护与尊重，通过特色空间组织和功能的系统定位，呈现出一个具有纪念性和实用性的当代文化展示空间，使人们在参与互动的同时，唤醒城市记忆，引发对未来的思考。

上　金刚巷南入口

中左　金刚巷历史建筑内院

下左　金刚巷历史建筑室内场景

下右　金刚巷半鸟瞰

上　滁州老城区鸟瞰

下　滁州老城区保护更新试点区

　传承

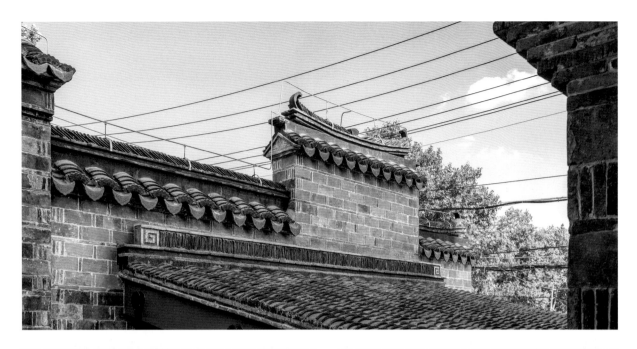

左页

上左 金刚巷历史建筑

上右 金刚巷街道

中　金刚巷建筑内院

下　更新后试点区鸟瞰

右页

上　滁州老城建筑细节

下左 滁州老城屋檐细节

下右 滁州老城窗户细节

重塑
地方特色空间，
讲一座城市
独一无二的故事

周口关帝庙历史片区城市更新
Urban Renewal of Zhoukou Guandi Temple Historic District

用地面积	67700 平方米
建筑面积	58020 平方米
景观面积	52160 平方米
建筑功能	商业、餐饮、景观构筑物、办公
建成时间	2024 年
工作内容	规划设计、建筑设计、建筑改造、景观设计、视觉设计
业主单位	周口政兴建设发展有限公司

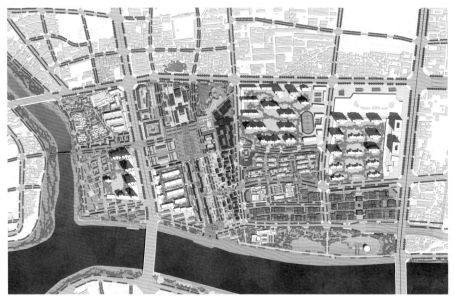

上　周口关帝庙历史片区总平面

一座漕运城市文化传承的愿景与挑战

项目位于全国重点文物保护单位周口关帝庙历史片区,地处河南省周口市川汇区中州路沙颍河北岸,目前为国家 4A 级旅游景区。作为周口城市发展史上的重要节点,关帝庙糅合了具有地方特色的漕运文化、会馆文化、城寨文化和关圣文化,被誉为"周口八景之冠"。从 1852 年建成至今的 100 多年中,关帝庙既见证了城市昔日的商贸发展和经济繁盛,又见证了在清末以来的现代化冲击下,城市经济重心迁移以及文化空间凋敝的历史过程。在设计介入之前,关帝庙街区还存在街巷体系受损、周围业态脱节、滨水空间割裂、历史遗存隐没、公共空间缺失等问题,使其既难以满足文物保护利用要求,也难以承载市民的物质与精神需求。作为百年前舟楫往来、包罗万象的通商口岸,周口关帝庙历史街区的保护与更新着眼于传承其独一无二的"商贸精神""会馆文化"与"关圣信仰",从城市设计的角度创造一种动态可发展的"有温度"的空间,同时也为未来周口市申报历史文化名城提供关键支撑和文化基础。

织补肌理网络,传承历史街巷的空间体系

面对复杂的空间现状,项目采用城市研究的方法,系统性梳理周口关帝庙及其周边环境的历史沿革与空间演变,定义在特定条件下被大家广泛认可的历史街巷空间和地名体系。设计提取

原有的空间形态和尺度,以增量存量相结合的方式,修补尺度失调的街巷空间和滨河区域,恢复坑塘、码头、渡口等重要历史文化节点的景观意象。同时,延伸新的毛细血管街巷,扩展原有广场的肌理,利用钟鼓楼、戏台、双亭等古建将广场围合,平衡现代高层带来的体量遮蔽,形成水岸贯通、序列完整的公共开放空间,让市民生活、庙会节庆可以亲切地往返街巷与广场之间。

整体功能定位,让历史街区"活"起来

清代以来,周口关帝庙一直是舟车辐辏、商家云集的热闹场所。商贸体系是整个街区的最重要的功能特征,但经过历史层叠发展演变,场地、建筑与业态之间形成了复杂的叠合关系。所以设计伊始,便希望把控街区的整体功能定位和新旧业态融合。设计在既有业态梳理的基础上,加强业态准入管控与传统业态扶持。以"文旅融合"为主导,鼓励不同的商业模式介入,实施差异化竞争。在引入新业态的同时,鼓励旧业态自我升级,使其空间的商业适用性得到传承与提升,重新激活区域的空间活力。设计兼顾了场地的精神特质和社交属性,通过点(文化展示)、线(历史轴线)、面(活化建筑)有机串联各功能片区、形成动静分区、尺度适宜、文化体验和文旅休闲为一体的公共空间。

上　渡口广场鸟瞰

实施风貌管控，存量资源的整合提升

关帝庙街区南北向轴线上，依次分布着全国重点文物保护单位与历史建筑，由戏楼、牌坊、山门、照壁延伸至广场和滨水空间，形成了开合有序的空间序列。设计遵循住房和城乡建设部、文化和旅游部有关历史街区和文保单位的管控条例，同时需要提交国家文物局审核，在严格保护的原则基础上进行详细的测绘、调研，制定保护、维修、复建、更新的办法。首先，制定分级分类分区的风貌管控导则，使任何增量设计与存量改动都能契合地方的历史风貌特征，达到体量、材料、肌理和色彩上的协调统一。其次，在专业合作上实现景观设计与建筑规划的齐头并进，通过对广场空间、滨河空间进行肌理修补和景观复原，凸显关帝庙街区大开大合的景观特征，延续漕运城市的文化记忆和历史文脉。

从传播到教育，延续城市的文化基因

关帝庙在历史上的所有建构实物与河岸空间与商贸、祭祀和民俗节庆密不可分，这种世俗性与实用性的高度结合，彰显了道家思想中天人合一、道法自然的哲学理念与生存智慧，也奠定了整个城市的文化基调。因此，设计尤其重视延续城市记忆和文化基因的方式路径。小到微型展览建设，大到节庆活动策划，我们期望将历史故事搬出原来的场地，参与市民生活发生的各个环节。让文化展览、民俗节庆、公共建筑、河岸空间等都成为街区整体叙事的一部分，使市民可以全方位多层级地理解关帝庙的建设过程、道家思想的文化精髓和城市的集体记忆，发挥历史遗产教育传播的社会文化功能。

"规划、业态、运营"一体推进

项目坚持"业态先行、运营前置"。整个规划设计中将价值平衡和整体运营作为基本前提，协调不同利益群体对项目意义的理解，建立起让多方满意的设计标准和发展模式，逐步推动项目落地。一方面，让运营方和投资方提前参与前期方案设计，建立对地块发展的信心；另一方面，推进政府成立专门机构负责融资、运营维护、招商和文化活动策划等事宜，理解运营前置在区域开发中的作用。通过前瞻性的运营规划和设计，让多方切实参与、协商共建，在文化传承、历史保护与城市更新的良性互动中实现项目的财务平衡，进而提升城市活力和竞争力，推动城市的高质量发展。

上　关帝庙广场鸟瞰

中左　关帝庙广场市民活动场景

下左　关帝庙广场傍晚人视

下右　关帝庙广场照壁

上左 关帝庙茶街内景

上右 关帝庙茶街钟鼓楼

中左 关帝庙茶街建筑细节

下　茶街关帝庙广场视角

传承

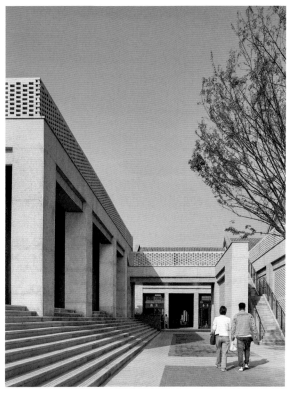

左页

上　关帝庙广场戏台人视

中　关帝庙广场戏台檐下通廊

下　关帝庙广场景观双廊内市民活动场景

右页

上　　茶街渡口广场视角

中左　茶街渡口广场新增外廊建筑细节

下左　茶街山货街新增外廊建筑细节

下右　茶街山货街视角

营造消费场景，
让熟悉的烟火气
回到城市生活

安庆古城历史文化街区城市更新
Urban Renewal of Anqing Ancient City Historical
and Cultural District

占地面积	22400 平方米
街区长度	400 米
建筑面积	12500 平方米（古木建筑） 16500 平方米（非木建筑）
建筑功能	居住、商业、公共
建成时间	2021 年
工作内容	设计总包
业主单位	安徽省安庆市人民政府

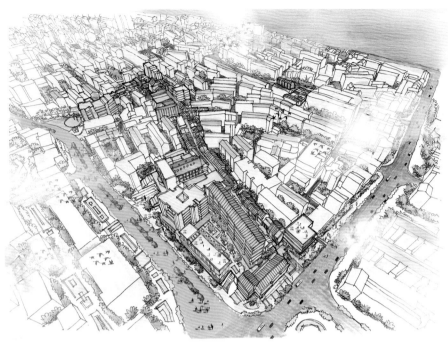

上　鸟瞰图

800 多年历史，忆安庆古城

安庆位于安徽省西南部，自南宋建城，已有 800 多年的历史，现为国家级历史文化名城。安庆含"平安吉庆"的寓意，因为紧邻长江，坐拥群山，素有"万里长江此封喉，吴楚分疆第一州"之美誉，清朝时曾是安徽省的首府。然而，随着改革开放的进程加快，安庆古城似乎像个老人，步履蹒跚，难以跟上时代的步伐。安庆这个名字，也渐渐淡出人们的视野。曾经的兵家重地、安徽首府，如今成为落寞的安庆古城。如何让时光里的老建筑成为城市里的新名片，同时有效地延续原有城市文化中开放、多元的特点，是设计面临的挑战。

坚持规划先行，确立系统性导则

安庆古城的古朴韵味，让人怀旧又留恋。团队认为安庆古城区改造再生绝不能大刀阔斧一刀劈，而是要像绣花一般，在街巷间穿针引线，留存安庆味道，再现文化辉煌。整体街区的设计均以安庆的中国历史文化名城保护规划及原则图集为设计依据。以保留保护为主的有机更新、以弘扬非物质文化遗产为主的传承文化、以真正用之于民的改善民生的三大设计策略为指导思想。从市政、安全、建筑、景观、智能、经济六大重组更新体系全方位改善街区整体环境。项目完全遵守历史文化街区保护性开发条例，采取留改拆的设计原则，对古木建筑进行复原，老旧建筑立面进行改造提升。水电气等市政综合管网统一规划，埋地处理，改善街区整体形象环境。

与此同时，团队结合安庆历史文化，从民生、产业、文化三个维度分析安庆古城现状矛盾，针对性地提出了地块规划、功能定位、业态布局、交通体系、市政景观、指示系统、立面设计、色彩指导八大规划导则，宏观与微观结合，进行系统性设计。

构建多元空间规划体系，打造功能复合的历史街巷

在历史街区空间规划层面，设计师将安庆古城历史街区空间体系分为"街巷体系""院落体系""建筑体系""组团体系"四个方面，进行深入研究，进行针对性更新设计，尊重和还原安庆盛世。街巷体系包含"访客型""社区型"和"邻里型"三类。团队还结合现状历史文化要素分布，规划安庆古城历史街区"双游径"系统，组织"历史 + 现代"两条路线，使人们能够体验不一

上 倒扒狮步行街入口

样的安庆古城。院落体系包含"共享型""交通型""文保型"和"生活型"四类，依据其特点设计为小型绿地、配套服务型内院、文保建筑庭院和组团集中式绿地等。建筑体系包含"文保风貌型""居住型""商业型"和"文保贴临型"，采取不同的提升和改造策略，如修旧如旧、风貌协调、整治提升等。组团体系包含"文化商业组团""棚改组团""文保组团"和"新建商住组团"，根据不同组团特色提出相应的功能定位。

特色老街再生，延续场所记忆

作为中国较早接受近代文明的城市之一，安庆是个兼收并蓄的城市，历史发展中，不同的文化在此交织与碰撞，形成了独特的"安庆文化"。在安庆古城历史街区，不仅可以看到典型民国建筑与中国古典建筑在一条街上和谐并存，也可以看到天主堂和清真寺共沐朝阳。老街是安庆文化包容的彰显，古城内部有四条典型老街，倒扒狮街连着国货街、四牌楼街连着大南门街、墨子巷连着清节堂巷、任家坡街，其中以倒扒狮街连着国货街形成的"L形街"构成了安庆古城内部最具有地方商业文化特色的历史空间。通过对这四条老街的再生研究，团队制订了"界面整治，流线贯通，风貌协调统一"的改造策略。设计中强调对历史老街的复原修复，应当基于人的感官体验，采取"适应性织补设计"，对现状界面进行保护修缮、整治提升，"整旧如旧"地对老街进行改造。以四牌楼街为例，项目通过修复建筑小青瓦屋面，恢复马头墙，重新粉刷墙面，并根据历史资料考证，更换破损木料，重做传统木门窗，还原其历史盛景之时建筑样貌。通过风貌协调与界面整治，浓缩了地方文化的特色，老街面貌与生活场景得以修复再现，游客可以借由蜿蜒曲折的街道、历史建筑、传统情景商业、公众生活设施等传统文化景观，唤起对古城的场所记忆。

建立历史场景与当代生活之间的探索性联系

项目从多方面的规划设计和细节完善实现了安庆古城在保护和发展间的双重平衡，尝试在重现古城文化辉煌的同时，根据时代特征和功能需求植入新的元素，让烟火气重回城市生活，促进建立历史场景与当代群体之间的探索性联系。

传承

上左 倒扒狮鸳鸯栅

上右 还原街巷风貌协调统一

下　　倒扒狮街人民电影院

上　倒扒狮街夜景

下　改造街巷色调以灰、棕、白为主

传承

上　倒扒狮街大风医馆　　　　　　　　　　　　　　下　倒扒狮街戏台

上　街区和城市主骨道接口

下左　倒扒狮街日景

中右　倒扒狮街夜景

下右　再现古城生活场景

用建筑
诉说和继承
共同的家国情怀

嘉兴火车站老站房及附属设施重建
Reconstruction of the Old Station Building and Ancillary Facilities of Jiaxing Railway Station

重建站房	470 平方米（建筑占地面积） 940 平方米（建筑面积） 高 11 米
跨线天桥	长 30 米、宽 3 米、高 15 米
复古雨棚	2350 平方米（投影面积） 宽 7 米、高 8 米
建成时间	2021 年
工作内容	建筑历史及建造研究、建筑设计、 施工图设计、室内设计
业主单位	嘉兴市现代服务业发展投资集团有限公司 （嘉兴市经济建设投资有限公司）

上　1909 年的嘉兴火车站

红色记忆：一条路

作为嘉兴迎接"建党一百周年"的重要工程之一，MAD 建筑事务所负责主持设计嘉兴"森林中的火车站"总体项目。水石设计携手东南大学建筑学院，在这座"森林中的火车站"里负责火车站老站房、跨线天桥和站台雨棚的重建工作。这座嘉兴最早建成的百年老站，随城市一同经历了兴废无常，其重建的过程涉及多种记忆的传承。1921 年，参加中国共产党第一次全国代表大会的代表们从上海乘火车转移到浙江嘉兴，出站后沿宣公路至狮子汇摆渡口乘船，并在游船上庄严宣告了中国共产党正式成立。这是嘉兴重要的历史事件，而嘉兴火车站是"一大路"不可或缺的起点。随着城市的不断变迁，嘉兴站及许多沿途标志性节点今已不存，因此对 1921 年迎来一大代表时历史场景的重现是此次项目的主要目标之一。

但由于资料匮乏，仅凭少量的影像和文字资料难以准确定位到 1921 年嘉兴站的状况。反复研究下，设计团队决定从现有资料中唯一能确定的科学数据"轨距"入手，推导当时的建筑尺度与关系，并以 3D 模型模拟历史照片中建筑、月台、铁轨等的构筑尺寸，与历史资料一一印证。从 1909 年建站初期到 1937 年，雨棚和天桥饱经沧桑后位置和结构均有变化。团队通过各时期照片仔细比对，并结合同一时期同类型构筑物的连接构造，推断出 20 世纪 20 年代的雨棚和天桥的形态、位置及构造做法。如此再现后的站台雨棚和天桥在投入使用后，与今日的乘客如蒙太奇般生动呈现出一大代表萧瑜记忆里跳下火车时人潮川流不息的站台场景。

审美记忆：一块砖

记忆与大量象征性的符号紧密相关，作为近代交通建筑，嘉兴火车站老站房立面反映出 20 世纪初人们对于交通建筑的审美记忆，那么如何在重建时将之唤醒？团队考察了近代交通建筑的风格与做法，包括门窗、砖券、窗台做法等，而砖的判断和选择是重中之重：过去的嘉兴隶属于平江府，因此团队走访了拥有相似建筑立面做法的苏州、上海等地，并做了必要的测绘，最终确定了采用九五砖，砌筑方式为一顺一丁，砖缝为元宝缝。为

上　2021 年嘉兴火车站鸟瞰

了充分利用当地制砖工艺这一非物质文化遗产，团队邀约古砖收藏和设计专家精心设计了"建党百年"青砖、红砖。纪念碑通常被视为视觉突出的营造物，作为站前广场上的视觉中心"纪念碑"，嘉兴火车站老站房不仅起到审美层面的标识和阐释作用，同时融入了当下的时代印记。

集体记忆：一座城

嘉兴站改造的消息引发了当地人民的热情讨论，而在当下城市更新过程中，对于老火车站的拆除与保留争议总是层出不穷。其实位于城市中心、与城市一同成长的老火车站恰恰是集体记忆的载体，因此该项目背后复合了存量时代需要讨论和解决的城市更新焦点甚至瓶颈问题。从嘉禾八景春波烟雨，到解放嘉兴追歼逃敌，作为见证者的嘉兴火车站承载了太多独属于嘉兴的集体记忆。重建后的站房已不再承担交通建筑的功能，而是作为"时空穿梭机"带领游客领略城市的发展变迁。老站房的功能置换为民国车站风貌的展示与体验，在充分尊重民国时期室内风格与建筑结构的基础上，重新定义了室内空间布局，地面采用了民国铁路建筑常用的水磨石，墙上是一幅幅火车站区域老照片，南侧窗外是建成的站台雨棚和天桥。此外，站前广场北侧的人民公园中，它其实也与嘉兴车站息息相关，一百多年前，铁路管理局为美化车站环境于嘉兴站北新建苗圃，即人民公园的前身。通过再现、并置象征不同事件节点的叙事空间，在飞快的时代节奏中唤醒城市社会群体的文化认同感和集体记忆，在新旧相嵌间串联起城市的历史与未来。依托水石传统建筑研究院对遗产保护的深刻认知、理论知识和经验基础，包括水石城市更新的技术积累，尤其是对民国建筑更新利用的一些办法和手段，将承载着多种记忆的嘉兴火车站再现后"拼贴"于当下城市空间中，激发出车站周边区域的活力，指向未来，召唤那些还没有达到目标的历史力量。

传承

上　森林中的火车站 　　　　　　　　　　　　　　下　重建老站房

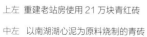

上左 重建老站房使用 21 万块青红砖

中左 以南湖湖心泥为原料烧制的青砖

下左 新旧站房的连接

上右 重建站房室内场景

中右 市民在重建站房展厅内参观

下右 光影中的青红砖

传承

左页

上　重建站房与新建站房

中　重建雨棚与新建下沉式站房

下　重建跨线天桥与新建站台

右页

上　重建跨线天桥与新建站台

下左 重建雨棚与天桥

下右 重建跨线天桥

保留地方特色
的城市空间中
留得住的乡愁

宜兴丁蜀黄龙山矿坑遗址保护更新
Conservation and Renewal of Yixing Huanglong Mountain Quarry Park

建筑面积	**2000** 平方米
景观面积	**244000** 平方米
建成时间	在建
建筑功能	公共服务设施、配套、景观构筑物
工作内容	景观设计、建筑设计
业主单位	宜兴市丁蜀镇政府

上 宜兴丁蜀黄龙山矿坑公园总平面

紫砂之源 —— 黄龙山

黄龙山地质公园位于江苏省无锡市宜兴丁蜀镇,其景观面积为244000平方米。宜兴陶艺享誉世界,被誉为"中国陶都"。黄龙山是紫砂原料本山矿,早在明朝就为紫砂原料的主要开采地,可谓是"紫砂之源",也是支持丁蜀镇紫砂产业发展的重要自然资源。场地内留有多处遗址遗迹及文物保护点,具有极高的社会价值和文化价值。在产业转型的今天,黄龙山已经失去原来的功能,但是仍然凝聚了市民的集体记忆,作为陶瓷原料纪念地也具有重要的历史意义。

目前,丁蜀镇黄龙山片区的陶文化重要性尚未被激发出来,与青龙山文化活动走廊和紫砂文化廊道呈分离状态。团队希望强化黄龙山空间枢纽,联动青龙山实现两轴的生态串接,形成完整的文化廊道空间。同时,串联周边特色片区,形成陶都文化绿廊新纽带,提供陶式艺术生活新体验。

把握自然文化禀赋,立体演绎黄龙山故事

团队基于黄龙山的地质文化、特殊地貌以及项目位置、核心内容、职能定位,将黄龙山公园定位为"露天地质博物园"。通过景观统筹建筑、标识等多个专业,打通各专业的边界,落实地质博物园概念,从文态、物态、业态三个方面展开构思,以天然展品和大地展厅的方式呈现黄龙山地质文化。从"露天地质博物园"的概念出发,为了最大程度地保护公园生态环境,利用矿坑资源优势,激发场地公众活力,我们采用三大设计策略。首先,针对不同的植物环境、矿石状态进行区域生态修复;然后,以带状串联的方式统筹内外部交通;最后,通过点状塑造融入艺术化景点、参与式体验、浸入式演绎、互动性展览。在整体的游览空间上,我们将场地分为溯源厅(陶都矿源历史展示)、遗址厅(黄龙山采矿及遗迹展示)、探源厅(陶都地质形成过程)、地质厅(黄龙山原生矿层展示)、展望厅(回顾历史展望未来)五大展厅。根据景点的特色,策划滨水游览路线、文化游览路线和地质之旅游览路线。

上　结合黄龙山矿洞水潭的生态修复，水潭湖景被强调作为未来公园的重要景观

打破专业界域，融入多样新型互动体验

区别于传统的公园或博物馆，黄龙山有着独特的地质文化和特殊地貌的资源基础。我们通过新颖特别的沉浸式体验、自然与现代构筑的结合、别出心裁的互动装置，以及灯光和材质的氛围营造来激发场地活力，以此吸引不同类型的人群。同时，通过多媒体 App、导览手册、多媒体影音展示、科普互动展示牌等形式，再现黄龙山开矿采矿、矿工生活等历史场景，还原场地的历史记忆，让黄龙山更加立体地出现在游客面前，使不同类型的游客都能获得特别的黄龙山游览体验。

重释城市拓扑关系，自然遗迹的当代转型

从地理关系上来看，黄龙山矿坑的存在是城市开放空间的重要环节，也是历史时期矿业的生产运输和工人生产生活发生联系的关键节点。但是现状却打断了整个城镇最核心的南北、东西向联系，与当代的市民生活与城市系统发生脱嵌和断联。

因此，我们立足于更大范围的地域环境，将城市地理拓扑关系结合小镇的历史进行梳理，又与城市的开放空间结合，做了一个整体规划。把黄龙山与青龙山、黄龙河以及市政公共设施（丁蜀镇新时代文明中心）视作一个整体项目来思考，使其在延续历史上的网络体系的同时，共同形成联动，转型为新的、当代的、开放的城市公共系统。

其中，黄龙山地质公园的案例通过先进展示理念与多元设计手段的结合，实现了其从大型原料产地向文化纪念空间的功能转变。这个转型的使命既是为未来城市公共系统的贯通作贡献，也是替未来的丁蜀镇塑起一座充满文化记忆的历史纪念碑。

传承

上　原矿坑岩石区架空廊道

下左　水塔遗址

下右　还原遗址面貌，再现历史场景

上　观景栈道

下左　游客中心室内场景

下右　游客中心旋转楼梯

传承

上　观湖眺台

下左　观岩栈道

中右　林中栈道

下右　山湖风光

上左 栈道细节

上右 栈道内部

下　林中栈道

传承

参考文献 Reference

[1] MATTHEW E K, MAC M. Unlocking the Potential of Post-Industrial Cities[M]. Baltimore: Johns Hopkins University Press, 2021.

[2] ROB K. Urban space[M]. London: Academy edition, 1991.

[3] ROBERT L T. Gray World, Green Heart: Technology, Nature, and the Sustainable Landscape[M] New York : JohnWiley&Sons,1994.

[4] 白友涛,陈赟畅. 城市更新社会成本研究 [M]. 南京:东南大学出版社,2008.

[5] 薄宏涛. 工业遗存再生中的风貌保护与加固手段:以北京首钢园 3 个典型项目为例 [J]. 建筑学报,2023(4) :87-93.

[6] 蔡永洁. 城市广场:历史脉络·发展动力·空间品质 [M]. 南京:东南大学出版社,2006.

[7] 常青. 历史建筑保护工程学:同济城乡建筑遗产学科领域研究与教育探索 [M]. 上海:同济大学出版社,2014.

[8] 车志晖,张沛,吴淼,等. 社会资本视域下城市更新可持续推进策略 [J]. 规划师,2017,33(12):67-72.

[9] 仇保兴. 风雨如磐:历史文化名城保护 30 年 [M]. 北京:中国建筑工业出版社,2014.

[10] 崔愷,修龙,王建国,等. 研讨:景德镇陶溪川城市更新 [J]. 建筑学报,2023(4) :48-55.

[11] 邓刚,沈禾,董怡嘉,等. 更新城市:价值驱动下的城市再生 [M]. 上海:同济大学出版社,2020.

[12] 邓刚,沈禾. 城市更新类创意地产项目的运营与设计策略 [J]. 时代建筑,2010(6):62-65.

[13] 杜晓帆. 文化遗产价值论探微:人是文化遗产的灵魂 [M]. 北京:知识产权出版社,2020.

[14] 郭湘闽. 走向多元平衡:制度视角下我国旧城更新传统规划机制的变革 [M]. 北京:中国建筑工业出版社,2006.

[15] 哈森普鲁格. 走向开放的中国城市空间 [M]. 上海:同济大学出版社,2005.

[16] 红坊文化. 红坊十年 [M]. 上海:同济大学出版社,2015.

[17] 洪亮平,赵茜,等. 从物质更新走向社区发展:旧城社区更新中城市规划方法创新 [M]. 北京:中国建筑工业出版社,2016.

[18] 姜杰,张晓峰,宋立泰. 城市更新与中国实践 [M]. 济南:山东大学出版社,2013.

[19] 蒋楠,王建国. 近现代建筑遗产保护与再利用综合评价 [M]. 南京:东南大学出版社,2016.

[20] 蒋婷,戴俭,鞠德东. 历史文化街区街巷更新转向街区更新的实施方法探索:以北京市东直门内大街为例 [J]. 城市问题,2022(9):24-34.

[21] 库德斯. 城市结构与城市造型设计 [M]. 秦洛峰,蔡永洁,魏薇,译. 北京:中国建筑工业出版社,2007.

[22] 拉普卜特. 宅形与文化 [M]. 常青,徐菁,李颖春,译. 北京:中国建筑工业出版社,2007.

[23] 李根,周淑倩,李若丹,等. 邓刚:城市再生 价值平衡的探索之路 [J]. 建筑实践,2021(10):194-205.

[24] 李彦伯. 上海里弄街区的价值 [M]. 上海:同济大学出版社,2014.

[25] 陆地. 建筑遗产保护、修复与康复性再生导论 [M]. 武汉:武汉大学出版社,2019.

[26] 罗西. 城市建筑学 [M]. 黄士钧,译. 北京:中国建筑工业出版社,2006.

[27] 吕舟. 20 世纪中国文物建筑保护思想的发展 [J]. 建筑师,2018(4):45-55.

[28] 满姗,董怡嘉. 街区更新的系统性思考:浅谈田林、乐山、山北三个社区的更新经验 [J]. 建筑实践,2022(7):51-61.

[29] 缪朴. 城市生活的癌症:封闭式小区的问题及对策 [J]. 时代建筑,2004(5):46-49.

[30] 钱艳,任宏,唐建立. 基于利益相关者分析的工业遗址保护与再利用的可持续性评价框架研究:以重庆"二厂文创园"为例 [J]. 城市发展研究,2019, 26(1):72-81.

[31] 上海市房产管理局,沈华. 上海里弄民居 [M]. 北京:中国建筑工业出版社,1993.

[32] 上海市规划和自然资源局.《上海市"15 分钟社区生活圈"行动工作导引》发布 [EB/OL]. (2023-02-22). https://www.shanghai.gov.cn/ nw31406/20230223/f0567143e8834fc9b118537069da57de.html.

[33] 深圳城市规划设计研究院,司马晓,岳隽,等. 深圳城市更新探索与实践 [M]. 北京:中国建筑工业出版社,2019.

[34] 沈旸,沈禾,满姗. 对谈:大城小事 作为问题与回应的城市更新实践 [J]. 建筑实践,2022(7):6-15.

[35] 史密斯. 遗产利用 [M]. 苏小燕,张朝枝,译. 北京:科学出版社,2020.

[36] 水石国际. 城市再生中的开发与设计 [M]. 上海:同济大学出版社,2015.

[37] 水石国际. 地产模式下的精细化设计 [M]. 上海:同济大学出版社,2012.

[38] 水石国际. 砼:建文筑章 [M]. 上海:同济大学出版社,2014.

[39] 唐子来,王兰. 城市转型规划与机制:国际经验思考 [J]. 国际城市规划,2013(6):1-5.

[40] 王建国,蒋楠. 后工业时代中国产业类历史建筑遗产保护性再利用 [J]. 建筑学报,2006(8):8-11.

[41] 王建国. 城市设计 [M]. 2 版. 北京:中国建筑工业出版社,2015.

[42] 王如松. 系统化、自然化、经济化、人性化——城市人居环境规划方法的生态转型 [J]. 城市环境与城市生态,2001,14(3):1-5.

[43] 习近平. 高举中国特色社会主义伟大旗帜为全面建设社会主义现代化国家而团结奋斗:在中国共产党第二十次全国代表大会上的报告(2022 年 10 月 16 日)[J]. 求是,2022,(21):4-35.

[44] 习近平. 加强文化遗产保护传承弘扬中华优秀传统文化 [J]. 求是,2024(8):4-13

[45] 新华社. 中央城市工作会议在北京举行习近平李克强作重要讲话 [EB/OL]. (2015-12-22). https://www.gov.cn/xinwen/2015-12-22/ content_5026592.htm.

[46] 杨茜,刘恒. 基于高品质建筑效果管控的多维度一体化设计模式研究 [J]. 城市建筑空间,2023,30(2):99-103.

[47] 张浪,徐英. 绿地生态技术导论 [M]. 北京:中国建筑工业出版社,2016.

[48] 张松. 为谁保护城市 [M]. 北京:生活·读书·新知三联书店,2010.

[49] 赵燕菁. 大崛起:中国经济的增长与转型 [M]. 北京:中国人民大学出版社,2023.

[50] 赵勇. 中国历史文化名镇名村保护理论与方法 [M]. 北京:中国建筑工业出版社,2008.

[51] 浙江省发展和改革委员会. 省发展改革委关于开展浙江省未来社区建设第二批试点申报工作的通知 [EB/OL]. (2019-12-30). https:// fzggw.zj.gov.cn/art/2019/12/30/art_1660442_41353755.html.

[52] 新华社. 中共中央办公厅 国务院办公厅印发《关于在城乡建设中加强历史文化保护传承的意见》[J]. 中华人民共和国国务院公报,2021 (26):17-21.

[53] 中国城市规划设计研究院,建设部,上海市城市规划设计研究院. 城市规划资料集 [M]. 北京:中国建筑工业出版社,2003.

[54] 中国建筑业协会. 全过程工程咨询服务管理标准:T/CCIAT 0024—2020[S]. 北京:中国建筑工业出版社,2020.

[55] 周俭,田银生,徐里格,等. 历史城区如何破境重圆 [J]. 城市规划,2023,47(11):25-31.

[56] 周其仁. 城乡中国(修订版)[M]. 北京:中信出版社,2017.

[57] 朱光亚,等. 建筑遗产保护学 [M]. 南京:东南大学出版社,2019.

致谢 Acknowledgement

在此以诚挚的敬意感谢为本书的制作提供了最重要素材的各个项目的设计参与者,他们是:

（以姓氏首字母排序）

蔡 萍	陈逸秋	高 明	胡 娟	郎烨程	李艳波	刘庆堂	庞淞允
蔡尚志	程孟雅	高思捷	胡 颜	冷云霏	李一博	刘芮昕	庞亦萱
曹发恒	程晓燕	高 崧	胡之超	李 昂	李雨倩	刘铁柱	彭程程
曾杰烽	仇 伟	高 耀	胡志凤	李 斌	李玉卿	刘炜若	蒲冠岐
曾 越	崔 骏	高振博	黄丹妮	李鸿基	李玉英	刘文静	祁 锋
常宏涛	但茂松	葛庆峰	黄涵欣	李 虎	李钰娴	刘 潇	钱凌霜
陈 彪	邓 刚	耿 超	黄建军	李花文	梁家明	刘晓玲	钱卫凤
陈丙寨	邓 坤	耿 丽	黄思行	李 晖	梁建省	刘亚婷	钱小军
陈 超	邓 欣	顾佶轩	黄镶云	李慧珍	梁 力	刘 洋	钱晓东
陈 峰	邸明尧	顾蓉蓉	黄晓光	李家加	梁 鹏	刘永生	钱卓珺
陈 浩	丁东月	顾一凡	黄昕达	李建军	梁巧会	刘志鹏	秦 瑜
陈浩驰	丁 磊	郭明阳	黄旭东	李剑波	梁雅洁	卢腾远	屈宣孜
陈鹤文	丁良川	郭 爽	黄钰华	李 杰	廖珮珺	陆 超	全轩震
陈 磊	董 飞	何冰洁	黄 韵	李金函	林 浩	陆 巍	任维护
陈敏睿	董怡嘉	何佳莹	姬晨晗	李金琦	林星春	栾小海	任秀红
陈 冉	杜 博	何 劲	吉 安	李瑾天	林毅冲	罗 威	商佳乐
陈善良	杜侠伟	何 鑫	贾京涛	李 进	刘冰婕	吕少文	上官屹阳
陈姝佳	杜 煜	何艳娇	江晓霞	李俊清	刘凤鸣	Marc Ginestet	邵丹珺
陈 伟	范健华	何 洋	姜孙鼎	李 康	刘凤翔	满 姗	邵馨阅
陈伟峰	范琳敏	何宇炜	蒋夏丹	李 宽	刘海燕	毛文俊	申惠斌
陈 宵	范燕亮	和一凡	金 戈	李砺恒	刘籍鸿	毛聿川	申慧斌
陈小丽	冯嘉良	侯也娜	金光伟	李梦龙	刘建军	梅冬杰	沈 禾
陈 啸	付振清	呼春宇	金江成	李 娜	刘 娇	梅蓝月	沈 华
陈 鑫	高佳惠	胡 波	金哲学	李文章	刘娟娟	钮 杰	沈剑梅
陈一鸣	高 璐	胡 超	喇 罡	李晓晔	刘漠烟	潘鑫源	沈靖博

沈 星	唐继平	王文珍	吴静娴	徐可欣	俞 果	张 莹	周飞达
沈 旸	唐 盼	王晓音	吴林海	徐 磊	俞海洋	张永良	周 俊
盛松山	唐兴杰	王 煊	吴 鹏	徐梦茜	袁灵林	张 瑜	周清扬
施益丽	唐一峰	王 燕	吴一凡	徐天翔	张百惠	张长盛	周 鑫
石 岱	田 珺	王艺霖	吴勇军	徐 衍	张 宸	张 震	周宴民
石 力	田卓颖	王 莺	吴仲天	徐 郁	张 晨	张政涛	周 飏
石秀龙	童 兴	王永龙	奚海田	许世腾	张 惠	张治宇	周 洋
石晏蕊	童 幸	王涌臣	夏彬彬	严 何	张惠容	张致源	朱桂芳
宋金山	王昌升	王友文	夏丽君	杨赫铭	张进省	张紫钰	朱华军
宋伟博	王 臣	王 月	夏 朋	杨镜平	张 君	赵海燕	朱昇凡
苏嘉琳	王 栋	王云华	相 武	杨 库	张俊鸽	赵建一	朱星星
苏清商	王 欢	王 泽	向左明	杨帅博	张恺睿	赵 锦	卓绍淮
苏照妨	王 辉	王镇湘	项临池	杨 阳	张科杰	赵惊喧	邹雷蕾
孙 程	王慧源	王紫薇	肖 斌	杨 洋	张 蒙	赵 俊	
孙丹丹	王佳娣	危 正	谢梅美	杨逸轩	张 敏	赵 凯	
孙光耀	王克斌	韦华东	谢梦颖	杨宇生	张培歌	赵凯瑞	
孙海校	王利民	卫 琨	谢 湲	杨智博	张 帅	赵丽锋	
孙佳琦	王利尧	卫敏菲	辛 磊	姚 中	张淞豪	赵 蒙	
孙 乐	王 龙	魏 琪	熊光源	叶霖霖	张 通	赵延伟	
孙 丽	王 蒙	魏婷婷	徐光耀	叶 田	张 玮	赵 舟	
孙佩琦	王 倩	魏 伟	徐华铭	殷 金	张 祥	赵梓汐	
孙童威	王世林	温华广	徐晋巍	尹 莉	张 秀	郑嘉钰	
孙晓鸣	王 涛	吴贵华	徐君伟	余 钢	张妍钰	郑 健	
孙钰莹	王 伟	吴海龙	徐 珂	余曼青	张一凡	郑鸣鹤	
孙 震	王伟实	吴剑翎	徐可昕	余沈阳	张俏媛	郑 垚	

后记 Epilogue

面向未来 Facing the Future

我们是幸运的一代

我们这些在 20 世纪八九十年代的设计教育中成长起来的人，是非常幸运的，过去 40 年，随着中国社会与经济的高速发展，城市化进程的持续推进，设计行业被市场推进着，我们则与行业同步发展着。水石设计也从同济大学的一个工作室，发展成为当今有一定规模与知名度的设计品牌。我常常感叹，并不是我们比其他人聪敏或者能干，恰恰是时代给予了我们绝好的机会，是得益于借助了时代的能量。

水石是大家的公司

1999 年，水石成立了第一家景观设计公司，随后数年中，水石的建筑设计、规划设计、施工图设计公司陆续成立，随着价值分享制度的诞生、运用与发展，水石从个人化的设计工作室，逐步成长为股份制企业，吸纳了近百人的股东，凝聚了集体的力量。可以很自豪地说，水石是民营设计行业中，较早成功推行规模化合伙人的股份制企业。

今年是水石的第 25 年

和整个设计行业一样，水石目前也面临着巨大困境。整体经济增长放缓，地产行业明显衰退，政府以及国企再投入能力有限，市场化机制面临困境；同时，人工智能等新技术对设计行业的影响和冲击，都带给行业前所未有的挑战。在这艰难一刻，水石人一直在探索我们所坚持的宗旨，思考我们面向的未来。

坚持针对需求做设计

作为民营设计机构，我们可选的道路并不多。多年的实践使我们清晰地认识到：社会需求就是我们设计服务的方向，唯有将市场需求作为导向，凭自身的技术与服务能力去获得市场。事实上，水石在地产设计、城市更新、景观设计等领域，无一不是从专业化需求开始，通过技术积累及贴近市场的设计服务，从而获得社会认同，实现自身发展的。最终，多元的专业化服务，促进了我们一体化设计的综合能力的建立。

关于未来，愿景尚未清晰

在当前，没有人能告知我们设计行业的未来在哪里。但是我们知道：单凭过去的经验去预判未来，在持续的经济上升期也许有效，但在未来市场的增量看不清楚的状况下，这样的方法可能就行不通。设计行业在未来一定会不断承受更大的压力，我们依然坚信设计带来的价值一定存在。

面向未来，努力做对的事情

未来一段时期，社会资源将进一步聚集于政府与国有公司。设计机构不能只会做形态设计，要进一步关注价值平衡，设计公司的发展机会在于深刻掌握项目背后的价值逻辑，要学会算账；要提高设计作品与成果的颜值，为美好的生活而做的设计将走得更远；要关注项目运营，只有运营得好的项目才体现以人为本，才能真正成功！

走向未来，我们需要持续探索

虽然目前并没有清晰可见的路径，只要敏锐地发现了那些已经处于萌芽状态的需求，就应该勇于去积极探寻。比如，注重人文关怀，通过设计满足人们的需求、情感和文化认同，使设计更具人性化和情感化；保持创意和情感，保持创造力和设计直觉；努力跨学科、跨资源合作，去探索与数据科学家、工程师、产品经理等不同领域的专家合作；开拓与施工企业、运营机构、营销机构的上下游整合，共同推动创新……这些有益的探索都是突破困局的可能途径。

我很相信，面向未来，悲观者正确，乐观者成功！

邓刚
水石设计董事长、创始合伙人

图书在版编目（CIP）数据

更新城市：设计引领高质量发展 / 沈禾等著 .
上海：同济大学出版社 , 2024. 8. -- ISBN 978-7-5765-
1215-1

Ⅰ . TU984

中国国家版本馆 CIP 数据核字第 2024PG5896 号

更新城市：设计引领高质量发展

沈　禾　王　煊　李　岚　邓　刚　水石设计　著

出品机构　水石设计
总 策 划　严　志　邓　刚　沈　禾　王　煊　李　岚
项目编研　李峥峥　满　姗　王　军
图书统稿　张妍钰
文字统筹　满　姗　李峥峥　王慧源　范　冰　王　军　乔雅雯　黄镶云
　　　　　王尊岳　余致林　徐琪瑶　严诗忆
排版设计　黄镶云　程梦蝶　胡　娟　曾　越　胡佳颖
封面设计　曾　越

出 品 人　金英伟
责任编辑　金　言
责任校对　徐春莲
出版发行　同济大学出版社 www.tongjipress.com.cn
　　　　　（地址：上海市四平路 1239 号　邮编：200092　电话：021-65985622）
经　　销　全国各地新华书店、建筑书店、网络书店
印　　刷　上海雅昌艺术印刷有限公司
开　　本　889mm×1194mm　1/16
印　　张　22
字　　数　563 000
版　　次　2024 年 8 月第 1 版
印　　次　2024 年 8 月第 1 次印刷
书　　号　ISBN 978-7-5765-1215-1
定　　价　268.00 元